21 世纪高等院校规划教材

Visual Basic 程序设计简明教程

（第二版）

主　编　王晓东

副主编　吴年志　王文燕　潘正清

中国水利水电出版社
www.waterpub.com.cn

内 容 提 要

本书是学习 Visual Basic 程序设计的适用教材，全书共 10 章。前 9 章较为系统地讲述了 Visual Basic 语言的基本语法和控制结构，介绍了窗体、控件和菜单等重要的可视化程序设计要素，讲解了编程思想和常用算法。第 10 章介绍了 Visual Basic 语言在数据库中的应用。

本书注重基础，强调实践，在内容讲解上采用循序渐进、逐步深入的方法，重点突出，案例选择得当。尤其是讲解语法和编程思路时，注重界面设计与算法设计的结合，突出了 Visual Basic 语言的特点和优势。

本书可用作高等学校本专科学生的学习教材，也可用作广大软件开发人员以及工程技术人员的参考用书。

本书配有电子教案、源代码，读者可以从中国水利水电出版社网站和万水书苑上下载，网址为：http://www.waterpub.com.cn/softdown/和 http://www.wsbookshow.com。

图书在版编目（CIP）数据

Visual Basic程序设计简明教程 / 王晓东主编. -- 2版. -- 北京 : 中国水利水电出版社, 2015.11
21世纪高等院校规划教材
ISBN 978-7-5170-3773-6

Ⅰ. ①V… Ⅱ. ①王… Ⅲ. ①BASIC语言－程序设计－高等学校－教材 Ⅳ. ①TP312

中国版本图书馆CIP数据核字(2015)第255978号

策划编辑：雷顺加　责任编辑：李　炎　加工编辑：封　裕　封面设计：李　佳

书　名	21世纪高等院校规划教材 Visual Basic 程序设计简明教程（第二版）
作　者	主　编　王晓东 副主编　吴年志　王文燕　潘正清
出版发行	中国水利水电出版社 （北京市海淀区玉渊潭南路 1 号 D 座　100038） 网址：www.waterpub.com.cn E-mail：mchannel@263.net（万水） sales@waterpub.com.cn 电话：（010）68367658（发行部）、82562819（万水）
经　售	北京科水图书销售中心（零售） 电话：（010）88383994、63202643、68545874 全国各地新华书店和相关出版物销售网点
排　版	北京万水电子信息有限公司
印　刷	三河市铭浩彩色印装有限公司
规　格	184mm×260mm　16 开本　15 印张　368 千字
版　次	2009 年 1 月第 1 版　2009 年 1 月第 1 次印刷 2015 年 11 月第 2 版　2015 年 11 月第 1 次印刷
印　数	0001—3000 册
定　价	30.00 元

第二版前言

程序设计语言是高等院校公共基础教学的重要组成部分，也是计算机相关专业的基础课程。Visual Basic 语言是一门十分优秀的程序设计语言，其最显著的特点是简单易学、功能强大。它不仅适用于教学，而且实用性极强，应用广泛。因此在 IT 业界有一句流传甚广的口号："聪明的程序员学习 Visual Basic，真正的程序员学习 C++"。

本书的第一版于 2009 年 1 月出版，被国内多所本科院校使用，取得了较好的教学效果。几年来很多热心读者和专家与作者进行了交流，并提出了许多宝贵意见。在此期间作者在教学科研中也取得了一些成果，对程序设计有了一些新的认识。以上种种情况，促使作者结合自身的教学科研实践，吸收专家和读者的真知灼见，在第一版的基础上推出了本书的第二版。

第二版保持了第一版的风貌，采用案例教学方式，体现了启发式教学的风格，突出程序设计中算法设计的重要地位。每章均以问题开始，引入语法和算法等相关知识，在解决问题的过程中将相关知识融会贯通，使学生能够迅速把握 Visual Basic 语言编程的要领。作者对第一版进行了全面修订，不仅订正了原书中存在的瑕疵，而且字斟句酌，对叙述不够准确的地方重新进行了严谨的表述，使得内容更加准确实用。此外本书还配有用 PowerPoint 制作的电子教案和全部程序的源代码，便于教师备课和学生自学。各章所有例题均已在 Visual Basic 6.0 环境下调试通过，本书全部代码都可以直接使用。为配合程序设计的理论教学，提高实践动手能力，我们编写了《Visual Basic 程序设计简明教程实验指导与习题解答》，作为本书的配套参考书。

本书由王晓东担任主编，吴年志、王文燕和潘正清担任副主编。全书编写分工如下：王晓东编写第 7、8、9 章，并负责全书的统稿及定稿，吴年志、王晓东共同编写第 3、4、5、6 章，王文燕编写第 10 章，潘正清、王晓东共同编写第 1、2 章和附录。参加本书编写工作的还有：杨毅、付勇智、郑克忠、陈艳海、苗暹、孙剑萍、刘林、程世平、张文生、吕进峰、郭宏、吴桂生、李晓波、林海、熊波、卢晓、余立菊等。

在本书的写作过程中，得到了唐海博士的大力支持；在修改过程中，得到了张友兵教授的悉心指导；在书稿的校对过程中，得到了卢言的热情帮助，在此一一表示衷心的感谢。

在本书的编写过程中，参考了国内外大量的文献资料，在此特向这些文献资料的作者表示深深的谢意。由于作者水平所限，加之时间仓促，书中难免有错误之处，敬请各位专家以及广大热心读者不吝指教。作者的 E-mail 地址是 wangxd_qy@163.com。

王晓东

2015 年 8 月

目　录

第 1 章　概述

计算机堪称是 20 世纪人类最伟大、最卓越的一项技术发明，它是人类大脑的延伸，使得人类的智慧和创造力能够充分施展。以计算机为核心的信息技术作为一种先进的生产力，已经渗透于社会的各个领域，其应用遍及世界的各个角落。计算机通过执行程序来完成各种各样的工作，由于计算机目前还不能理解人类的自然语言，因此编写程序时只能借助于某种程序设计语言。

本章主要介绍程序设计语言的概念和 Visual Basic 语言的特点，以及 Visual Basic 程序的开发环境等内容，使读者对该语言有一个初步的感性认识。

1.1　程序设计语言

计算机主要由硬件和软件构成，具有高速自动的操作功能和精确高效的计算能力。硬件负责执行指令和实施基本操作，它是计算机的物质基础；软件由各种程序和程序所处理的数据组成，硬件在程序的控制下，按照人们指定的要求进行工作。程序是一组有序指令的集合，由某种程序设计语言编写而成，程序设计语言是人与计算机之间进行交流的工具。

程序设计语言种类繁多，发展迅速。从其发展历史和应用特点来看，大致可以分成以下几个阶段：

（1）面向机器的程序设计语言。

早期的计算机程序都是直接用机器语言编写的。机器语言是计算机能够直接执行的二进制指令代码，每条指令都用 0 和 1 组成的序列串表示，这些指令的集合就是指令系统。用机器语言编写的程序虽然运行速度很快，但是难以记忆和理解。

进入 20 世纪 50 年代，人们开始尝试采用一些指令助记符来代替机器语言指令，由此形成了汇编语言。汇编语言主要由汇编指令构成，汇编指令与机器语言的二进制指令一一对应。用汇编语言编写的程序较机器语言编写的程序更容易理解和维护，但是在运行之前，必须先翻译成二进制指令代码。

机器语言和汇编语言都是面向机器的程序设计语言，它们与计算机的硬件紧密相关。不同类型的计算机往往有着不同的指令系统和汇编语言。用面向机器的语言编写的程序，一般是为特定的计算机硬件系统专门设计的，其可读性和可移植性很差，不仅如此，还要求程序员具有足够的计算机知识，熟练掌握所编程机器的指令系统。

（2）面向过程的程序设计语言。

20 世纪 50 年代中期出现了 FORTRAN 语言，这种语言与人类的自然语言和习惯使用的数学公式都比较接近，编写出的程序有严格的书写格式，结构严谨。FORTRAN 语言和随后出现的 BASIC 语言、Pascal 语言、COBOL 语言以及 C 语言等，都被称为高级语言。程序员在使用高级语言编写程序时，不需要熟悉计算机的指令系统，可以将精力集中于解题思路和方法上。计算机显然不能直接执行高级语言程序，必须先翻译成为机器语言程序之后才能执行。

高级语言的一条语句相当于多条汇编语言指令或机器语言指令，表达能力强且容易理解和书写。在设计高级语言程序时注重问题域中过程的描述和实现，因此又称为面向过程的程序设计语言。用这种语言编写的程序不依赖于具体的机器，可以很方便地在不同类型的计算机中移植。高级语言采用结构化程序设计思想，将任务自顶向下、逐步细化，划分为一些易于理解的功能模块，并确定模块之间的调用关系。在实现这些模块时，将控制结构限制为顺序结构、选择结构和循环结构。程序由这三种基本结构组合而成，每一种基本结构只有一个入口和一个出口，如图 1-1 所示。综上所述，面向过程的程序设计语言显著地降低了编程的难度和强度，改善了程序的可靠性和可维护性，提高了程序开发的效率。用面向过程的程序设计语言编写的程序，逻辑结构清晰，层次分明，易于实现。

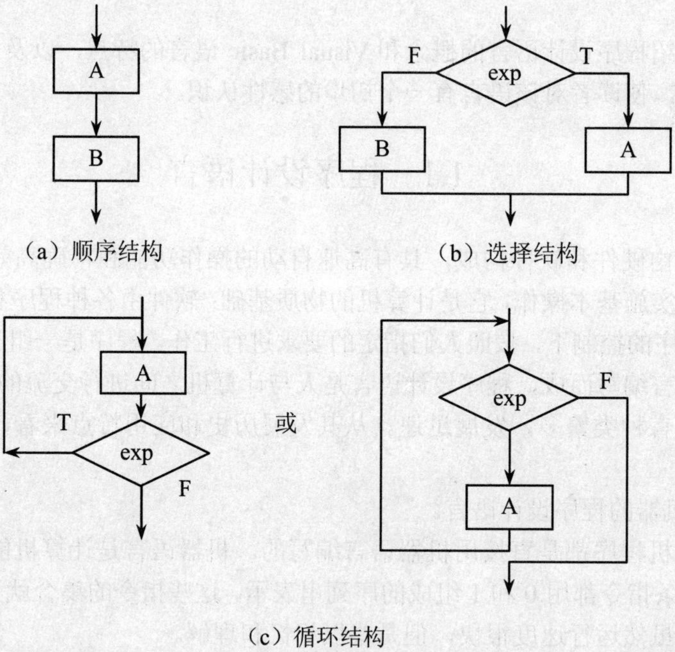

图 1-1　三种基本控制结构

（3）面向对象的程序设计语言。

结构化程序设计思想虽然有着诸多优点，但是它与人们在现实生活中自然形成的思维方式和习惯存在一定的差距。结构化程序设计方法在设计程序时，过于突出过程的重要性，而把数据放在相对从属的地位。由于操作数据的过程与数据分离为相互独立的实体，大大降低了程序的可重用性和可维护性，而且随着软件规模的急剧膨胀，使得这些问题变得更加严重。

自 20 世纪 70 年代以来，面向对象的程序设计思想和方法受到了越来越广泛的重视。面向对象的程序设计方法力求符合人们自然的思维习惯，运用类和对象的观点描述问题域，有效地降低了问题的难度和复杂性，然后用程序设计语言对问题进行描述和实现。面向对象的程序设计思想认为，现实世界由一些形形色色的对象组成，对象有自己的属性和方法，对象之间通过消息相互通信。将某些对象的共性进行抽象并加以描述，就形成了类。在继承原有类特性的基础上，还可以派生出新类。不同类的对象能够对同一个消息产生不同的响应，这就是多态性。

20 世纪 80 年代中期之后，相继出现了许多面向对象的程序设计语言。这些语言大致可以分为两类：一类是纯面向对象语言，例如 Eiffel 语言和 Java 语言；另一类是混合型面向对象语言，它们往往是由面向过程的语言发展而来的，例如 C++语言。Visual Basic 语言具有面向对象程序设计思想的一些要素，其前身是 BASIC 语言，因此从这个角度出发，Visual Basic 语言可以算作是一种混合型面向对象语言。

1.2　VB 语言的特点

1.2.1　VB 语言的发展概况

Visual Basic 语言（简称 VB）是微软公司推出的基于 Windows 环境的应用软件开发工具，其语法基础是 BASIC 语言。BASIC 是 Beginners All-purpose Symbolic Instruction Code 的缩写，含义为初学者通用的符号指令代码。BASIC 语言简单易学，拥有广大而又稳定的用户群，对计算机的普及应用也起到了重要的作用。VB 几乎全盘接收了 BASIC 语言的语法，因而较易掌握，并在此基础上增加了面向对象程序设计思想的一些要素，以及可视化的编程工具和方法，使其功能更为强大，成为编写 Windows 应用程序的一种利器。

Visual 的含义是可视化的，是指一种开发图形用户界面（GUI）的方法。传统的高级语言只适合开发字符界面的软件，在 Windows 环境下开发图形界面的软件需要建立窗口、对话框、控件和菜单等界面元素，就显得力不从心了。可视化的程序设计语言保留了高级语言常规的编程功能，并提供一系列可视化的设计工具，使得程序员可以较为容易地建立各种各样的界面元素，大大降低了 Windows 应用软件编程的复杂性。

微软公司于 1991 年推出 VB 1.0 版，历经数年的更新换代，1998 年升级为 VB 6.0 版，并有学习版、专业版和企业版 3 种版本。为方便中国用户的使用，微软公司从 VB 5.0 版开始，同步推出 VB 的中文版。目前 VB 已经发展到了 VB.NET，成为微软公司.NET 技术战略的一个重要组成部分。本书以 VB 6.0 版为背景进行 VB 语言的讲解。

1.2.2　VB 语言的特点

VB 语言作为一种广泛使用的可视化程序设计语言，主要有如下几个特点：

（1）可视化的程序设计方法。VB 提供了一个集设计、运行和调试等为一体的开发环境。程序员不需要编写描述界面元素的代码，只需使用系统提供的工具，即可为程序直观、快捷地设计出具有 Windows 风格的图形界面，并设置各个界面元素的属性。

（2）结构化的程序设计语言。VB 继承了 BASIC 语言的语法，具有高级语言的语句结构。VB 的语法不但完全符合结构化程序设计方法的要求，而且还添加了类和对象等面向对象程序设计方法的一些元素，使得语言的表达能力更为增强。

（3）事件驱动的编程机制。传统的应用程序依靠命令驱动方式完成各种操作的执行；VB 程序则通过事件驱动方式执行各个对象的操作。每一个对象都能够响应多种不同的事件，而每一个事件都可以引发某一个程序模块的执行。事件往往由用户的操作触发，例如单击某个命令按钮，便会在该对象上产生一个鼠标单击事件（Click），这时将会自动执行相应的代码（事件过程），从而完成对该事件的响应。

VB 程序一般没有预定的执行路径，因为各个事件发生的顺序是随机的。程序员的主要工作是为各个对象编写事件过程，而整个 VB 程序则由这些彼此相互独立的事件过程所构成。

（4）数据库访问。VB 提供了 ODBC 和 ADO 等多种数据库访问技术，可以实现很强的数据库存取操作和管理功能。在 VB 程序中，不仅可以访问 Access 和 FoxPro 等小型数据库，而且可以操作 SQL Server 等大型网络数据库。

（5）良好的可扩充性。在 VB 程序中能够十分容易地嵌入由第三方软件开发商设计的高级控件，进而开发出具有声音、图像、动画和电子表格等各种多媒体对象的程序。VB 提供了访问动态链接库（DLL）和调用 API 函数的技术，大大扩展了 VB 程序的功能。

1.3 VB 程序的开发环境

编写 VB 程序需要一个集成开发环境的支持，利用该环境提供的平台和各种工具，程序员可以进行程序的快速开发。本节以 VB 6.0 为例，简要介绍 VB 程序的开发环境。

1.3.1 VB 6.0 的启动

在“开始”菜单中的“程序”菜单项中，选择 Microsoft Visual Studio 6.0 级联菜单中的 Microsoft Visual Basic 6.0 命令，即可启动 VB 6.0，如图 1-2 所示。首先弹出“新建工程”对话框，其中列出了 VB 6.0 能够创建的工程类型。系统默认的工程类型是“标准 EXE”，本书中出现的 VB 程序一般都属于该类型。对话框有 3 个选项卡：

（1）“新建”选项卡：建立新的 VB 应用程序工程。

（2）“现存”选项卡：打开已经存在的 VB 应用程序工程。

（3）“最新”选项卡：列出最近打开过的 VB 应用程序工程。

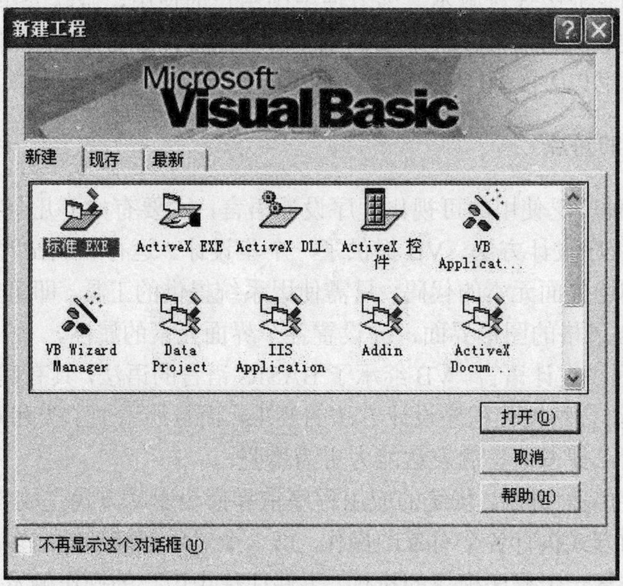

图 1-2 “新建工程”对话框

在“新建”选项卡里选中“标准 EXE”，单击“打开”按钮，就创建了一个 VB 程序，并进入了 VB 6.0 集成开发环境的主界面，如图 1-3 所示。

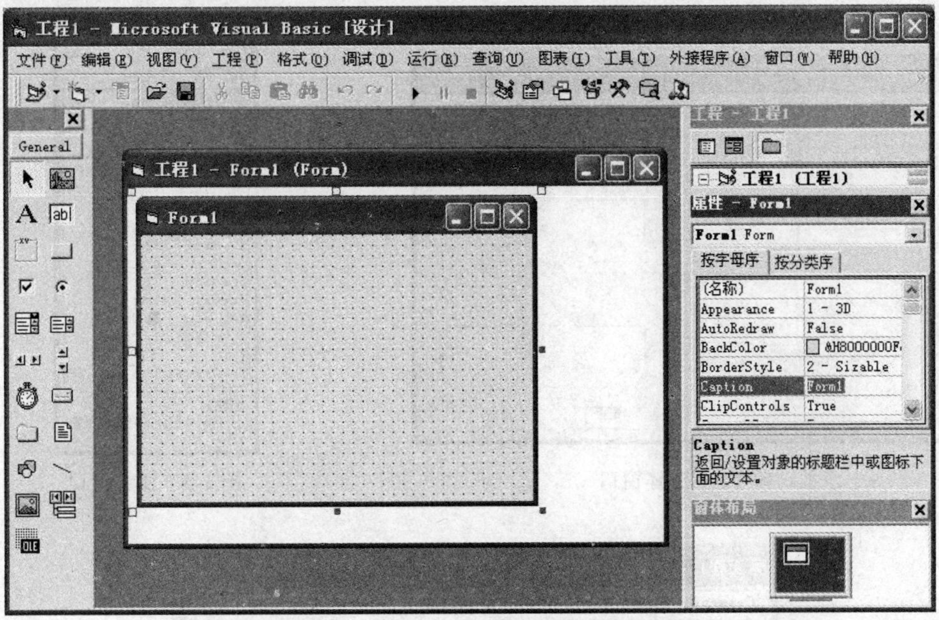

图 1-3 VB 6.0 的集成开发环境

1.3.2 集成开发环境

Visual Basic 6.0 的主界面由标题栏、菜单栏、工具栏、工具箱、窗体窗口、工程窗口、属性窗口、代码窗口、窗体布局窗口和立即窗口等组成。位于顶端的标题栏显示主界面的标题，在标题尾部的方括号中说明应用程序当前所处的工作状态，VB 有设计（Design）、运行（Run）和中断（Break）3 种工作状态。位于标题栏下方的菜单栏包含了 13 个下拉式菜单，除了常见的“文件”“编辑”“视图”“窗口”和“帮助”等菜单之外，还有“工程”“格式”“调试”和“运行”等编程专用的菜单。位于菜单栏下方的工具栏以图标的形式提供了部分常用的菜单命令，例如打开工程、保存工程、运行当前工程、显示属性窗口等。

1. 窗体窗口

窗体窗口用来设计应用程序的界面，也称为对象窗口，如图 1-4 所示。每个窗体窗口只能容纳一个窗体，窗体是 VB 程序的主体部分。在程序设计时，窗体就像一块画布，程序员可以在窗体中画出命令按钮、文本框等各种各样的控件；在程序运行时，窗体就是显示在屏幕上的程序界面，用户通过与窗体和控件交互，输入数据，得到各种结果。

2. 属性窗口

窗体和控件的外观、标题和颜色等特征是通过一组属性加以刻画的，可以在属性窗口中设置窗体和控件的属性，如图 1-5 所示。当选定一个窗体或控件时，属性窗口会自动显示其属性列表。系统已经为所有的属性提供了默认值，程序员只需对其中一些重要的属性进行设置或者修改，其他属性的值则可以保留。

3. 代码窗口

代码窗口用于程序代码的编辑，如图 1-6 所示。它相当于一个专用的字处理软件，提供了许多强大的文本编辑功能。例如可以对代码进行复制、剪切和删除等操作，在输入代码的过程中会自动按语法规则缩进，还可以进行语法提示和大小写字母转换等辅助工作。

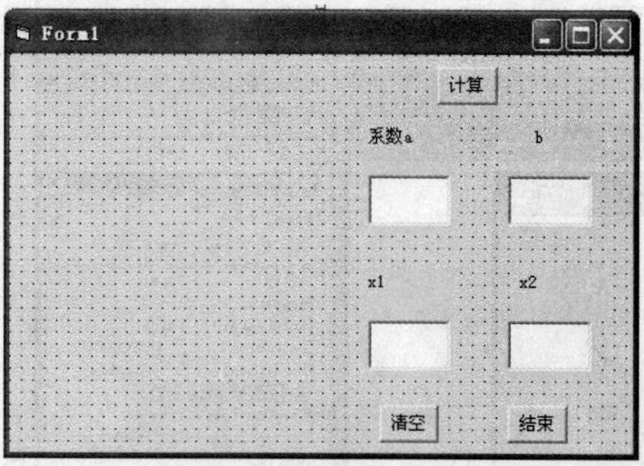

图 1-4　窗体窗口

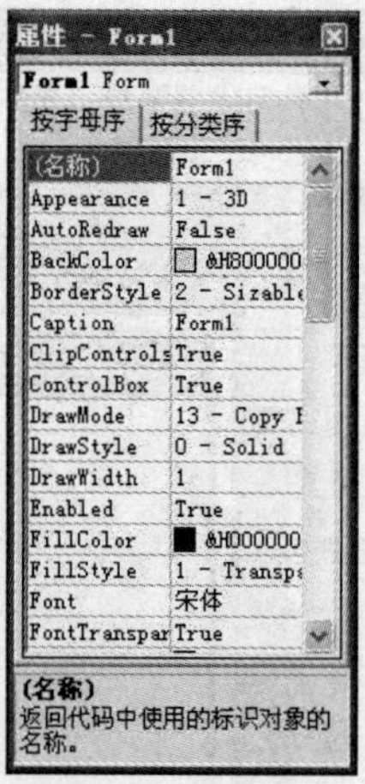

图 1-5　属性窗口

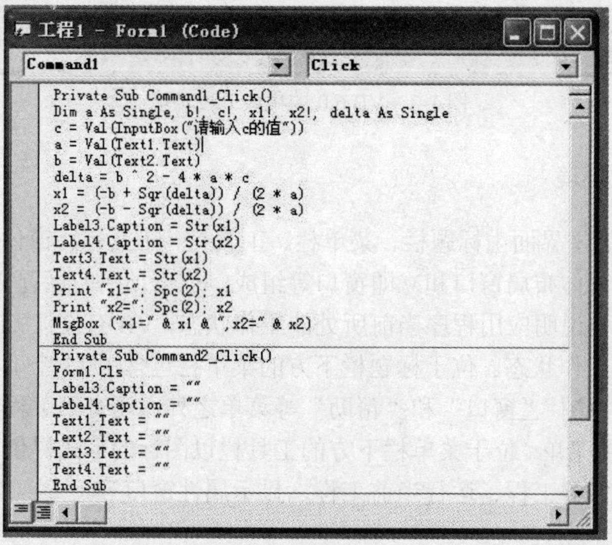

工程1 - Form1 (Code)
Command1
Click
Private Sub Command1_Click()
Dim a As Single, b!, c!, x1!, x2!, delta As Single
c = Val(InputBox("请输入c的值"))
a = Val(Text1.Text)
b = Val(Text2.Text)
delta = b ^ 2 - 4 * a * c
x1 = (-b + Sqr(delta)) / (2 * a)
x2 = (-b - Sqr(delta)) / (2 * a)
Label3.Caption = Str(x1)
Label4.Caption = Str(x2)
Text3.Text = Str(x1)
Text4.Text = Str(x2)
Print "x1="; Spc(2); x1
Print "x2="; Spc(2); x2
MsgBox ("x1=" & x1 & ",x2=" & x2)
End Sub
Private Sub Command2_Click()
Form1.Cls
Label3.Caption = ""
Label4.Caption = ""
Text1.Text = ""
Text2.Text = ""
Text3.Text = ""
Text4.Text = ""
End Sub

图 1-6　代码窗口

4. 工程窗口

在创建和编写一个 VB 程序的过程中，经常会产生各种各样的文件，例如工程组文件（.vbg）、工程文件（.vbp）、窗体文件（.frm）、标准模块文件（.bas）、类模块文件（.cls）以及资源文件（.res）等。系统采用工程的模式组织该程序所包含的全部文件。工程窗口类似于一个资源管理器，能够从宏观上对工程进行控制和管理，如图 1-7 所示。在工程窗口中以树状的层次方式列出与当前工程有关的所有文件，程序员可以非常方便地对其中某一个文件进行编辑、删除等操作。

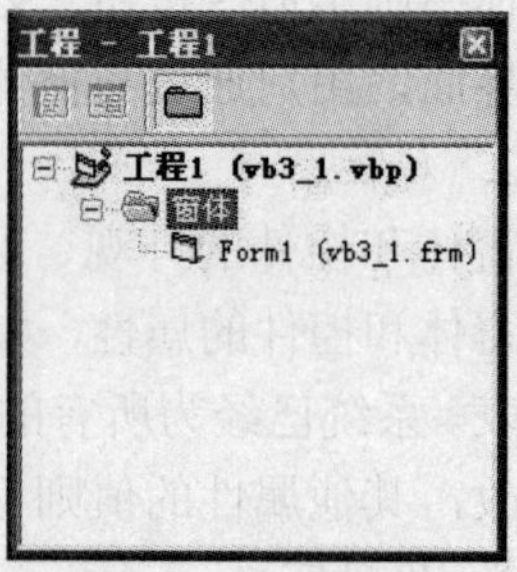

图 1-7　工程窗口

5. 立即窗口

立即窗口是 VB 6.0 提供的一个辅助工具，如图 1-8 所示。它的主要功能有两个：

（1）调试程序。例如在立即窗口中显示程序运行的中间结果，以及在中断工作状态下直接查看变量的内容。

（2）执行表达式、函数或者命令。如果程序员想了解一些函数、命令的功能，或者快速验证某个表达式的计算结果，则可以在立即窗口中输入这些表达式、函数或者命令，然后执行并查看结果。

6. 窗体布局窗口

窗体布局窗口一般位于主界面的右下角，用于指示程序运行时窗体在屏幕上的初始位置，如图 1-9 所示。程序员可以在窗体布局窗口中用鼠标拖动的方法，任意调整程序运行时窗体出现的位置。

7. 工具箱

工具箱提供了建立 VB 程序界面所需的各种控件，如图 1-10 所示。VB 启动时，一般只在工具箱中装载一些基本的控件，这些控件总共有 20 个，又被称为标准控件或者内部控件。程序员也可以根据需要向工具箱中添加一些经过 Windows 注册的高级控件，例如 ActiveX 控件。

图 1-8 立即窗口

图 1-9 窗体布局窗口

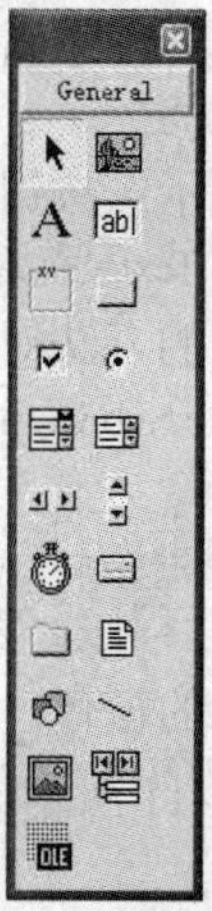

图 1-10 工具箱

1.4 简单的 VB 程序介绍

VB 作为一种可视化的程序设计语言，与传统的高级语言相比，无论程序的结构还是设计的方法，都有着较大的区别。下面介绍一个简单的应用程序，使读者了解 VB 程序设计的基本步骤和一些与编程有关的重要概念。

1.4.1 程序介绍

【例 1.1】在窗体中有一个文本框和两个命令按钮。当单击“显示”按钮时，在文本框中显示一行欢迎文字；当单击“退出”按钮时，程序运行结束。

操作步骤如下：

（1）新建一个工程，类型为“标准 EXE”。

（2）单击工具箱中的文本框图标，然后把鼠标指针移动到窗体窗口中的窗体 Form1 上，按住鼠标左键并拖动鼠标，即可画出文本框控件。采用同样的方法依次在窗体上画出两个命令按钮控件。

（3）在属性窗口中对窗体和控件的属性进行设置，如表 1-1 所示。文本框的 Text 属性值为空串（""），表示无显示内容。

表 1-1　例 1.1 中对象的属性设置

对象	属性	属性值	说明
Form1	Caption	例 1.1	窗体的标题
Text1	Text	""	文本框的显示内容
Command1	Caption	显示	命令按钮的标题
Command2	Caption	退出	命令按钮的标题

（4）编写代码。选中“显示”按钮并双击，就打开了代码窗口。在窗口顶端的“事件”组合框中选择 Click 事件名，则会在代码窗口中自动出现以下语句：

```
Private Sub Command1_Click()
End Sub
```

这是“显示”按钮单击（Click）事件过程的框架。在上述两条语句之间输入代码：

```
Text1.Text="欢迎进入 Visual Basic 6.0！"
```

采用同样的方法对“退出”按钮的 Click 事件进行编程。

```
Private Sub Command2_Click()
End
End Sub
```

（5）运行程序。在“运行”菜单中选择“启动”命令，开始执行程序，这时在屏幕上就出现了该程序的窗体。如果单击“显示”按钮，在文本框中将会显示“欢迎进入 Visual Basic 6.0!”，如图 1-11 所示。如果单击“退出”按钮，则程序运行结束。

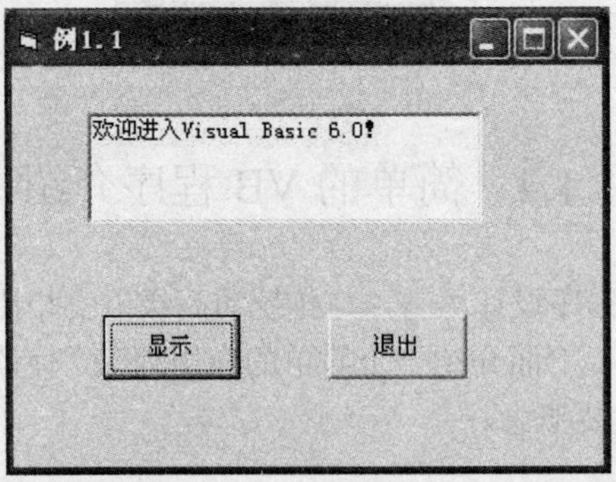

图 1-11　例 1.1 的运行结果

说明：如果要把程序保存到磁盘上，可以在“文件”菜单中选择“保存工程”命令，分别保存窗体文件和工程文件。

从例 1.1 的操作步骤中可以发现，编写 VB 程序主要有 3 个环节：

（1）设计程序界面。

（2）设置属性。

（3）编写代码。

其中前两个环节是借助于窗体窗口、属性窗口和工具箱等部件实现的，直观并且操作简便，无须书写程序代码。这种可视化的编程方法明显减少了编写程序代码的工作量，提高了程序设计的自动化程度，设计出来的程序界面也更加美观实用。

VB 程序的运行既可以采用解释运行模式，也可以采用编译运行模式。例 1.1 的程序是在 VB 的环境中运行的，这种运行模式称为解释运行。选择“运行”菜单中的“启动”命令之后，系统就会把当前的程序代码解释为相应的机器代码再执行。如果再次运行该程序，则需要重新进行解释，因此程序的运行速度较慢。在程序的设计阶段一般采用解释运行模式，以便于程序的修改和调试。

如果在“文件”菜单中选择“生成 EXE”命令，系统就会把程序的全部代码都转换为机器代码，并生成程序的可执行文件（.exe）。此时程序就能够脱离 VB 环境而单独运行，这种运行模式称为编译运行，其运行速度显然要快于解释运行。

1.4.2 VB 编程的基本概念

在开发 VB 程序的过程中，必然会涉及对象、事件和事件过程等基本概念。每一个 VB 程序中都存在对象，这些对象有自己的属性和方法。程序运行时，用户实际上是与程序的一组对象进行交互。如果用户或者系统触发对象的某一个事件，对象就会执行相应的事件过程，对该事件作出响应。

1. 对象

对象（Object）在现实生活中无处不在，它是实体或事物的抽象表示。一位学生是对象，一台电视机是对象，甚至一个程序也是对象。VB 程序中的对象主要是窗体和控件，VB 还提供了打印机、Debug 以及数据库等系统对象。除此之外，也可以在程序中创建由程序员定义的对象。

对象由属性（Property）和方法（Method）组成，属性描述对象的特征，方法是对象所能够执行的操作。例如在 VB 程序中，控件对象的常见属性有标题、名称、颜色和字体等，常用方法则有移动和打印等。我们还可以对具有相同属性和方法的对象进行抽象，形成一个类，而对象则是该类的一个实例。

不同类的对象所拥有的属性和方法是存在差异的，例如文本框具有 Text 属性，而标签则没有；窗体具有 Print 方法，而命令按钮则没有。同类的对象拥有共同的属性和方法，但是它们的属性值可能有所不同。例如例 1.1 中有两个命令按钮，其中一个按钮的标题是“显示”，而另一个按钮的标题则是“退出”。

2. 事件

事件（Event）是由系统预先设置的，能够被对象识别和响应的动作。例如单击（Click）、双击（DblClick）、装载（Load）以及鼠标移动（MouseMove）等，都是一些常见的事件。事件通常由用户触发，如鼠标单击、键盘输入等；有时也可以由系统触发，例如定时器产生定时信号。不同类的对象能够识别的事件也有所不同，例如窗体可以识别双击事件，而命令按钮则不能识别该事件。

3. 事件过程

尽管每一个对象都能识别一组预定义的事件，但是并非一定会对事件作出响应。有时不同的对象识别了同一个事件之后，作出的响应也各不相同。例如在例 1.1 的程序中有两个命令按钮，其中“显示”按钮识别单击事件之后，会在文本框中显示文字；而“退出”按钮识别单击事件之后，则会结束程序的执行。

为了使程序中的某个对象在识别了一个特定事件之后，能够按照程序员的意图进行正确的响应，就必须针对这个特定事件，为该对象编写相应的事件过程。事件过程是一个相对独立的代码段，一旦触发某个事件并被对象识别之后，就会自动执行。程序员没有必要为程序中的所有对象和所有事件编写事件过程，可以按照实际的需要，只为特定对象和特定事件编写事件过程。

1.5 小结

本章首先介绍了 VB 语言的特点，然后重点介绍了 VB 6.0 的集成开发环境。通过分析一个简单的 VB 程序的实现过程，阐述了开发 VB 程序的主要步骤，并且引出对象、事件和事件过程等基本概念。

开发 VB 程序的基本环节是设计程序界面、设置属性和编写代码。前两个环节是可视化的，编写代码的主要任务是为对象编写处理事件的事件过程。VB 程序一般是由一些彼此相互独立的事件过程所构成，程序的执行依靠事件进行驱动。

习　题

1．程序设计语言的发展经历了哪几个阶段？它们各有什么特点？

2．VB 语言与传统的程序设计语言相比，有哪些区别？

3．简述启动 VB 6.0 的方法。

4．VB 6.0 的集成开发环境有哪些主要组成部分？

5．如何在窗体中绘制控件？

6．一个 VB 程序有可能包含哪些文件？

7．对象、事件和事件过程是什么？

8．简述 VB 程序开发的主要步骤和特点。

9．编写一个简单的 VB 程序。要求：单击窗体之后，在窗体上显示一行欢迎文字。

第 2 章 VB 语言基础

VB 程序除了界面之外，还应该包含数据描述和数据操作两个方面的内容。在编写程序时，首先需要考虑如何描述数据，并为它们在内存安排存储空间，然后考虑采用恰当的控制结构和表达式，对数据进行操作。

本章介绍 VB 语言的数据类型，讲解常量、变量、表达式和语句等程序的基本元素，最后介绍窗体，为编写 VB 程序打下基础。

2.1 数据类型

2.1.1 基本数据类型

计算机中的数据是现实世界中信息的具体表现形式，具有一定的数据类型，数据类型确定了数据的取值范围和能够进行的操作。在计算机的存储器中，不同类型的数据所占存储空间的长度也有所不同。数据不仅是程序处理的对象，也是计算机运算产生的结果。程序员在编程解决某一问题时，必须要为数据设计合适的数据类型，这样才能合理地存储和处理数据。

VB 语言的数据类型十分丰富，在数值计算和文本处理方面功能很强。图 2-1 列出了 VB 提供的基本数据类型，其中字节型、整型和长整型用于描述整数，而单精度型、双精度型和货币型用于描述实数。VB 还允许程序员以基本数据类型为基础，自定义新的数据类型。

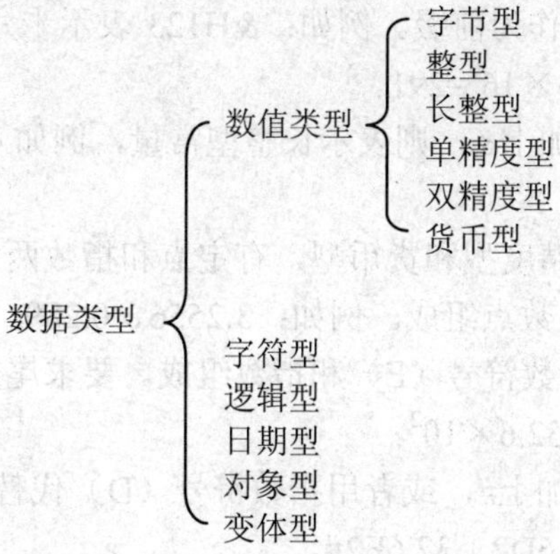

图 2-1 VB 语言的数据类型

2.1.2 标识符

在 VB 程序中经常会出现许多符号，这些符号分别代表不同的含义。VB 语言常见的符号主要有关键字和标识符。

1. 关键字

关键字又称保留字，是 VB 语言预先规定的具有固定含义的一些单词，例如 Integer、If

和 While 等。程序员只能按预先规定的含义来使用它们，不能擅自改变其含义。

2．标识符

标识符是程序员给程序中的实体所取的名字，这些实体可以是变量、常量、数组、函数和控件对象等。VB 语言标识符的命名规则是：以字母开始，由字母、下划线和数字组成。例如 sum、n_i2 和 A1 是合法的标识符，而 di$s 和 2day 则是非法的标识符。

说明：标识符不能与关键字同名。在标识符中并不区分字母的大小写，例如 VB 把 a1 和 A1 看作是同一个标识符。

2.2 常量与变量

2.2.1 常量

不同类型的数据在程序中既可以以常量的形式出现，也可以存放在相应的变量中。常量是指在程序执行期间其值不发生变化的量，变量的字面含义是指在程序执行期间其值可以变化的量，实际上对应了内存的一段存储空间。常量有不同的数据类型，它可以分为直接常量和符号常量。直接常量是指可以从字面直接识别的常量，符号常量则是指用标识符描述的常量。

1．整型常量

整型常量包括字节型、整型和长整型，有十进制、八进制和十六进制三种形式。具体说明如下：

（1）十进制整数。例如：123、-270、0。

（2）八进制整数，以&或者&O 作为前缀。例如：&123 和&O123 都表示八进制整数$(123)_8$，所对应的十进制整数为 $1\times8^2+2\times8^1+3\times8^0=83$。

（3）十六进制整数，以&H 作为前缀。例如：&H123 表示十六进制整数$(123)_{16}$，所对应的十进制整数为 $1\times16^2+2\times16^1+3\times16^0=291$。

如果在一个整型数据的尾部加上&，则表示长整型常量，例如 456&。

2．实型常量

实型常量包括单精度型、双精度型和货币型，有定点和指数两种形式。具体说明如下：

（1）定点形式，由数字和小数点组成。例如：3.2556、0.289、-458.、.899。

（2）指数形式，由尾数、指数符号（E）和指数组成。要求尾数不能省略，指数是整数。例如：32.6E+2 或 32.6E2 都表示 32.6×10^2。

如果在一个实型数据的尾部加上#，或者用指数符号（D）代替指数符号（E），则表示双精度型常量。例如：3.2556#、32.6D2、32.6E2#。

如果在一个实型数据的尾部加上@，则表示货币型常量，例如 210.8@。货币型常量用于表示金额，其精度是整数部分最多保留 15 位，小数部分最多保留 4 位。

3．字符型常量

字符型常量又称为字符串，是由一对双引号括起来的字符序列，例如"CHINA"、"Mp3"和"集结号"等。字符串的长度是指字符串中字符的个数，""是空串，表示不包含任何字符，其长度为 0。

需要指出的是，计算机只能存储二进制数据，无法直接表示字符型数据，因此通常采取编码的方式来处理。常用的是 ASCII 编码，从 0 开始，共有 256 个，可以表示英文字母、标点符号等字符。VB 采用的是 Unicode 编码，用两个字节表示一个字符，每一个字符对应一个 Unicode 码，汉字也有自己的 Unicode 码。为了与 ASCII 编码兼容，从 0 开始的 256 个 Unicode 码所表示的字符与相应的 ASCII 码所表示的字符完全相同。例如换行符的 Unicode 码是 10，字符 0 的 Unicode 码是 48，大写字母 A 的 Unicode 码是 65，小写字母 a 的 Unicode 码是 97。

思考：0 和"0"是同一个常量吗？"A"和"a"是两个相同的字符串吗？

4. 逻辑型常量

逻辑型常量只有 True 和 False 两个值，分别表示“真”和“假”。

思考：True 和"True"是同一个常量吗？

5. 日期型常量

日期型常量由一对“#”括起来，表示日期和时间。它有多种形式，例如#4/29/08#和#2008-4-29#均表示 2008 年 4 月 29 日，#15:20:30#和#8/8/08 8:8:0 PM#也都是合法的日期型常量。为避免引起不必要的混乱，建议读者尽量采用如下的标准格式：

```
#月/日/年 时:分:秒 AM|PM#
```

说明：AM|PM 表示两个选项任选其一。

思考：#08-4-29#表示哪一天？

6. 符号常量

如果在程序中多次出现某个常量，则可以定义符号常量以取代该数据。这样做不仅增加了程序的可读性，而且也便于维护。定义符号常量的一般格式如下：

```
Const 符号常量[As 类型]=表达式
```

说明：[As 类型]表示[ ]中的内容为可选项。

例如：

```
Const PI As Single=3.14159
```

定义了一个单精度型符号常量 PI，在程序中出现标识符 PI 即表示常量 3.14159。

思考：如果需要 PI 代表 3.1415926，应如何修改程序？

实际上 VB 语言也提供了很多符号常量，它们均以 vb 开头，程序员可以在程序中直接使用。例如 vbCr 是格式控制常量，表示回车符，vbLf 表示换行符，而 vbCrLf 则表示回车/换行符；vbRed 是颜色常量，表示红色；vbMaximized 是窗口状态常量，表示窗口最大化。

2.2.2 变量

变量实际代表了内存中某一段存储空间，其中可以存放数据即变量的值，存储空间的大小则由变量的数据类型来决定。变量有名字，程序员在程序中可以通过变量名访问变量所对应的内存空间。如图 2-2 所示，a 是变量名，3 是变量 a 的值。变量类似于现实生活中的抽屉、书包等容器，人们能够在其中随意放置物品（即数据），而每次存放的具体物品可以变化，变量也由此得名。

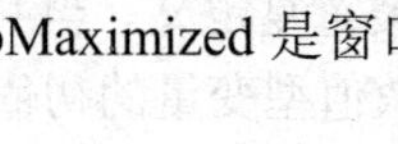

图 2-2　变量示意图

VB 各种类型变量的基本情况如表 2-1 所示。从表中可以发现，变量的取值范围是有限的，而且其所占内存的字节数越多，相应的取值范围就越大。

表 2-1　VB 基本类型的变量

类型	关键字	类型符	所占字节数	取值范围
字节型	Byte		1	0～255
整型	Integer	%	2	-32768～32767
长整型	Long	&	4	-2147483648～2147483647
单精度型	Single	!	4	-3.4×10^{38} ～$+3.4\times10^{38}$
双精度型	Double	#	8	-1.7×10^{308} ～$+1.7\times10^{308}$
货币型	Currency	@	8	-922337203685477.5808～922337203685477.5807
逻辑型	Boolean		2	True 或 False
字符型	String	$	字符串的长度	
日期型	Date		8	100 年 1 月 1 日～9999 年 12 月 31 日
对象型	Object		4	
变体型	Variant			

在 VB 程序中，所有的变量在使用之前一般要先定义。变量定义主要是指出变量的名称，确定变量的类型。变量定义语句的格式如下：

```
Dim 变量 1 As 类型[,变量 2 As 类型,…]
```

例如：

```
Dim a As Integer, b As Single, c As String
```

一共定义了 3 个变量，分别是整型变量 a、单精度型变量 b 和字符串变量 c。如果定义变量时在其尾部附上类型符，则可以省略类型说明部分。上一条语句也可以写为以下的等价形式：

```
Dim a%, b!, c$
```

思考：40000 能否存放在整型变量 a 中？

在同一个作用域中，变量不允许被重复定义。当某个变量被定义之后，VB 会为其分配相应长度的内存空间，并进行初始化。数值型变量的初值是 0，字符串变量的初值是空串，而逻辑型变量的初值是 False。

字符串变量一般能够存放不固定长度的字符串，也可以在程序中定义定长的字符串变量。例如：

```
Dim s As String * 20
```

定义了一个长度固定为 20 的字符串变量 s。如果存放在定长字符串变量中的字符数小于给定长度，系统会自动用空格在字符串的后面予以填补；如果大于给定长度，系统则会自动截去超出部分的字符。

如果变量未经定义而直接使用，或者在定义时没有进行类型说明，则系统默认该变量为变体型（Variant）。变体型变量在使用时并不安全，建议在程序中尽量不要采用。

思考：如果要定义两个 Double 型变量 d1 和 d2，使用语句 Dim d1,d2 As Double 可以吗？

2.3　运算符与表达式

运算符用于对数据进行运算，被运算的数据称为操作数。表达式描述对哪些数据以什么顺序施以什么样的操作，它由运算符和操作数组成。操作数既可以是常量，也可以是变量，还可以是函数调用。

VB 语言的运算符按功能来分，常用的有算术运算符、关系运算符、逻辑运算符和赋值运算符等。运算符也可以根据运算所需操作数的个数进行分类，只需一个操作数的运算符称为单目运算符，需要两个操作数的运算符称为双目运算符。学好运算符要注意以下几点：

（1）运算符的功能。

（2）运算符的优先级。

（3）运算符所需的操作数个数和类型。

本节重点介绍算术表达式，在第 4 章将介绍关系表达式和逻辑表达式。

2.3.1　算术表达式

1．算术运算符

VB 语言的算术运算符用于实施加、减、乘、除等常见的数值计算，其操作数通常是数值型的数据，如表 2-2 所示。除了取负运算符为单目运算符之外，其他都是双目运算符。

表 2-2　算术运算符

运算符	优先级	功能
^	1	指数（幂运算）
-	2	取负
*	3	乘
/	3	除
\	4	整除
Mod	5	取余
+	6	加
-	6	减

表 2-2 按优先级由高到低的顺序，依次列出了 8 个算术运算符。指数运算符（^）的优先级最高，而加（+）和减（-）的优先级最低。其中乘（*）和除（/）是同级运算符，加（+）和减（-）也是同级运算符。

说明：

（1）整除（\）运算是取整数相除的商，取余（Mod）运算是取整数相除的余数，这两种运算的操作数都要求是整型数据。例如 1\2 的值是 0，1 Mod 2 的值是 1。如果操作数是实数，则自动按四舍五入的原则转换成整数，再进行运算。例如 7.4\3.8 的值是 1，7.4 Mod 3.8 的值是 3。

（2）除（/）与整除（\）不同，它是针对实数的除法运算。例如 1/2 的值是 0.5，5.4/1.2

的值是 4.5。

（3）指数（^）运算的幂次既可以是整数，也可以是实数。例如 2^3 的值是 8，8^(1/3)相当于对 8 开立方，它的值是 2。

2. 算术表达式

用算术运算符和括号将操作数连接起来，构成符合 VB 语言规则的式子，称为算术表达式。应从左边开始计算一个表达式的值，如果遇到括号，就先计算括号中的内容；如果出现不同类型的运算符，则按照当前优先级的高低顺序依次计算。例如表达式 4*6 Mod 9+4\3，先计算 4*6，值为 24；再计算 24 Mod 9，值为 6；然后计算 4\3，值为 1；最后计算 6+1，整个表达式的值为 7。

思考：表达式 4*6 Mod (9+4\3)的值是什么？

如果参加算术运算的操作数具有不同的数据类型，为保证数据运算的精度，VB 规定运算结果的数据类型以高类型为准。所谓高类型，是指其所占内存的字节数较多。例如 Integer 型数据和 Double 型数据进行运算，则运算结果的数据类型为 Double 型。

2.3.2 字符串表达式

连接运算符(&)用来连接两个字符串，它的优先级低于算术运算符，例如"Visual"&" Basic"构成了一个字符串表达式，其值是"Visual Basic"。加（+）也可以用来连接字符串，例如字符串表达式"Visual"+" Basic"的值同样是"Visual Basic"。

两种运算符虽然都能实现字符串的连接，但是有着各自不同的特点，如表 2-3 所示。

表 2-3 字符串连接运算符的比较

左操作数	右操作数	&	+
"123"	"456"	"123456"	"123456"
"123"	456	"123456"	579
123	456	"123456"	579
123	"456abc"	"123456abc"	类型不匹配，出错

说明：

（1）&是专用的字符串运算符，无论其操作数是何种类型，系统都会将它转换为字符串，然后强制进行连接。

（2）+运算符对操作数的类型要求较为严格，只有两个操作数均为字符串，才进行连接操作。如果其中一个操作数是数值，另一个操作数是字符串，则又分为两种情况：如果字符串中全部为数字字符，则进行算术求和操作；如果字符串中含有其他字符，则系统就会报错。

（3）&既是 Long 型数据的类型符，又是八进制整数的前缀。因此建议使用&运算符时，用空格将两个操作数与&分开，以免出现不必要的错误。

2.3.3 日期表达式

日期型数据可以进行加减运算，构成日期表达式。有以下两种情况：

（1）两个日期型数据相减，结果是一个数值，表示两个日期之间相差的天数。例如

#5/3/2008#-#4/29/2008#的值是 4，而#5/3/2008#-#5/8/2008#的值是-5。

（2）一个日期型数据与一个数值相加或相减，结果是一个日期型数据，表示向后或向前推算日期。例如#5/3/2008#+5 的值是#5/8/2008#，而#5/3/2008#-4 的值是#4/29/2008#。

2.4　语句

正如高楼大厦是由一砖一瓦堆砌而成的，程序代码则是由一条一条的语句组成的。语句是构成 VB 程序的最小单位，程序中的语句经过编译之后，生成了若干条机器指令。根据这些指令，计算机系统就能够完成运算操作，或者实现对操作流程的控制。

2.4.1　书写规则

与写文章一样，编写程序也应该遵守一定的规范。这样做不仅符合 VB 语法的要求，而且还增强了程序的可读性。

1. 注释

适当的注释有助于理解语句和程序的功能。注释不是语句，它不会被 VB 编译和执行。注释有以下两种格式：

（1）使用单引号（'）引导，一般出现在一条语句的后面。例如：

```
Dim sum As Long            '定义一个长整型变量 sum
```

（2）使用 Rem 引导，必须单独一行。例如：

```
Rem  定义一个长整型变量 sum
Dim sum As Long
```

2. 续行

如果一条语句过长，为便于阅读，可以用续行符（ _）将这条语句分成多行书写。例如：

```
s = "工作单位：" & "湖北省十堰市" _
& "湖北汽车工业学院"
```

注意：续行符的写法是空格紧跟下划线，它只能出现在一行的末尾。

3. 语句分隔

通常情况下一行只写一条语句，也可以用冒号（:）把几条语句分隔，然后写在同一行。例如：

```
t = a: a = b: b = t            '3 条语句写在同一行
```

2.4.2　赋值语句

赋值语句是 VB 程序中经常使用的基本语句，它的一般形式如下：

```
变量|对象.属性=表达式
```

说明：

（1）=是赋值运算符，它需要两个操作数，优先级最低。

（2）赋值运算符的右操作数通常是算术表达式、字符串表达式和函数调用表达式，左操作数是变量或者对象的属性。

（3）执行赋值语句时，首先计算赋值运算符右边的表达式，然后把值赋给左边的变量或者对象的属性。

（4）两个操作数的数据类型应尽量保持一致。如果类型不一致，系统会将右操作数的类型强制转换为左操作数的类型。这样做不仅有可能降低数据的精度，而且也有可能出现错误。例如把字符串"123abc"赋给一个整型变量，程序运行时系统会报错。

赋值语句的作用主要有以下两个：

（1）保存数据运算的结果。对数据进行计算之后，应通过赋值运算把结果及时保存在变量中，否则这样的操作会没有实际意义。例如计算球体体积的语句如下：

```
Dim r As Single, v As Single
r = 2                        '设置球的半径值为 2
v = 4 / 3 * 3.14 * r ^ 3     '计算球的体积，结果存放在变量 v 中
```

思考：在语句 v = 4/3*3.14*r ^3 中，4/3 写成 4\3 可以吗？

（2）在程序中修改对象的属性值。在界面设计阶段，利用属性窗口设置控件对象的属性值，称为静态设置。在程序中利用赋值语句设置控件对象的属性值，称为动态设置。例如把文本框对象 Text1 的背景色属性设置为红色，相应的赋值语句如下：

```
Text1.BackColor = vbRed   '改变文本框的背景色
```

说明：

每一个界面中的控件在程序里都有一个唯一的对象名。Text1.BackColor 的含义是通过成员运算符（.）访问对象 Text1 的 BackColor 成员。

赋值运算符的右操作数可以是函数调用表达式，它由函数名和参数列表组成。函数调用表达式的作用是通过调用某个函数，完成特定的功能。其一般形式如下：

```
函数名(参数列表)
```

VB 语言提供了大量的内部函数，它们能够完成一些预先设定好的功能，如计算数学函数值、字符串处理以及类型转换等。例如：

```
Dim a As Integer
a = Val("123abc")        '把字符串转换为数值后赋给整型变量 a
```

说明：Val 函数的功能是把字符串转换为数值，并自动过滤数字之后的非数字字符。经过函数调用之后再赋值，变量 a 的值是 123，从而确保了赋值的安全。

例如：计算 $y = \sqrt{|5\sin x - 3\cos x| + e^{2x}}$，x=2。

分析：首先定义变量 x 和 y，把 2 赋给 x；然后调用 Sin 函数和 Cos 函数分别求正弦值和余弦值，调用 Abs 函数求绝对值，调用 Sqr 函数开平方，调用 Exp 函数求 e 的幂次；最后把函数调用表达式的值赋给 y。对应的 VB 语句段如下：

```
Dim x As Single, y As Single
x = 2
y = Sqr(Abs(5 * Sin(x) - 3 * Cos(x))) + Exp(2 * x)
```

说明：注意数学公式与 VB 表达式的不同之处，2x 应写为 2*x。

调用内部函数时应正确书写函数名称，注意参数的个数、类型以及实际意义，了解函数返回值的类型。例如求 60 度角的正弦值，应该调用内部函数 Sin，它只需要一个参数。注意到该参数接收的是弧度值，因此写成 Sin(3.14*60/180)。

2.4.3 流程控制语句

流程控制语句并不参与对数据的操作，而是控制程序执行的流程。它可以分为两类：

一类是流程结构语句，如 If 语句、For 语句等，形成某种控制结构；另一类是流程转向语句，例如使用 Exit 语句可以直接跳出循环结构或过程。在第 4 章和第 5 章将重点介绍流程控制语句。

End 语句

End 语句的功能是立即结束程序的执行，它的一般形式如下：

```
End
```

设计 VB 程序时，通常在窗体中画出一个用于退出的命令按钮，然后在该按钮的单击事件过程中安排一条 End 语句，为程序的执行设置一个终点。

2.5　窗体

开发 VB 程序的第一步就是设计程序界面，窗体则是设计界面的基本平台，所有的控件都是添加在窗体中的。窗体（Form）是 VB 程序的重要对象，也是所有控件的容器，如图 2-3 所示。程序的每一个窗体都是 VB 工程中的一个模块，并单独保存在一个窗体文件（.frm）中。在程序运行时，每一个窗体对应于一个具有 Windows 风格的窗口。

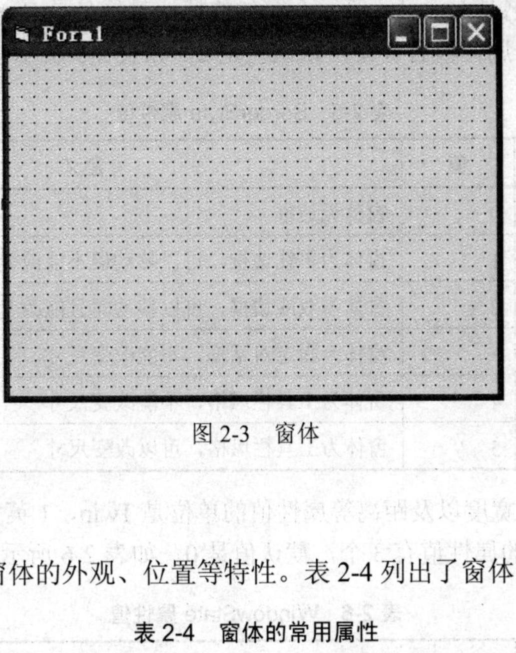

图 2-3　窗体

2.5.1　属性

窗体的属性描述了窗体的外观、位置等特性。表 2-4 列出了窗体的一些常用属性。

表 2-4　窗体的常用属性

属性	作用
Name	设置窗体的对象名
Caption	设置窗体的标题
AutoRedraw	确定是否自动重画被遮住的窗体内容
BorderStyle	设置窗体边框的类型
BackColor	设置窗体的背景颜色

续表

属性	作用
ForeColor	设置窗体的前景颜色
Font	设置窗体中显示的文字的字体
Height	设置窗体的高度
Width	设置窗体的宽度
Top	设置窗体距屏幕顶端的距离
Left	设置窗体距屏幕左端的距离
Moveable	确定程序运行时窗体能否移动
Visible	确定程序运行时窗体是否可见
WindowState	设置窗体在启动时的状态

说明：

（1）Name 是所有控件都具有的属性，其属性值就是控件对象在程序中的对象名。程序第一个窗体的默认对象名是 Form1，第 n 个窗体的默认对象名是 Formn，依此类推。

（2）BorderStyle 的属性值有 6 个，默认值是 2，如表 2-5 所示。

表 2-5　BorderStyle 属性值

常量	值	含义
None	0	窗体无边框
Fixed Single	1	窗体为单线边框，可以移动但不能改变尺寸
Sizable	2	窗体为双线边框，可以移动而且能改变尺寸
Fixed Dialog	3	窗体为固定对话框，不能改变尺寸
Fixed ToolWindow	4	窗体为工具栏风格，不能改变尺寸
Sizable ToolWindow	5	窗体为工具栏风格，可以改变尺寸

（3）窗体的高度、宽度以及距离等属性值的单位是 Twip，1 英寸=1440Twip。

（4）WindowState 的属性值有 3 个，默认值是 0，如表 2-6 所示。

表 2-6　WindowState 属性值

常量	值	含义
Normal	0	正常状态
Minimized	1	窗体最小化
Maximized	2	窗体最大化

2.5.2　事件

窗体作为对象，能够响应许多事件，表 2-7 列出了窗体的一些常用事件。

表 2-7　窗体的常用事件

事件	来源
Click	鼠标单击窗体
DblClick	鼠标双击窗体
Load	窗体装入工作区
Unload	卸载窗体
Activate	窗体成为活动状态
DeActivate	窗体成为不活动状态
Resize	调整窗体的尺寸

说明：

（1）装入窗体时会自动触发 Load 事件，因此可以在窗体的 Load 事件过程中对控件对象和变量进行初始化。当 VB 程序启动时，即可自动执行相应的初始化工作。

（2）Activate 事件和 DeActivate 事件往往发生在拥有多个窗体的 VB 程序中。例如某个程序有 A 和 B 两个窗体，当前 A 处于活动状态，B 处于不活动状态。如果单击 B 窗体，则 B 窗体成为活动状态，触发 Activate 事件；而 A 窗体成为不活动状态，触发 DeActivate 事件。

2.5.3　方法

方法是对象自身所具有的行为，也是为用户提供的功能。方法的调用形式如下：

[对象.]方法 [参数列表]

窗体的常用方法有 Print、Cls 和 Show 等，如表 2-8 所示。

表 2-8　窗体的常用方法

方法	功能
Print	在窗体中输出文本
Cls	清除窗体中显示的文本和图形
Show	显示窗体
Hide	隐藏窗体
Move	移动窗体，并可以改变其尺寸

说明：

（1）Print 方法不仅用于窗体，而且也可以用于图片框和打印机等其他对象。将在第 3 章详细介绍 Print 的用法。

（2）装入窗体并不表示一定会自动显示，需要调用 Show 方法显示窗体。如果窗体尚未装入内存，则调用 Show 方法时会自动加载。Show 方法有一个可选参数用于指定窗体模式，0 是默认值，表示非模态，系统不限制其他窗体的操作；1 表示模态，系统只允许当前活动窗体的操作，不允许切换到其他窗体，除非当前窗体被隐藏或卸载。例如以模态方式显示窗体 Form2，可以写为：

Form2.Show 1

（3）Move 方法的调用形式如下：

[对象.]Move left[,top[,width[,height]]]

left 是必选参数，表示对象移动后的左边距，其余 3 个参数是可选参数，分别表示对象的顶边距、宽度和高度。例如将窗体向屏幕的左下方移动并做适当缩小，可以写为：

Move Left-10,Top+10,Width-50,Height-50

2.6 小结

在程序中数据描述是通过数据类型体现的，VB 的基本数据类型主要有整型、实型和字符型等。各种数据类型都有常量和变量，变量对应了内存的一段存储空间，存储数据是通过变量实现的。各种类型的变量占据的内存字节数是不同的，它们能够表示的数据范围也是不同的。

数据处理是通过运算符和表达式完成的，本章主要学习了算术表达式和字符串表达式。算术表达式完成数据的加、减、乘、除等算术运算，注意算术运算符的优先级，以及整除与实数除法的区别。

语句和窗体是构成 VB 程序的基石。VB 语句主要有赋值语句和流程控制语句，对数据的操作是由前者完成的，后者负责控制程序执行的流程。赋值语句既可以用来修改变量的值，也可以用来设置对象的属性值。窗体是程序设计时的平台，也是程序运行时的窗口。本章学习了窗体常用的属性、事件和方法，熟悉了 VB 对象的一些特点，为进一步学习其他的控件对象奠定了基础。

习 题

1．下列哪些是合法的变量？

s1　integer　m_day　har?　sum　2n

2．VB 提供了哪些基本数据类型？

3．什么是类型符？如果未指定变量的类型，其默认类型是什么？

4．变量定义之后，VB 如何对其进行初始化？

5．计算下列表达式的值。

（1）x+y Mod 3*(x+y)\6，其中 x=4.2，y=5。

（2）(a+b)/5+a^2，其中 a=3，b=4。

（3）"VB" & 6

（4）"12"+34 & 5

（5）#6/7/2008#+3-#5/30/2008#

6．写出下列数学表达式对应的 VB 表达式。

（1）ax^2+bx+c

（2）$\sqrt{s(s-a)(s-b)(s-c)}$

（3）$\cos^3(a-b)$

（4）$\sin 2a+\ln|b-c|$

第 3 章　顺序结构

一个完整的 VB 程序除了界面以及对数据的描述、处理之外，还应该包含数据的输入和输出，使得人们可以借助于输入设备输入一些原始数据，经过计算机处理之后，最终通过输出设备得到有用的数据。本章主要讲解 VB 语言输入/输出的基本方法，以及程序的顺序结构，此外还介绍了标签和文本框等常用控件，使读者能够编写简单的 VB 程序，为以后各章节的学习打下基础。

3.1　数据输入

传统的程序有顺序、选择和循环三种基本控制结构，执行时采用命令驱动机制。VB 程序的执行则采用事件驱动机制，由用户或系统触发某个事件去执行相应的事件过程。尽管这些事件处理过程之间并无特定的执行顺序，但是每个事件过程的内部却依然包含顺序、选择和循环这三种基本控制结构。

顺序结构是结构化程序设计中最基本的控制结构之一，其语句按照书写的顺序依次逐条执行，如图 3-1 所示。顺序结构的语句之间不仅有出现的先后顺序，而且往往还有内在的逻辑先后顺序。例如在程序中显然应该先输入数据，然后处理数据，最后输出数据。

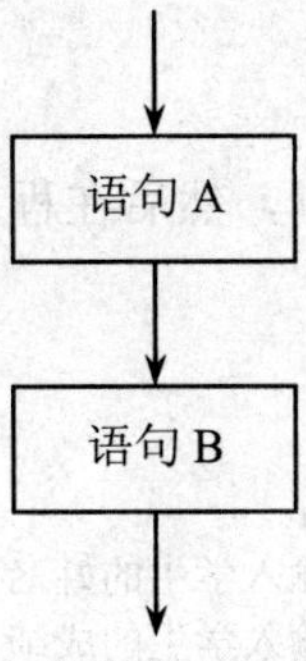

图 3-1　顺序结构流程图

编写程序时经常需要从键盘输入数据，或者将程序的运行结果显示在屏幕上，那么如何完成这一类的功能呢？VB 提供了一些内部函数和控件，用于输入和输出操作。输入的目的是把从外界接收的数据保存在变量中，主要有两种方法，一种是通过 InputBox 函数，另一种是使用文本框控件。

3.1.1　InputBox 函数

调用 InputBox 函数时，系统将弹出一个输入对话框，该对话框能够接收用户输入的数据。InputBox 函数的格式如下：

```
InputBox(Prompt[,Title][,Default][,…])
```

说明：

（1）InputBox 函数返回一个字符串，该字符串就是用户在对话框中输入的数据。InputBox 函数在调用时与赋值语句相配合，将输入的数据赋给一个变量。

（2）参数 Prompt 是必选项，它是一个字符串，用于提示用户当前应输入哪些数据。

（3）Title 和 Default 这两个参数均为可选项，前者作为对话框的标题，后者作为对话框的默认输入内容。

（4）如果位于参数列表中间的可选项参数被省略，则必须用逗号标示这些被省略的参数。例如：

```
Dim name As String, score As Integer
name = InputBox("请输入学生的姓名", "姓名输入")      '省略了默认值
score = Val(InputBox("请输入学生的成绩", , 80))       '省略了标题
```

说明：该程序段在执行时将先后打开两个输入对话框，如图 3-2 和图 3-3 所示。用户分别输入姓名和成绩之后，单击“确定”按钮，即可将数据分别保存在变量 name 和 score 中。

思考：为什么两个输入对话框的标题不相同？

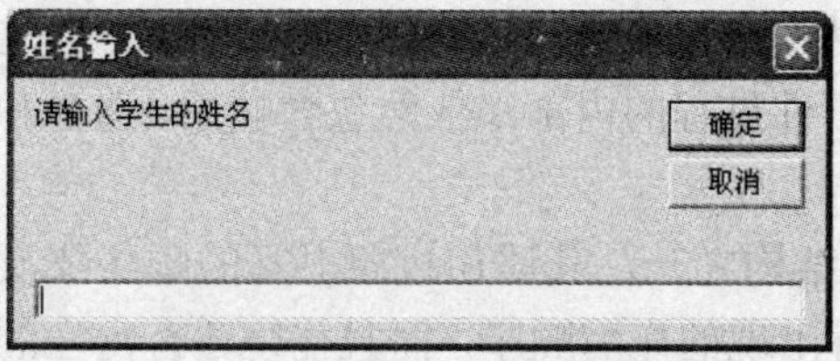

图 3-2　InputBox 输入学生姓名

图 3-3　InputBox 输入学生成绩

3.1.2　文本框控件

用户可以在文本框控件中输入数据，然后在程序中通过赋值语句把它赋给某个变量。其一般形式如下：

变量=文本框对象.text

例如：

```
Dim name As String, score As Integer
name = Text1.text                    '输入学生的姓名
score = Val(Text2.text)              '输入学生的成绩
```

该程序段的执行情况如图 3-4 所示。

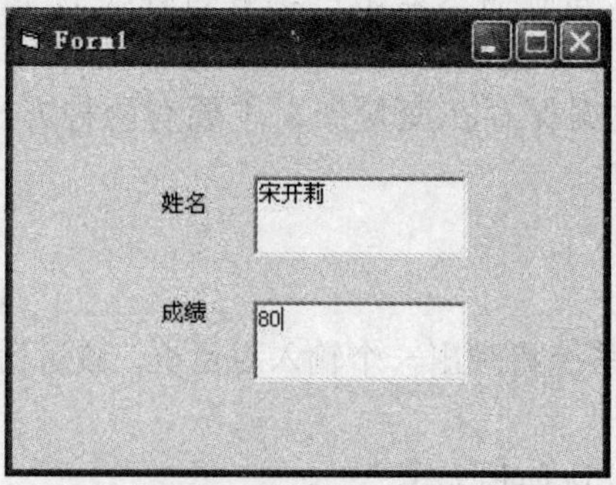

图 3-4　文本框输入学生姓名和成绩

3.2　数据输出

输出的目的是把数据予以显示或者保存在磁盘中，主要有 Print 和文本框控件等方法。

3.2.1　标签控件

标签控件一般用于标识其他控件对象，用户无法在程序界面中直接修改它的内容。如果在赋值语句中把表达式的值赋给标签控件的Caption属性，则也可以在窗体的标签中显示数据。其一般形式如下：

```
标签对象.Caption=表达式
```

例如：

```
Label1.Caption = name                    '输出学生的姓名
Label2.Caption = Str(score)              '输出学生的成绩
```

说明：Str 函数的作用是把一个数值转换为字符串。

3.2.2　文本框控件

如果在赋值语句中把表达式的值赋给文本框控件的 Text 属性，则可以在窗体的文本框中显示数据。其一般形式如下：

```
文本框对象.text=表达式
```

例如：

```
Text1.text = name                  '输出学生的姓名
Text2.text = Str(score)            '输出学生的成绩
```

说明：文本框控件既可以用于输入数据，也可以用于输出数据，这取决于控件对象是作为赋值运算符的左操作数还是右操作数。

3.2.3　MsgBox 函数

调用 MsgBox 函数时，系统将弹出一个消息对话框，该对话框能够显示一些提示性的信息，并接收用户做出的选择。MsgBox 函数的格式如下：

```
MsgBox(Prompt[,Buttons][,Title][,…])
```

说明：

（1）参数 Prompt 是必选项，它是一个字符串，显示一些提示信息，可以作为输出的数据。

（2）参数 Buttons 和参数 Title 均为可选项，前者是一个整型表达式，确定了消息对话框的类型，如表 3-1 所示；后者作为对话框的标题。Buttons 的默认值是 vbOKOnly，实际设置时可以由 4 个分组值相加而成。例如弹出一个采用应用模式的消息对话框，显示“终止”“重试”和“忽略”按钮，图标为严重错误信息，默认是第一个按钮，Buttons 的值可以写为 2+16+0+0，也可以直接写为 18。

（3）MsgBox 函数返回一个整数，该整数代表用户在对话框中选中的按钮，如表 3-2 所示。如果在函数调用时只给出第一个参数（Prompt）的值，就不必使用赋值语句；如果明确给出了其他参数的值，则必须用赋值语句把函数的返回值予以保存。

例如：

```
Dim name As String, score As Integer
name = "宋开莉"
score = 80
MsgBox ("学生姓名：" & name & vbCr & "学生成绩：" &
score)
```

图 3-5　消息对话框输出学生姓名和成绩

说明：该程序段在执行时将打开一个消息对话框，如图 3-5 所示。用户单击“确定”按钮，即可返回程序。MsgBox 函数中只有一个参数，即用多个连接符（&）连接起来的字符串，它作为提示信息显示在消息对话框中。vbCr 是回车符，其作用是将学生的姓名和成绩分两行显示。

表 3-1　参数 Buttons 的值

分组	常量	按钮值	含义
显示按钮	vbOKOnly	0	只显示“确定”按钮
	vbOKCancel	1	只显示“确定”和“取消”按钮
	vbAbortRetryIgnore	2	显示“终止”“重试”和“忽略”按钮
	vbYesNoCancel	3	显示“是”“否”和“取消”按钮
	vbYesNo	4	显示“是”和“否”按钮
	vbRetryCancel	5	显示“重试”和“取消”按钮
图标类型	vbCritical	16	显示严重错误信息图标（红色×）
	vbQuestion	32	显示询问信息图标（蓝色?）
	vbExclamation	48	显示警告信息图标（黄色!）
	vbInformation	64	显示信息图标（蓝色 i）
默认按钮	vbDefaultButton1	0	默认是第一个按钮
	vbDefaultButton2	256	默认是第二个按钮
	vbDefaultButton3	512	默认是第三个按钮
模式	vbApplicationModal	0	应用模式
	vbSystemModal	4096	系统模式

表 3-2　MsgBox 函数的返回值

常量	值	含义
vbOK	1	按下了“确定”按钮
vbCancel	2	按下了“取消”按钮
vbAbort	3	按下了“终止”按钮
vbRetry	4	按下了“重试”按钮
vbIgnore	5	按下了“忽略”按钮
vbYes	6	按下了“是”按钮
vbNo	7	按下了“否”按钮

3.2.4 Print 方法

Print 的功能是在对象上输出信息，其中，对象可以是窗体、图片框、立即窗口和打印机。Print 方法的格式如下：

[对象.]Print [表达式列表][;|,]

说明：

（1）调用 Print 方法时如果未给出对象名，则默认对象是窗体，即直接在窗体上输出。

（2）表达式列表是可选项，如果省略则输出一个空行。Print 输出信息之后通常将会自动换行，如果语句末尾有分号（;）或者逗号（,），则表示不换行，下一个 Print 输出的信息将在当前 Print 输出的内容后面继续显示。

（3）表达式列表中可以有多个表达式，表达式之间用空格、分号或逗号分隔，其中空格和分号的效果相同。如果是数值表达式，就输出它的值；如果是字符串，则原样输出。

（4）如果用分号（;）分隔表达式，按照紧凑格式输出数据；如果用逗号（,）分隔表达式，按照标准格式输出数据，此时当前数据项在下一个输出区中显示（一个输出区占 14 列）。

例如：

```
Dim name As String, score As Integer
name = "宋开莉"
score = 80
Print "学生姓名："; '不换行
Print name
Print "学生成绩："; score
```

说明：该程序段的运行情况如图 3-6 所示。第一条 Print 语句的末尾有分号，所以输出字符串“学生姓名：”之后不换行。

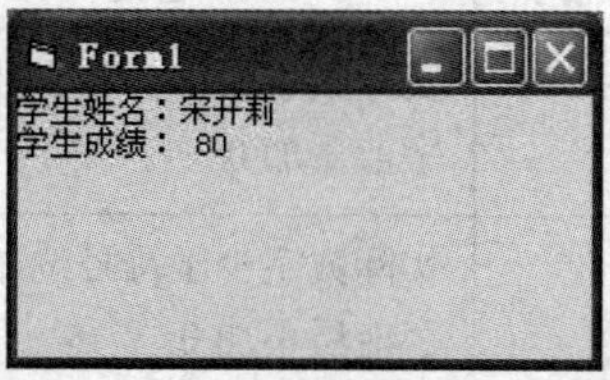

图 3-6 Print 方法输出学生姓名和成绩

下面介绍几个与 Print 方法有关的内部函数，它们主要用于控制输出的格式。

1. Spc 函数

Spc 函数的功能是在当前输出位置插入指定数量的空格，其格式如下：

Spc(n)

说明：参数 n 表示空格的个数，使得当前输出位置后移 n 列。

2. Tab 函数

Tab 函数的功能是将当前输出位置定位至指定的地方，其格式如下：

Tab(n)

说明：参数 n 表示新的输出位置所在的列数。

例如：

```
Dim name As String, score As Integer
name = "宋开莉"
score = 80
Print "学生姓名：";
Print Spc(5); name
Print "学生成绩："; Tab(15); score
```

说明：该程序段的运行情况如图 3-7 所示。字符串“学生姓名：”输出时占 10 列，Spc 函数使得当前输出位置后移 5 列，即位于第 15 列；而 Tab 函数使得当前输出位置定位于第 15 列，两者正好相同，所以输出时显得很整齐。

思考：Spc 函数与 Tab 函数有什么区别？

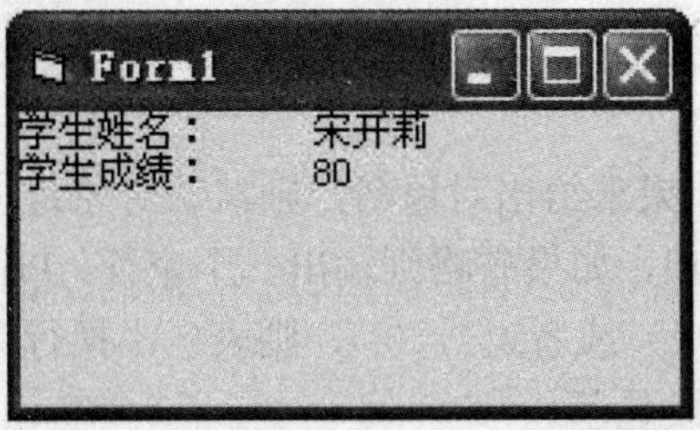

图 3-7 Print 方法输出学生姓名和成绩

3. Format 函数

Format 函数一般用于 Print 方法中，可以使得数值、字符串或者日期按指定的格式输出。Format 函数的格式如下：

Format(表达式[,格式字符串])

说明：格式字符串是可选项，表示按其指定的格式输出表达式的值，有以下 3 种形式：

（1）数值格式化。将数值表达式的值按格式字符串指定的格式输出，如表 3-3 所示。

表 3-3 数值格式化

符号	含义	数值表达式	格式字符串	输出结果
0	实际数字少于符号位数时，数字前后加 0	1234.567	"00000.0000"	01234.5670
		1234.567	"000.00"	1234.57
#	实际数字少于符号位数时，数字前后不加 0	1234.567	"#####.####"	1234.567
		1234.567	"###.##"	1234.57
.	加小数点	1234	"0000.00"	1234.00
,	加千分位	1234.567	"##,##0.0000"	1,234.5670
%	数值乘以 100，加%	1234.567	"####.##%"	123456.7%
$	在数字前加$	1234.567	"$###.##"	$1234.57
+	在数字前加+	-1234.567	"+###.##"	+-1234.57
-	在数字前加-	1234.567	"-###.##"	-1234.57
E+	指数形式	0.1234	"0.00E+00"	1.23E-01
E-	指数形式	1234.567	".00E-00"	.12E04

例如：

```
Print Format(3.14159, "00.000")          '输出结果为 03.142
Print Format(3.14159, "##.###E+##")      '输出结果为 31.416E-1
```

（2）日期和时间格式化。将日期表达式或数值表达式的值转换为日期和时间形式，再按格式字符串指定的格式输出，如表 3-4 所示。

表 3-4　日期和时间格式化

格式字符串	含义
"yyyy"	显示年份全名（0100～9999）
"mmmm"	显示月份全名（January～December）
"dddd"	显示星期全名（Sunday～Saturday）
"ddddd"	显示完整日期（yy-mm-dd）
"dddddd"	显示完整长日期（yyyy 年 mm 月 dd 日）
"ttttt"	显示完整时间（hh:mm:ss）
"AM/PM"	显示时间，午前为 AM，午后为 PM

例如：

```
Print Format(Date, "dddddd")                    '输出结果为 2008 年 5 月 10 日
Print Format(Now, "ddddd ttttt AM/PM")          '输出结果为 2008-5-10 21:19:26 PM
```

Date 和 Now 都是内部函数，Date 函数返回系统日期，Now 函数返回系统日期和时间。

（3）字符串格式化。将字符串按格式字符串指定的格式输出，如表 3-5 所示。

表 3-5　字符串格式化

符号	含义	字符串	格式字符串	输出结果
<	小写显示	"CHINA"	"<"	china
>	大写显示	"china"	">"	CHINA
@	实际字符个数少于符号位数时，字符串前面添加空格	"china"	"@@@@@@"	china
&	实际字符个数少于符号位数时，字符串前面不添加空格	"china"	"&&&&&&"	china

3.3　标签

标签（Label）控件能够显示一些用户无法直接更改的文本信息，它通常作为一种辅助性的控件，用来标注那些自身不具备 Caption 属性的控件。在 VB 的工具箱中，标签控件的图标如图 3-8 所示。

图 3-8　标签图标

表 3-6 列出了标签控件的常用属性。

表 3-6　标签的常用属性

属性	作用
Name	设置标签的对象名
Caption	设置标签所显示的文本信息
Alignment	设置标签上文本的对齐方式

续表

属性	作用
BackStyle	确定标签的背景是否透明，默认值是 1，表示不透明
BorderStyle	设置标签的边框类型，默认值是 0，表示无边框
AutoSize	确定是否根据标签上文本的长度自动调整标签自身的尺寸，默认值是 False
WordWrap	确定是否根据标签上文本的长度自动换行，默认值是 False

说明：

（1）程序第一个标签控件的默认对象名是 Label1，第 n 个标签控件的默认对象名是 Labeln，依此类推。

（2）Caption 是标签控件最重要的属性之一，其属性值是一个字符串，即显示的文本，最多允许有 1024 个字符。

（3）Alignment 的属性值有 3 个，默认值是 0，如表 3-7 所示。

表 3-7　Alignment 属性值

常量	值	含义
Left Justify	0	文本靠左显示
Right Justify	1	文本靠右显示
Center	2	文本居中显示

（4）当 AutoSize 的属性值是 True 时，对 WordWrap 属性的设置才有效。

标签控件虽然能够响应单击（Click）和双击（DblClick）等事件，但是一般不需要在程序中编写标签控件的事件过程，而是仅仅使用其 Caption 属性。

3.4　文本框

文本框（TextBox）控件是一种常用的标准控件，它兼备数据输入和输出的功能，还提供了插入、选择以及复制等文本编辑手段。在 VB 的工具箱中，文本框控件的图标如图 3-9 所示。

图 3-9　文本框图标

1. 属性

表 3-8 列出了文本框控件的常用属性。

表 3-8　文本框的常用属性

属性	作用
Name	设置文本框的对象名
Text	设置文本框所显示的文本信息
MaxLength	设置文本框所显示的文本信息的最大长度，默认值是 0，表示长度不受限制
MultiLine	确定文本框能否输入多行文本，默认值是 False，表示只允许输入单行文本

续表

属性	作用
ScrollBars	确定文本框能否有滚动条
PasswordChar	设置密码符号，默认值是空串
SelText	确定当前所选的文本
SelStart	确定所选文本的开始位置，如果未选中文本，则为插入点的位置
SelLength	确定所选文本的长度

说明：

（1）程序第一个文本框控件的默认对象名是 Text1，第 n 个文本框控件的默认对象名是 Textn，依此类推。

（2）Text 是文本框控件最重要的属性之一，其属性值是一个字符串，即显示的文本。只允许输入单行文本时，最多可以有 2048 个字符；如果允许输入多行文本，则最多可以有 32K 个字符。

（3）ScrollBars 的属性值有 4 个，默认值是 0，如表 3-9 所示。

表 3-9　ScrollBars 属性值

常量	值	含义
None	0	文本框无滚动条
Horizontal	1	有水平滚动条
Vertical	2	有垂直滚动条
Both	3	同时有水平和垂直滚动条

（4）当 MultiLine 的属性值是 True 时，对 ScrollBars 属性的设置才有效。

2. 事件

表 3-10 列出了文本框控件的一些常用事件。

表 3-10　文本框的常用事件

事件	来源
Change	文本框的 Text 属性值发生改变
GotFocus	文本框获得焦点
LostFocus	文本框失去焦点
KeyPress	用户按下并且释放键盘上的一个键

说明：

（1）当用户在文本框中输入新内容，或者程序运行时修改了 Text 属性值，都会自动触发 Change 事件。当用户输入一个字符时，就会触发一次 Change 事件。

思考：如果用户输入单词“china”，将会触发几次 Change 事件？

（2）焦点表示对象能否接受用户鼠标或者键盘的输入，只有对象的 Enabled 和 Visible 的属性值是 True 时，它才有获得焦点的能力。在有多个文本框的窗体中，只有获得焦点的文本框才能够接受用户的输入。

在程序运行时，用户可以通过鼠标单击或者按 Tab 键切换，使某个控件获得焦点。假设窗体中有 A 和 B 两个文本框，当 A 获得焦点时，将会触发 GotFocus 事件。有得必有失，此时显然 B 会失去焦点，从而触发 LostFocus 事件。

（3）当用户按下并且释放键盘上的一个键，将会触发焦点所在控件的 KeyPress 事件。该事件返回所输入字符的 Unicode 码，在程序中加以判断，就会识别出用户刚才按下了哪个键。例如发现此时 KeyPress 事件返回的值是 13（回车符的 Unicode 码），表示用户按下了 Enter 键，说明文本输入已经结束。

3. *方法*

文本框最常用的方法是 SetFocus，它能够使对象获得焦点，即把光标移到指定的文本框中。例如：

```
Text2.SetFocus
Text2.Text = ""
```

说明：该程序段使文本框对象 Text2 获得焦点，并清空其内容。

【例 3.1】在文本框中输入密码，然后单击窗体，在标签中显示该密码。当单击“退出”按钮时，程序运行结束。

分析：新建一个工程，在窗体上分别创建 2 个标签、1 个文本框和 1 个命令按钮。在属性窗口中对窗体和控件的属性进行设置，如表 3-11 所示。文本框的 PasswordChar 属性值设置为“*”，表示输入的字符都显示为“*”；标签 Label2 的 BorderStyle 属性值设置为 1，表示该标签有边框。

表 3-11 例 3.1 中对象的属性设置

对象	属性	属性值	说明
Form1	Caption	例 3.1	窗体的标题
Text1	Text	""	文本内容为空
	PasswordChar	*	密码形式
Label1	Caption	密码	作为文本框的标题
	Alignment	1	文本靠右显示
Label2	Caption	""	标题为空
	Alignment	2	文本居中显示
	BorderStyle	1	有边框
Command1	Caption	退出	命令按钮的标题

完成界面设计之后，打开代码窗口，开始编写程序。除了双击窗体或控件可以打开代码窗口之外，选择“视图”菜单的“代码窗口”菜单项或者按下 F7 键，都可以打开代码窗口。如果想针对某个对象编写某个事件的事件过程，可以先在代码窗口顶部左侧的“对象”组合框中选择对象名，然后在顶部右侧的“事件”组合框中选择事件名，就会在窗口中自动出现相应事件过程的框架。

分别编写窗体单击和命令按钮单击的事件过程，代码如下：

```
Private Sub Form_Click()
Label2.Caption = "您输入的密码是：" + Text1.Text
End Sub
Private Sub Command1_Click()
End
End Sub
```

运行程序，如图 3-10 所示。

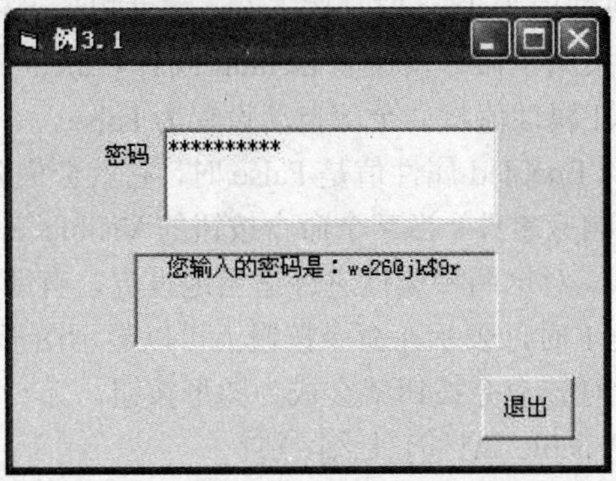

图 3-10　例 3.1 的运行结果

思考：程序运行时输入密码之后，单击标签或者文本框，能否显示密码？

3.5　命令按钮

命令按钮（CommandButton）控件通常用来接受用户的操作命令，一般通过单击命令按钮来触发事件过程，执行指定的操作，从而实现特定的功能。在 VB 的工具箱中，命令按钮控件的图标如图 3-11 所示。

图 3-11　命令按钮图标

1. 属性

表 3-12 列出了命令按钮控件的常用属性。

表 3-12　命令按钮的常用属性

属性	作用
Name	设置命令按钮的对象名
Caption	设置命令按钮的标题
Default	确定命令按钮是否为 Enter 键的默认按钮
Cancel	确定命令按钮是否为 Esc 键的默认按钮
Enabled	确定命令按钮是否有效，默认值是 True，表示有效
Visible	确定命令按钮是否可见，默认值是 True，表示可见
Style	设置命令按钮的外观，默认值是 0，表示只能显示文字
Picture	设置命令按钮上显示的图片文件

说明：

（1）程序第一个命令按钮控件的默认对象名是 Command1，第 n 个命令按钮控件的默认对象名是 Commandn，依此类推。

（2）设置 Caption 属性时，在标题的某个字母前插入一个连接符（&），即可为命令按钮设置快捷键。程序运行时命令按钮标题中的某字母带有下划线，它就成为了快捷键。当用户按下 Alt+快捷键时，便可激活并操作该命令按钮。

（3）当某个命令按钮的 Default 属性值为 True 时，按下 Enter 键就相当于单击了该按钮；当某个命令按钮的 Cancel 属性值为 True 时，按下 Esc 键就相当于单击了该按钮。在一个窗体上只能有一个默认按钮，如果某个命令按钮的 Default 或者 Cancel 属性值为 True，该窗体上其他按钮的 Default 或者 Cancel 属性值将会全部自动设置为 False。

（4）当某个命令按钮的 Enabled 属性值是 False 时，它就会失效并呈灰色，此时既不能接受用户的操作命令，也不能响应事件。当某个命令按钮的 Visible 属性值是 False 时，它在程序运行时将不会显示在窗体中。对这两种属性进行适当地设置，有助于避免用户的误操作。

（5）当 Style 属性值是 1 时，表示在命令按钮上可以显示图形。此时即可在 Picture 属性中选择图片文件，程序运行时该命令按钮就会成为图形按钮。

思考：Enabled 属性和 Visible 属性有什么区别？

2. 事件

命令按钮控件最重要的事件是单击（Click）事件，在程序中一般都要针对命令按钮的单击事件编写事件过程。需要指出的是，命令按钮控件没有双击（DblClick）事件。

3.6 程序举例

用 VB 语言进行程序设计的目的，是用计算机模拟解决实际问题。在编写程序之前，应该先分析解题步骤和方法，然后用 VB 语句实现，从而实现问题的求解。如果解题的步骤是顺序的，不需要选择或者重复地执行某些步骤，则可以采用顺序结构编程实现。

【例 3.2】输入 3 位学生的成绩，求其平均值。

分析：新建一个工程，在窗体上分别创建 1 个标签、1 个文本框和 2 个命令按钮，并设置属性值如表 3-13 所示。

表 3-13 例 3.2 中对象的属性设置

对象	属性	属性值	说明
Form1	Caption	例 3.2	窗体的标题
Label1	Caption	平均成绩	作为 Text1 的标题
Text1	Text	""	文本内容为空
Command1	Caption	统计	命令按钮的标题
Command2	Caption	退出	命令按钮的标题

分别编写命令按钮 Command1 和 Command2 的 Click 事件过程。在 Command1 的事件过程中，定义 3 个 Integer 型变量 num1、num2 和 num3 存放学生的成绩，再定义 Single 型变量

aver 存放平均成绩。连续调用 3 次 InputBox 函数，从键盘输入 3 个整数，分别保存在变量 num1、num2 和 num3 中。求出平均值，并把结果显示在文本框中。

```
Private Sub Command1_Click()
Dim num1 As Integer, num2 As Integer, num3 As Integer, aver As Single
num1 = Val(InputBox("请输入第 1 位学生的成绩"))
num2 = Val(InputBox("请输入第 2 位学生的成绩"))
num3 = Val(InputBox("请输入第 3 位学生的成绩"))
aver = (num1 + num2 + num3)/3
Text1.Text = aver
End Sub
Private Sub Command2_Click()
End
End Sub
```

运行程序，如图 3-12 所示。

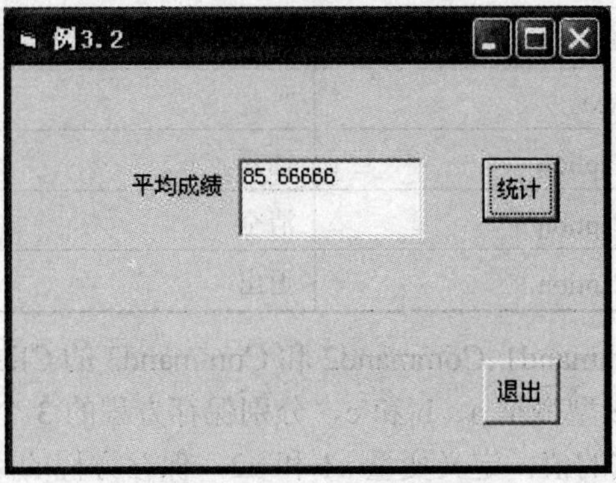

图 3-12　例 3.2 的运行结果

说明：本例可以换一种编程思路，首先定义一个变量 num 作为中间变量，将每次输入的成绩保存在其中。再定义一个变量 sum，存放已经输入的成绩之和，其初值为 0。每次调用 InputBox 函数得到一个成绩之后，便将其累加在 sum 中。如此重复 3 次之后，使用 sum/3 求出平均值。部分代码如下：

```
Dim num As Integer, sum As Integer, aver As Single
sum = 0
num = Val(InputBox("请输入第 1 位学生的成绩"))
sum = sum + num
num = Val(InputBox("请输入第 2 位学生的成绩"))
sum = sum + num
num = Val(InputBox("请输入第 3 位学生的成绩"))
sum = sum + num
aver = sum/3
```

读者可能注意到，该段程序中语句 sum = sum + num 重复了 3 次，显得有些冗余。实际上可以利用循环结构，把该语句作为循环体，反复循环执行，即可实现求 n 个数的平均值。循环结构将在第 5 章讲解。

【例 3.3】求方程 $ax^2+bx+c=0$ 的根。

分析：在窗体上分别创建 4 个标签、4 个文本框和 3 个命令按钮，并设置属性值如表 3-14 所示。

表 3-14　例 3.3 中对象的属性设置

对象	属性	属性值	说明
Form1	Caption	例 3.3	窗体的标题
Label1	Caption	系数 a	作为 Text1 的标题
Label2	Caption	系数 b	作为 Text2 的标题
Label3	Caption	x1	作为 Text3 的标题
Label4	Caption	x2	作为 Text4 的标题
Text1	Text	""	文本内容为空
Text2	Text	""	文本内容为空
Text3	Text	""	文本内容为空
Text4	Text	""	文本内容为空
Command1	Caption	计算	命令按钮的标题
Command2	Caption	清空	命令按钮的标题
Command3	Caption	退出	命令按钮的标题

分别编写命令按钮 Command1、Command2 和 Command3 的 Click 事件过程。在 Command1 的事件过程中，定义 Single 型变量 a、b 和 c，分别保存方程的 3 个系数；为减少重复计算，定义变量 disc，保存判别式的值；定义变量 x1 和 x2，保存方程的两个根。在文本框 Text1 和 Text2 中输入系数 a 和 b，调用 InputBox 函数从键盘输入系数 c。根据公式计算方程的两个根 x1 和 x2，将输出结果分别显示在标签、文本框、窗体和消息对话框中。

```
Private Sub Command1_Click()
Dim a As Single, b!, c!, x1!, x2!, disc As Single
a = Val(Text1.Text)
b = Val(Text2.Text)
c = Val(InputBox("请输入 c 的值"))
disc = b ^ 2 - 4 * a * c                    '计算判别式的值
x1 = (-b + Sqr(disc))/(2 * a)               '求根
x2 = (-b - Sqr(disc))/(2 * a)
Label3.Caption = Str(x1)                    '在标签中显示根
Label4.Caption = Str(x2)
Text3.Text = Str(x1)                        '在文本框中显示根
Text4.Text = Str(x2)
Print "x1="; Spc(2); x1                     '在窗体中显示根
Print "x2="; Spc(2); x2
MsgBox ("x1=" & x1 & ",x2=" & x2)           '在消息对话框中显示根
End Sub
Private Sub Command2_Click()
Form1.Cls                                   '清空窗体上的文本
```

```
Label3.Caption = ""                    '清空标签中的文本
Label4.Caption = ""
Text1.Text = ""                        '清空文本框中的文本
Text2.Text = ""
Text3.Text = ""
Text4.Text = ""
End Sub
Private Sub Command3_Click()
End
End Sub
```

运行程序，如图 3-13 所示。

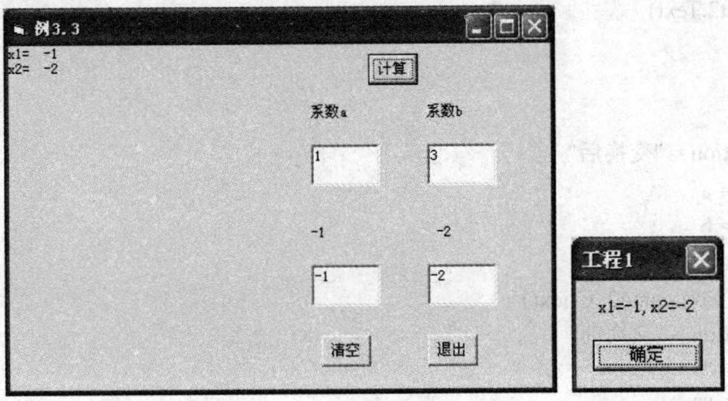

图 3-13　例 3.3 的运行结果

说明：Sqr 函数要求参数不能为负数，否则程序运行时会出错。Command2 的事件过程负责清除输出结果，便于再次进行求根操作。

思考：如果方程判别式的值小于 0，在程序中应如何处理？

【例 3.4】交换两个整型变量的值。

分析：在窗体上分别创建 3 个标签、2 个文本框和 3 个命令按钮，并设置属性值如表 3-15 所示。

表 3-15　例 3.4 中对象的属性设置

对象	属性	属性值	说明
Form1	Caption	例 3.4	窗体的标题
Label1	Caption	a	作为 Text1 的标题
Label2	Caption	b	作为 Text2 的标题
Label3	Caption	交换前	标签的标题
Text1	Text	""	文本内容为空
Text2	Text	""	文本内容为空
Command1	Caption	交换	命令按钮的标题
Command2	Caption	清空	命令按钮的标题
Command3	Caption	退出	命令按钮的标题

分别编写命令按钮 Command1、Command2 和 Command3 的 Click 事件过程。在 Command1 的事件过程中，定义两个 Integer 型变量 a 和 b，在文本框输入数据存入其中。有的读者可能会认为，只需写 a=b 和 b=a 这两条赋值语句，即可实现两个变量值的交换。其实执行赋值语句 a=b 之后，a 的原值已经被 b 的值所覆盖。这将导致接下来执行赋值语句 b=a 时，已无法再将 a 的原值赋给 b，因此 b 的值未发生变化，仍然是其原值。

可以采用中间变量法实现交换。定义一个中间变量 t，先把 a 的值保存在 t 中，然后再进行 a 和 b 值的交换。交换完成之后，把结果显示在文本框中。

```
Private Sub Command1_Click()
Dim a%, b%, t As Integer
a = Val(Text1.Text)
b = Val(Text2.Text)
t = a
a = b
b = t
Label3.Caption = "交换后"
Text1.Text = a
Text2.Text = b
End Sub
Private Sub Command2_Click()
Label3.Caption = "交换前"
Text1.Text = ""
Text2.Text = ""
End Sub
Private Sub Command3_Click()
End
End Sub
```

运行程序，如图 3-14 所示。

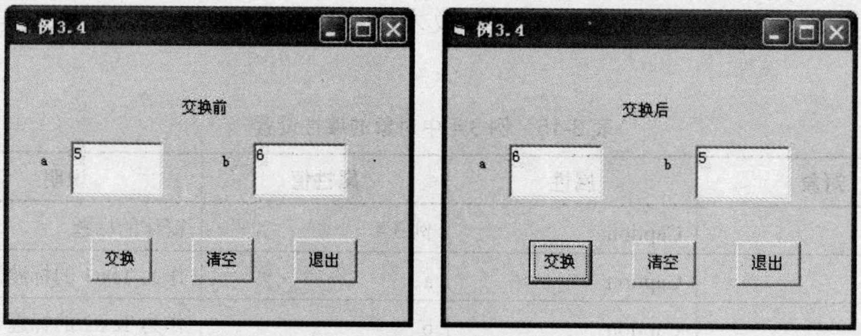

图 3-14　例 3.4 的运行结果

说明：在程序中对标签 Label3 的属性值进行了修改，以提示用户当前的状态。由于实现变量值的交换用到了 3 条赋值语句，这些语句的赋值方向正好形成一个三角形，因此又叫三角对换法。也可以采用以下的方法实现交换：

```
a=a+b
b=a-b
a=a-b
```

该方法无需中间变量，但是进行了 3 次算术运算，而且代码的可读性较差，因此编程时更多地还是采用中间变量法。

3.7　小结

顺序结构是 VB 程序三种基本的控制结构之一，其基本的执行过程是，按照语句的编写次序，从上到下顺序执行。本章介绍了常用的输入、输出方法，采用 InputBox 函数和文本框控件实现输入，采用标签控件、文本框控件、MsgBox 函数和 Print 方法实现输出。

标签控件的重要属性是 Caption，一般用于修饰和说明其他控件。文本框控件的重要属性是 Text，既可以用于输入，也可以用于输出，是用户与程序交互的主要渠道之一。命令按钮的重要事件是单击事件，一般在单击事件过程中书写执行语句，完成指定的操作。编写程序时应先定义变量，后书写执行语句，遵循先输入，然后处理，最后输出的顺序。

习　题

1．VB 语言有哪些常用的输入方法和输出方法？

2．在 Print 方法中，分号（;）和逗号（,）使用时有什么区别？

3．如何为命令按钮设置快捷键？

4．编写一个程序，输入三角形的三条边，计算并输出三角形的面积。

提示：三角形面积公式为 $s=\sqrt{p(p-a)(p-b)(p-c)}$，其中 p=(a+b+c)/2。

5．编写一个程序，根据本金 a、存款年数 n 和年利率 p 计算到期利息。

提示：到期利息计算公式为 $a\times(1+p)^n-a$。

6．编写一个程序，显示系统日期和时间。

7．编写一个程序，将摄氏温度转换为华氏温度。

提示：转换公式为 $F=\frac{9}{5}C+32$。

8．编写一个程序，输入圆柱体底面的半径 r 和圆柱高 h，输出其表面积 s 和体积 v。

9．编写一个程序，输入一个三位的整数，输出其十位的数字。例如输入 123，输出为 2。

10．编写一个程序，输入一个角度值，计算并输出其正弦值与余弦值的和。

第 4 章　选择结构

良禽择木而栖，良臣择主而侍。现实生活中充斥着各种各样的歧路，人们经常需要先对某些条件进行分析和判断，然后做出自己的抉择，并采取相应的动作。例如电影《上甘岭》的插曲中唱到：“朋友来了有好酒，若是那豺狼来了，迎接它的有猎枪”。

程序中也常常需要根据所给定的条件成立与否，有选择地执行某些语句。VB 语言提供了选择结构，使得程序具有了初步的智能，可以从一组不同的分支中选择执行某一个分支的操作。本章主要介绍用于构造条件的关系表达式和逻辑表达式，讲解实现选择结构的语句，以及具有选择性特点的单选按钮控件和复选框控件。

4.1 关系表达式

在程序中经常需要描述数据之间的关系并进行判断，从而决定下一步应执行什么动作。例如当一元二次方程判别式的值大于 0 时，计算方程的两个实根；当判别式的值等于 0 时，计算方程的一个实根；当判别式的值小于 0 时，输出“方程没有实根”。

显然判别式的值大于 0 这个条件，是计算一元二次方程两个实根的前提，在程序中如何表示呢？关系运算符可以用来构建关系表达式，以描述和比较两个数据之间的大小关系。

4.1.1 关系运算符

VB 语言提供了 6 个常用的关系运算符：>、<、>=、<=、=和<>（不等于），它们都是双目运算符，优先级相同。关系运算的结果显然是逻辑值，即关系成立为 True，否则为 False。例如：10>2 和 3<=3 的值均是 True，3=4 和"a"<>"a"的值均是 False，"a">"b"的值也是 False（比较字符的 Unicode 码）。

说明：

（1）关系运算符的操作数可以是数值、字符串或者日期型数据。一般要求两边的操作数类型一致，如果是日期型数据，则按“yyyymmdd”的格式转换为 8 位整数；如果其中一个操作数是数值，另一个操作数是数值字符串，则将字符串转换为数值。如果该字符串中含有非数字字符，系统就会报错。

（2）两个字符串按词典序进行比较，即都从各自的第一个字符开始，相应位置的字符依次按 Unicode 码比较大小，直到出现不同的字符或者字符串结束为止。如果全部字符都相同，就认定两个字符串相等；如果出现不同的字符，则以首先出现不相同的字符的比较结果为准。例如"big">"boy"的值是 False，"中国">="china"的值是 True（汉字的 Unicode 码比西文字符大）。

为便于进行混合运算，VB 语言规定逻辑值转换为数值时，-1 代表 True，0 代表 False。例如 6-True 的值是 7，False*5 的值是 0。

思考：False>True 的值是什么？

4.1.2　关系表达式

用关系运算符连接起来进行关系运算的式子，称为关系表达式。例如：

```
Dim a%, b%, c%
a=7: b=6: c=5
a*2>=b+c  '先计算 a*2，值为 14；然后计算 b+c，值为 11，表达式的值为 True
a>b>c     '先计算 a>b，值为 True；然后计算 True>c，表达式的值为 False
2=2=2     '先计算 2=2，值为 True；然后计算 True=2，表达式的值为 False
```

从上例可以看出，关系表达式的值与数学常识的结果不一定相同。在计算关系表达式时，一定要严格遵循 VB 语言的运算规则。

思考：如何用 VB 语言表达 3>2>1 这种关系？

读者可能已经注意到，“=”既可以是赋值运算符，又可以是关系运算符，那么如何予以区分呢？这个问题确实很棘手，一般只能根据上下文情况具体分析。如果“=”的左操作数为常量，则显然为关系表达式，因为常量不能作为赋值运算符的左操作数。如果“=”的左操作数为变量，则又要分两种情况：一种情况是作为赋值语句单独出现，例如 a=b=c。此时最左边的“=”为赋值运算符，其余的“=”为关系运算符；另一种情况是作为关系表达式而成为某个语句的一部分，例如 Print a=b=c，此时所有的“=”均为关系运算符。

以上例为背景，语句 a=b=c 的执行过程是，先判断 b=c，结果是 False，然后赋给整型变量 a，a 的值是 0；语句 Print a=b=c 的执行过程是，先判断 a=b，结果是 False，再判断 False=c，结果是 False，然后在窗体中显示 False。

4.2　逻辑表达式

关系表达式可以用来构造一些简单的条件，但是还不足以构造复杂的条件。例如不仅任意两边之和大于第三边，而且其中的两边相等，才能构成等腰三角形。又如 x∈[10,200]，以及点 p(x,y)在第二象限等。这些条件是由一些子条件复合而成的，表达了一种逻辑关系，无法用关系表达式完成，需要用逻辑表达式构造。

4.2.1　逻辑运算符

VB 语言提供了 3 个常用的逻辑运算符：Not、And 和 Or，分别表示逻辑非、逻辑与和逻辑或运算。逻辑运算的结果当然为逻辑值：True（真）或者 False（假）。Not 是单目运算符，其余两种是双目运算符。在这 3 种逻辑运算符中，Not 的优先级最高，其次是 And，最低为 Or。

逻辑运算规则如表 4-1 所示。从表中可以看到，逻辑非运算是对操作数取反；逻辑与运算相当于“而且”“并且”，只有两个操作数均为 True，结果才为 True；逻辑或运算相当于“或者”，只有两个操作数均为 False，结果才为 False。

逻辑运算符操作数的类型一般是逻辑型，如果其中有一个操作数是数值或者数值字符串，则会把所有的操作数都自动转换为数值，再进行按二进制位的逻辑运算。其运算规则与普通的逻辑运算类似，例如 Not "3"的值是-4，3 And 4 的值是 0。

表 4-1 逻辑运算规则表

A	B	A And B	A Or B	Not A
True	True	True	True	False
True	False	False	True	
False	True	False	True	True
False	False	False	False	

4.2.2 逻辑表达式

用逻辑运算符将表达式连接起来的式子称为逻辑表达式。例如：

```
Dim a%, b%, c%
a=7: b=6: c=5
a>=b And b<c          'a>=b 的值为 True，b<c 的值为 False，表达式的值为 False
Not a=b               'a=b 的值为 False，表达式的值为 True
```

构成条件的表达式有可能会比较复杂，其中往往含有算术、关系和逻辑等多种运算。在进行复杂表达式的混合运算时，应注意一个原则：从左至右扫描，当前优先级最高的运算符先计算。目前已经学习过的常用运算符主要有算术运算符、连接运算符、赋值运算符、关系运算符和逻辑运算符，其中算术运算符的优先级最高，其次为连接运算符、关系运算符和逻辑运算符，最后是赋值运算符。这些运算符的优先级顺序如图 4-1 所示。

高

^
-（取负）
* /
\\
Mod
\+ -
&
\> >= < <= = <>
Not
And
Or
=（赋值）

低

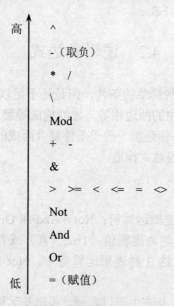

图 4-1 运算符的优先级顺序

例如：计算表达式 3 Mod 5=3 And 1>3\2 Or Not 2<=1 的值。

计算步骤如下：

（1）先计算 3 Mod 5，值为 3。

（2）再计算 3=3，值为 True。

（3）计算 3\2，值为 1。

（4）计算 1>1，值为 False。

（5）然后计算 True And False，值为 False。

（6）计算 2<=1，值为 False。

（7）计算 Not False，值为 True。

（8）最后计算 False Or True，值为 True。整个表达式的结果为 True。

在学习了关系表达式和逻辑表达式之后，就可以灵活运用，构建各种各样的条件。例如：

（1）描述 3>2>1 这种数学常识。

分析：分解为 3>2 和 2>1 两个关系表达式，再用逻辑与运算符连接成逻辑表达式。因此对应表达式为 3>2 And 2>1。

（2）描述字符串变量 c 的值是小写字母。

分析：所有小写字母的 Unicode 码都在字符 a 和字符 z 之间，因此对应表达式为：c>="a" And c<="z"。

思考：如何描述变量 c 的值是字母？

（3）描述 m 是 n 的倍数。

分析：当 m 除以 n 的余数为 0 时，m 就是 n 的倍数。因此对应表达式为 m Mod n=0。

思考：如何描述 m 不能被 n 整除？

（4）描述 y 是闰年。根据闰年的定义，y 应该满足以下两个条件之一：

1）能被 4 整除，但不能被 100 整除。

2）能被 400 整除。

分析：该条件较为复杂，应学会化繁为简的方法。首先描述第 1 个条件，根据“能被 4 整除”的子条件，写出 y Mod 4=0；接着根据“不能被 100 整除”的子条件，写出 y Mod 100<>0；“但”表达的是“而且”的逻辑关系，据此写出第 1 个条件：y Mod 4=0 And y Mod 100<>0。然后描述第二个条件，可以写出表达式 y Mod 400=0。这两个条件是“或者”的逻辑关系，因此最后写出判断闰年的表达式为：y Mod 4=0 And y Mod 100<>0 Or y Mod 400=0。

4.3 If 语句

前面已经介绍了构建条件的方法，那么如何根据条件来选择执行相应的语句呢？在 VB 语言中，If 语句和 Select-Case 语句可以实现这一功能。

4.3.1 If-Else 结构

If-Else 结构是 If 语句的基本型，一般形式如下：

```
If 表达式 Then
    语句块 1
Else
    语句块 2
End If
```

执行流程是：先计算表达式的值，如果表达式的值为 True，则执行 If 语句块即语句块 1；如果表达式的值为 False，则执行 Else 语句块即语句块 2，如图 4-2 所示。

说明：

（1）If-Else 结构是一种双分支的选择结构，用来处理“非此即彼，二者择一”的情况。例如哈姆雷特的著名台词“生还是死？这是一个问题”，显然在生死之间只能有一种选择。

（2）If 语句的表达式通常是关系或者逻辑表达式，以构成条件。如果是算术表达式，则按照“非 0 为真”的原则，把算术表达式的值转换为逻辑值。即只有是 0 才转换为 False，否则就转换为 True。

（3）Else 不能单独出现，只能与 If 语句配合使用。

（4）语句块可以有多条语句。如果语句较少而且表达式也较为简单，VB 语言允许把 If 语句写在同一行上，此时即可省略 End If。例如：

```
If a>b Then max=a Else max=b        '把 a 和 b 之间的较大者赋给 max
```

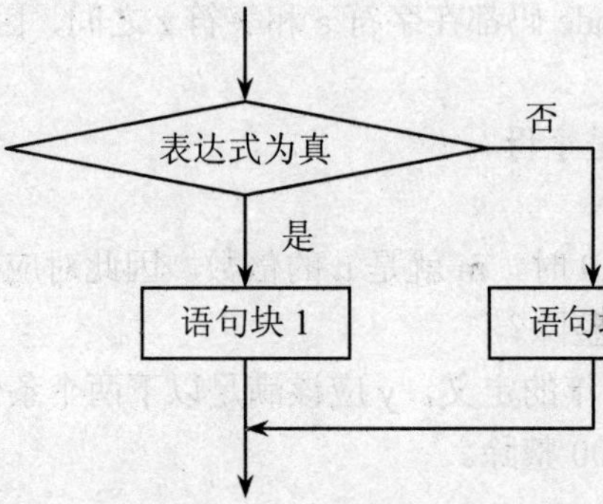

图 4-2　If-Else 结构的流程图

【例 4.1】从键盘输入 1 个字符，判断其是否为字母。

分析：定义字符串变量 s，调用 InputBox 函数，输入 1 个字符存入 s。如果 s 的值在字符 A 和字符 Z 之间，或者在字符 a 和字符 z 之间，则为字母。将判断结果显示在消息框中。在命令按钮单击事件过程中进行处理，程序段如下：

```
Private Sub Command1_Click()
Dim s As String, t$
s=InputBox("请输入一个字符")
If s>= "A" And s<= "Z" Or s>= "a" And s<= "z" Then
t=s & "是字母"
Else
t=s & "不是字母"
End If
MsgBox(t)
End Sub
```

运行程序，结果如图 4-3 所示。

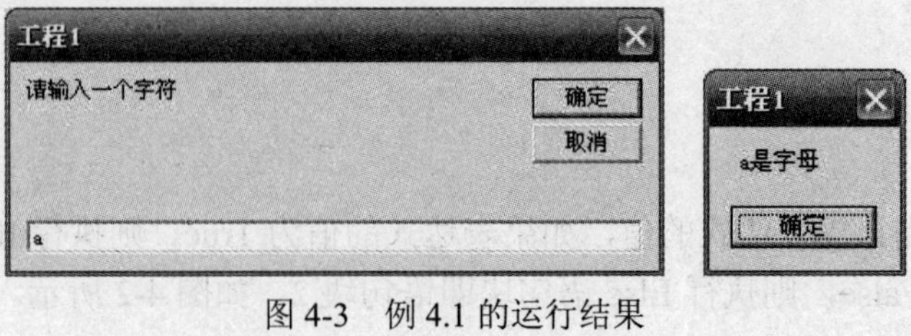

图 4-3　例 4.1 的运行结果

说明：本例有值得改进的地方，如果用户一次输入多个字符，这显然与要求不符。此时应该停止判断，并提示用户输入有误。

思考：如何判断输入字符的个数是 1？

4.3.2　If 结构

If 结构是 If-Else 结构的特例，一般形式如下：

```
If 表达式 Then
   语句块
End If
```

执行流程是：如果表达式的值为 True，则执行 If 语句块，如图 4-4 所示。

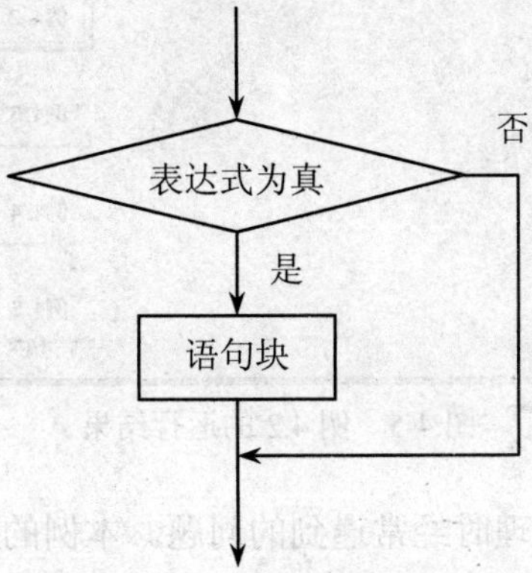

图 4-4　If 结构的流程图

说明：If 结构用于处理触发型情况，一旦触发某个条件，则会引发后续的动作。就好比电影《地雷战》里的“不见鬼子不挂弦”，在只有条件成立时才进行处理，否则不予理会的情况下，使用 If 结构就显得较为恰当。例如只有在学生未通过考试的情况下，教务部门才需要通知其参加补考。

【例 4.2】按升序输出两个整数。

分析：定义两个整型变量 a 和 b，调用 InputBox 函数输入数据。用 If 结构判断 a 是否大于 b，如果是则用中间变量法交换 a 和 b 的值，最后依次输出 a 和 b。在命令按钮单击事件过程中进行处理，程序段如下：

```
Private Sub Command2_Click()
Dim a%, b%, t%
a=Val(InputBox("请输入第 1 个整数"))
b=Val(InputBox("请输入第 2 个整数"))
If a>b Then
   t=a
   a=b
   b=t
End If
Print a;b
End Sub
```

运行程序，结果如图 4-5 所示。

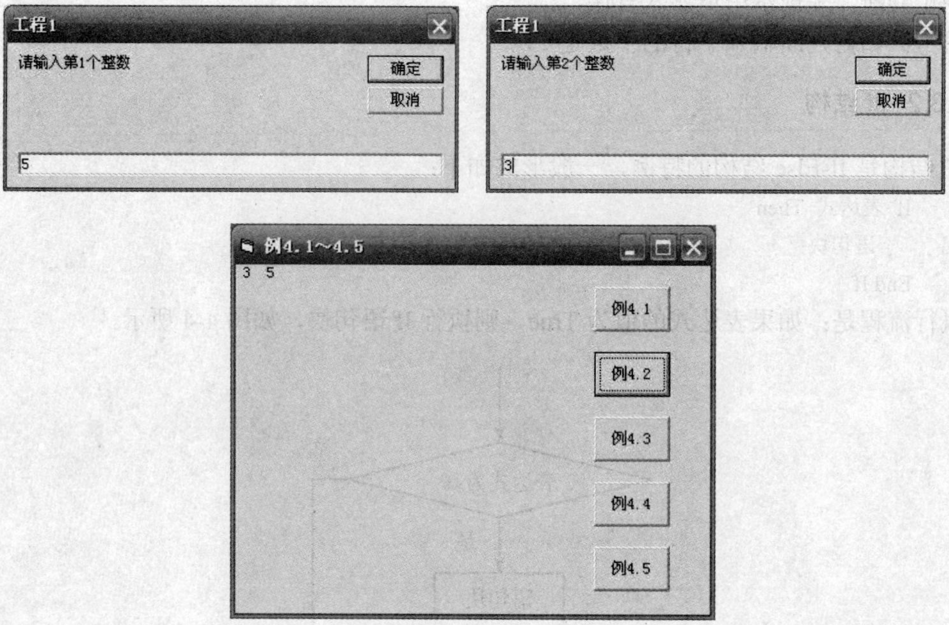

图 4-5 例 4.2 的运行结果

说明：数据排序是计算机处理时经常遇到的问题。本例的排序用到了 If 结构和中间变量法，这正是选择排序法的雏形，本书将在以后各章多次讲解这个算法。

4.3.3 ElseIf 结构

ElseIf 结构是 If 语句嵌套的特例，用于实现多分支结构。一般形式如下：

```
If 表达式 1 Then
  语句块 1
ElseIf 表达式 2 Then
  语句块 2
  …
ElseIf 表达式 n Then
  语句块 n
Else
  语句块 n+1
End If
```

执行流程是：当表达式 1 为 True 时，执行语句块 1；否则计算表达式 2 的值，如果表达式 2 的值为 True，执行语句块 2；否则继续依次计算下面表达式的值，如果某一个表达式的值为 True，则执行相应的语句块；如果这 n 个表达式的值均为 False，则执行语句块 n+1，如图 4-6 所示。

说明：

（1）判断某个条件时存在一个前提，即前面的所有条件都不成立。

（2）尽管 ElseIf 结构有多个分支，但是仍然只有一个分支的语句块会被执行。这种结构特别适合处理有多个互相排斥的条件存在的情况，例如计算分段函数的值。

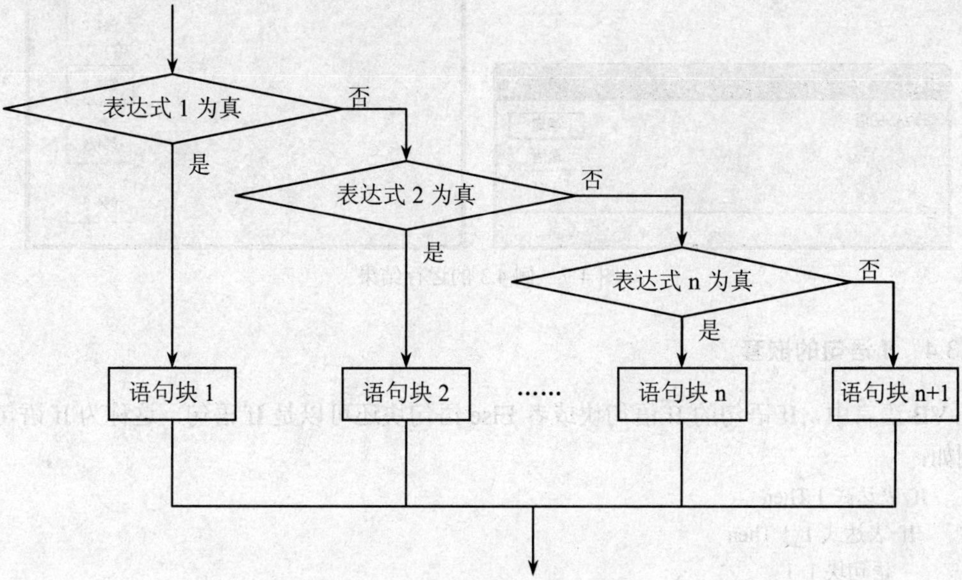

图 4-6 ElseIf 结构的流程图

【例 4.3】计算分段函数的值。

$$y=\begin{cases}2x+1 & (x<2)\\ x-3 & (2\leqslant x<8)\\ 3x-1 & (x\geqslant 8)\end{cases}$$

分析：定义两个 Single 型变量 x 和 y，输入 x 的值。考虑到分段函数的条件互相排斥，因此采用 ElseIf 结构较为合适。在命令按钮单击事件过程中进行处理，程序段如下：

```
Private Sub Command3_Click()
Dim x As Single, y!
x=Val(InputBox("请输入 x 的值"))
If x<2 Then              '判断 x 是否小于 2
  y=2*x+1
ElseIf x<8 Then          '判断 x 是否在 2 和 8 之间
  y=x-3
Else                     '前面两个条件都不满足
  y=3*x-1
End If
Print "y=";y
End Sub
```

运行程序，结果如图 4-7 所示。

思考：条件 x<8 为什么不用写成 x>=2 And x<8？

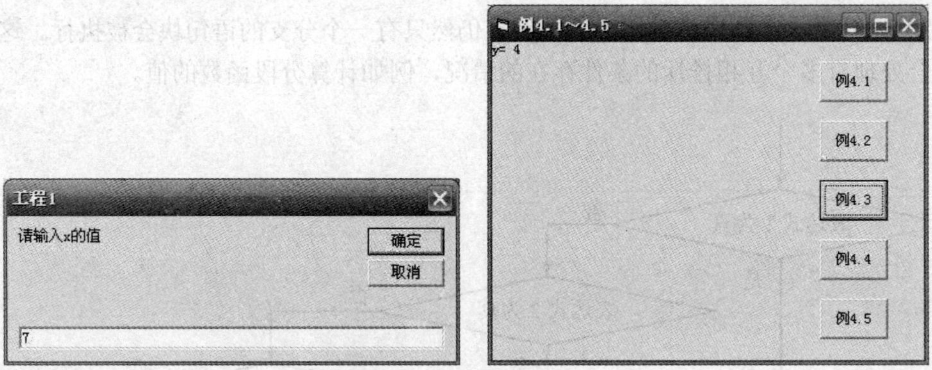

图 4-7 例 4.3 的运行结果

4.3.4 If 语句的嵌套

在 VB 语言中，If 语句的 If 语句块或者 Else 语句块还可以是 If 语句，这称为 If 语句的嵌套。例如：

```
If 表达式 1 Then
  If 表达式 1_1 Then
     语句块 1_1
  Else
     语句块 1_2
  End If
Else
  If 表达式 2_1 Then
     语句块 2_1
  Else
     语句块 2_2
  End If
End If
```

在上面的形式中，If 表达式 1 的分支中嵌套了一个 If-Else 结构，当表达式 1 的值为 True 时，执行 If 语句块嵌套的 If 语句，即继续判断表达式 1_1。如果其值为 True，执行语句块 1_1，否则执行语句块 1_2。如果表达式 1 的值为 False，则执行 Else 语句块嵌套的 If 语句，即继续判断表达式 2_1。执行流程如图 4-8 所示。

If 语句的嵌套可以实现多分支的选择程序，实际上 ElseIf 结构就是嵌套的一种特例，即 If 语句全部嵌套在 Else 语句块中。

【例 4.4】用 If 语句的嵌套实现例 4.3 的功能。

分析：从 x<8 开始判断，如果成立则继续判断是否小于 2，即把 If 语句嵌套在 If 语句块里。在命令按钮单击事件过程中进行处理，程序段如下：

```
Private Sub Command4_Click()
Dim x As Single, y!
x=Val(InputBox("请输入 x 的值"))
If x<8 Then              '判断 x 是否小于 8
 If x<2 Then             '判断 x 是否小于 2
```

```
    y=2*x+1
  Else                    'x 在 2 和 8 之间
    y=x-3
  End If
Else                      'x≥8
  y=3*x-1
End If
Print "y=";y
End Sub
```

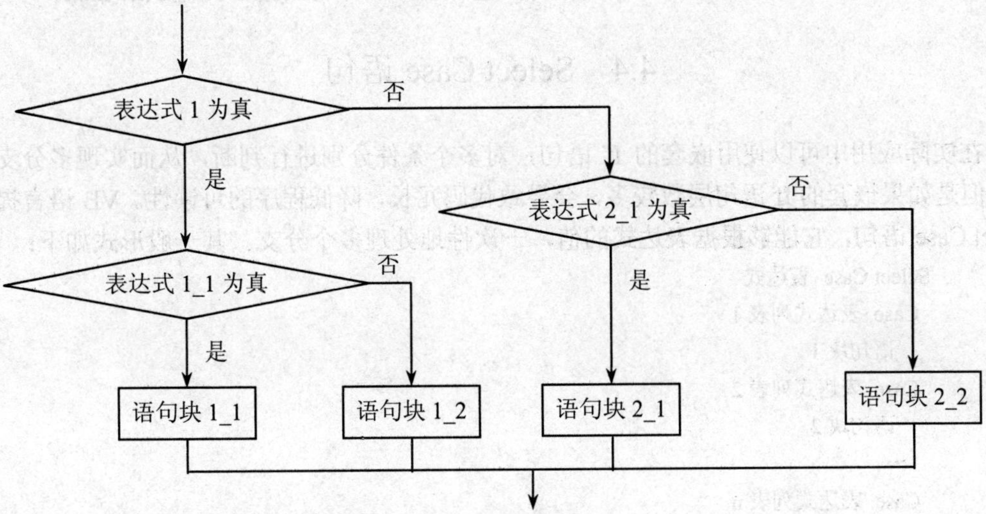

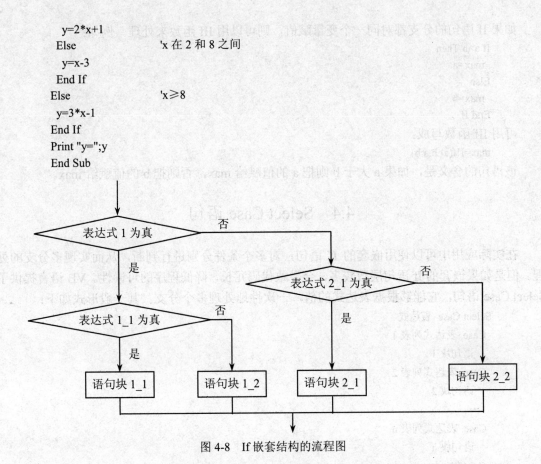

图 4-8　If 嵌套结构的流程图

程序的运行结果与例 4.3 完全相同。例 4.1 也可以采用 If 语句的嵌套，当用户只输入 1 个字符时，才进行是否为字母的判断，否则就报错。程序段如下：

```
s = InputBox("请输入一个字符")
If Len(s) = 1 Then                          '判断是否只输入了 1 个字符
 If s >= "A" And s <= "Z" Or s >= "a" And s <= "z" Then
   t = s & "是字母"
 Else
   t = s & "不是字母"
 End If
Else
   t = "只能输入 1 个字符，请重新输入！"
End If
MsgBox (t)
```

说明：Len 函数的功能是统计并返回字符串的长度。

4.3.5　IIf 函数

IIf 函数用于快捷地实现一些较为简单的选择结构，其一般格式如下：

```
IIf(表达式 1,表达式 2,表达式 3)
```

说明：如果表达式 1 的值为 True，则以表达式 2 的值作为函数的返回值，否则以表达式 3 的值作为函数的返回值。

如果 If 语句的分支都对同一个变量赋值，则可以用 IIf 函数来处理。例如：

```
If a>b Then
  max=a
Else
  max=b
End If
```

可用 IIf 函数写成：

```
max=IIf(a>b,a,b)
```

该语句的含义是，如果 a 大于 b 则把 a 的值赋给 max，否则把 b 的值赋给 max。

4.4 Select Case 语句

在实际应用中可以使用嵌套的 If 语句，对多个条件分别进行判断，从而实现多分支的处理。但是如果嵌套的 If 语句层数较多，会导致代码冗长，降低程序的可读性。VB 语言提供了 Select Case 语句，它能够根据表达式的值，一次性地处理多个分支。其一般形式如下：

```
Select Case 表达式
 Case 表达式列表 1
   语句块 1
 Case 表达式列表 2
   语句块 2
 …
 Case 表达式列表 n
   语句块 n
 Case Else
   语句块 n+1
End Select
```

执行流程是：先计算表达式的值，然后与 n 个 Case 右边的表达式列表逐一比较。如果和其中某个表达式列表的值相等或者匹配，则执行该 Case 后面的语句块；如果与所有的 Case 表达式列表均不匹配，则执行 Case Else 后面的语句块。

说明：

（1）Select Case 的表达式一般为数值表达式，而不是通常的关系或者逻辑表达式。

（2）“任凭弱水三千，只取一瓢饮。”尽管有多个 Case 分支，但是只可能执行其中一个，如果存在多个相匹配的 Case 分支，则只执行符合要求的第一个 Case 后面的语句块。

（3）Case 表达式列表可以有以下 4 种形式：

1）单个表达式。例如 Case 1。

2）多个表达式。表达式之间用逗号分隔，例如 Case 3,6,9。

3）表达式 1 To 表达式 2。指定从表达式 1 到表达式 2 的一个数据范围，表达式 1 的值应小于表达式 2 的值，例如 Case 1 To 5。

4）Is 关系运算符 表达式。例如 Case Is <=5。

这几种形式都可以在 Select Case 语句中出现，甚至能够同时出现在一个 Case 表达式列表中。例如某位学生制定了一天的作息时间表，计划早晨 7 点起床，7 点半到 8 点用餐，8 点半到 11 点半上课；中午 12 点到 12 点半用餐，下午 13 点到 14 点睡觉，14 点起床，14 点半到 17 点上课；17 点半到 18 点用餐，晚上 19 点到 21 点自习，22 点之后睡觉，其余时间则自由活动。如果查询该生某一时间的作息情况，可以写成以下的程序段。

```
Select Case t                    't 为输入的查询时间
Case 7,14
  MsgBox ("起床")
Case 7.5 To 8,12 To 12.5,17.5 To 18
  MsgBox ("用餐")
Case 8.5 To 11.5,14.5 To 17
  MsgBox ("上课")
Case 19 To 21
  MsgBox ("自习")
Case 0 To 7,13 To 14,Is >=22
  MsgBox ("睡觉")
Case Else
  MsgBox ("自由活动")
End Select
```

【例 4.5】用 Select Case 语句实现例 4.3 的功能。

分析：将 x 作为 Select Case 的表达式，采用 Is 形式书写 Case 表达式列表。在命令按钮单击事件过程中进行处理，程序段如下：

```
Private Sub Command5_Click()
Dim x As Single, y!
x = Val(InputBox("请输入 x 的值"))
Select Case x
Case Is < 2                      'x 小于 2
  y = 2 * x + 1
Case Is < 8                      'x 在 2 和 8 之间
  y = x - 3
Case Else                        'x≥8
  y = 3 * x - 1
End Select
Print "y="; y
End Sub
```

说明：程序的运行结果与例 4.3 完全相同。有的读者可能会有疑问，当 x 的值是 1 时，与两个 Case 表达式列表都匹配，会不会出问题呢？不会的，因为这时只会执行第一个 Case 分支的语句。

思考：能否将程序中两个 Case 表达式列表的书写次序颠倒？

4.5　框架

框架（Frame）控件是一种容器型控件，用于将窗体中的控件分组。在 VB 的工具箱中，框架控件的图标如图 4-9 所示。在程序中单独使用框架没有什么实际意义，可以把一些有关联的控件放在同一个框架里自成一组。这样做不仅达到视觉上区分的效果，美化了程序界面，而且也便于对这些控

图 4-9　框架图标

件进行激活、隐藏和移动等整体性的操作。

界面设计时一般应先建立框架，然后在其中画出需要成为一组的控件。此时框架内的控件与框架就成为了一个整体，可以一起移动或者失效。不能用双击工具箱中控件的自动方式画出框架内的控件，也不能把框架外已有的控件直接拖到框架内，这些做法不能使控件成为框架的一部分。如果确实需要用框架对窗体中的某些已有的控件进行分组，则可以先选中这些控件，再执行“编辑”菜单中的“剪切”命令（或者按 Ctrl+X 快捷键）；然后选中框架，在其中执行“编辑”菜单中的“粘贴”命令（或者按 Ctrl+V 快捷键），即可把控件放入框架，并成为一个整体。

1. 属性

表 4-2 列出了框架控件的常用属性。

表 4-2 框架的常用属性

属性	作用
Name	设置框架的对象名
Caption	设置框架所显示的文本信息
Enabled	确定框架是否有效
Visible	确定框架是否可见

说明：

（1）程序第一个框架控件的默认对象名是 Frame1，第 n 个框架控件的默认对象名是 Framen，依此类推。

（2）Caption 属性设定了框架的标题，如果属性值为空串，则框架控件在外观上与一个封闭的矩形框类似。

（3）当 Enabled 的属性值是 False 时，不仅框架失效，而且框架内的所有控件也都会失效。当 Visible 的属性值是 False 时，则框架连同其中的所有控件都将被隐藏。

2. 事件

框架不接受用户输入，也不能显示图形。框架控件虽然能够响应单击（Click）和双击（DblClick）等事件，但是一般不需要在程序中编写框架控件的事件过程，而是仅仅利用其能为控件分组的特点。

4.6 单选按钮

单选按钮（Option Button）控件具有选择功能，在程序界面中必须成组出现。一般用框架控件对单选按钮分组，用户在一组单选按钮中一次只能选择其中一个按钮。在 VB 的工具箱中，单选按钮控件的图标如图 4-10 所示。

图 4-10 单选按钮图标

当某一个单选按钮被选中后，其圆圈中会出现一个黑点，此时同组中其他按钮的选中标志将被自动清除。如果需要用户从一组互相排斥的选项中任选一项，就可以使用单选按钮，例如做多选一的单项选择题。如果有多组单选按钮，则应为每一组设置一个框架。这样一来各组单选按钮相互独立，对某组其中一个单选按钮的操作不会影响其他组的按钮。

1. 属性

表 4-3 列出了单选按钮控件的常用属性。

表 4-3　单选按钮的常用属性

属性	作用
Name	设置单选按钮的对象名
Caption	设置单选按钮的标题
Alignment	设置单选按钮标题的位置，默认值是 0，表示单选按钮在左边，标题在右边
Value	设置单选按钮的状态，默认值是 False
Style	设置单选按钮的外观，默认值是 0，表示标准方式
Picture	设置在单选按钮上显示的图片文件

说明：

（1）程序第一个单选按钮控件的默认对象名是 Option1，第 n 个单选按钮控件的默认对象名是 Optionn，依此类推。

（2）Value 是单选按钮控件最重要的属性，其属性值有两个，True 和 False。True 表示单选按钮被选中，而 False 表示未被选中。如果某一个单选按钮的 Value 属性值是 True，必然意味着同组中其他单选按钮的 Value 属性值是 False。

（3）Style 的属性值有两个：0 和 1。1 表示图形方式，此时单选按钮的外观类似于命令按钮。如果单选按钮未被选中，就会显示由 Picture 属性指定的图片文件；如果单选按钮被选中，则会显示由 DrawPicture 属性指定的图片文件。

思考：当 Style 的属性值是 0 时，对 Picture 属性的设置有意义吗？

通过单击的方式可以在一组控件之间进行任意的切换，使得某个控件获得焦点，然后进行下一步的操作。除此之外，还可以采用按下 Tab 键的方式，实现在一组控件之间的切换。Tab 键顺序是指按下 Tab 键之后，在控件之间移动切换的顺序。

每一个窗体都有自己的 Tab 键顺序，默认情况下该顺序就是在窗体中建立控件的顺序。例如依次创建了 3 个单选按钮，则程序执行时按下 Tab 键进行切换，显然 Option1 在 3 个单选按钮中最先具有焦点。再次按下 Tab 键，这时就会使焦点从 Option1 切换到 Option2。如果继续按下 Tab 键，焦点就会切换到 Option3。如果此时位于 Tab 键顺序末尾的控件获得焦点，再按下 Tab 键就会使焦点切换到位于 Tab 键顺序首位的控件，如此周而复始。

Tab 键顺序可以通过控件的 TabIndex 属性得以体现。默认情况下在窗体中建立的第一个控件，其 TabIndex 属性值是 0，第二个控件的 TabIndex 属性值是 1，依此类推。如果在属性窗口中修改了某一个控件的 TabIndex 属性值，系统就会自动调整其他控件的 TabIndex 属性值，从而改变了 Tab 键顺序。如果控件的 Enabled 或者 Visible 属性值为 False，即控件无效或者不可见，则按下 Tab 键时，该控件就会被跳过。

思考：如果窗体中有 n 个控件，则这些控件的 TabIndex 属性值最大是多少？

2. 事件

单选按钮的常用事件是单击（Click）事件，但是一般不需要在程序中编写单选按钮控件的事件过程。

4.7 复选框

复选框（CheckBox）控件也具有选择功能，一般在程序界面中成组出现，用户在一组复选框中一次可以选择多个。在 VB 的工具箱中，复选框控件的图标如图 4-11 所示。

图 4-11 复选框图标

当某一个复选框被选中后，其方框中会出现一个“√”。复选框与单选按钮最大的区别就在于，用户可以同时选中同组中的多个复选框。如果需要用户从一组选项中任选多项，就可以使用复选框，例如允许多选的多项选择题。

1. 属性

表 4-4 列出了复选框控件的常用属性。

表 4-4 复选框的常用属性

属性	作用
Name	设置复选框的对象名
Caption	设置复选框的标题
Alignment	设置复选框标题的位置，默认值是 0，表示复选框在左边，标题在右边
Value	设置复选框的状态，默认值是 0
Style	设置复选框的外观，默认值是 0，表示标准方式
Picture	设置在复选框上显示的图片文件

说明：

（1）程序第一个复选框控件的默认对象名是 Check1，第 n 个文本框控件的默认对象名是 Checkn，依此类推。

（2）Value 是复选框控件最重要的属性，其属性值有 3 个，如表 4-5 所示。

表 4-5 Value 属性值

常量	值	含义
Unchecked	0	未被选中
Checked	1	被选中
Grayed	2	复选框变成灰色，禁止用户选择

思考：如果某一个复选框的 Value 属性值是 1，是否意味着同组中其他复选框的 Value 属性值必然是 0？

2. 事件

复选框的常用事件是单击（Click）事件，但是一般不需要在程序中编写复选框控件的事件过程。

【例 4.6】登记学生的基本信息。

分析：在窗体上分别创建标签、文本框、框架、单选按钮、复选框和命令按钮等控件，并设置属性值如表 4-6 所示。用第 1 个框架将 4 个单选按钮分组，用第 2 个框架将 5 个复选框分组。学生的姓名和年龄信息分别从文本框输入，用单选按钮选择学生所在系，用复选框选择学生的爱好。

表 4-6　例 4.6 中对象的属性设置

对象	属性	属性值	说明
Form1	Caption	例 4.6	窗体的标题
Label1	Caption	姓名	作为 Text1 的标题
Label2	Caption	年龄	作为 Text2 的标题
Text1	Text	""	文本内容为空
Text2	Text	""	文本内容为空
Frame1	Caption	系	框架的标题
Frame2	Caption	爱好	框架的标题
Option1	Caption	计算机	单选按钮的标题
Option2	Caption	汽车	单选按钮的标题
Option3	Caption	机械	单选按钮的标题
Option4	Caption	管理	单选按钮的标题
Check1	Caption	足球	复选框的标题
Check2	Caption	围棋	复选框的标题
Check3	Caption	游泳	复选框的标题
Check4	Caption	文学	复选框的标题
Check5	Caption	上网	复选框的标题
Command1	Caption	提交	命令按钮的标题
Command2	Caption	退出	命令按钮的标题

分别编写命令按钮 Command1、Command2 的 Click 事件过程。在 Command1 的事件过程中，用 ElseIf 结构判断用户选择了哪一个单选按钮，用 If 结构判断用户选择了哪些复选框。读取学生信息之后，把它显示在消息对话框中。

```
Private Sub Command1_Click()
Dim s As String
s = s + "姓名：" + Text1.Text + vbCr
s = s + "年龄：" + Text2.Text + vbCr
If Option1.Value = True Then
```

```
    s = s + "计算机"
  ElseIf Option2.Value = True Then
    s = s + "汽车"
  ElseIf Option3.Value = True Then
    s = s + "机械"
  Else
    s = s + "管理"
  End If
  s = s + "系" + vbCr
  s = s + "爱好："
  If Check1.Value = 1 Then
  s = s + "足球"
  End If
  If Check2.Value = 1 Then
  s = s + "围棋"
  End If
  If Check3.Value = 1 Then
  s = s + "游泳"
  End If
  If Check4.Value = 1 Then
  s = s + "文学"
  End If
  If Check5.Value = 1 Then
  s = s + "上网"
  End If
  MsgBox (s)
  End Sub
  Private Sub Command2_Click()
  End
  End Sub
```

运行程序，结果如图 4-12 所示。

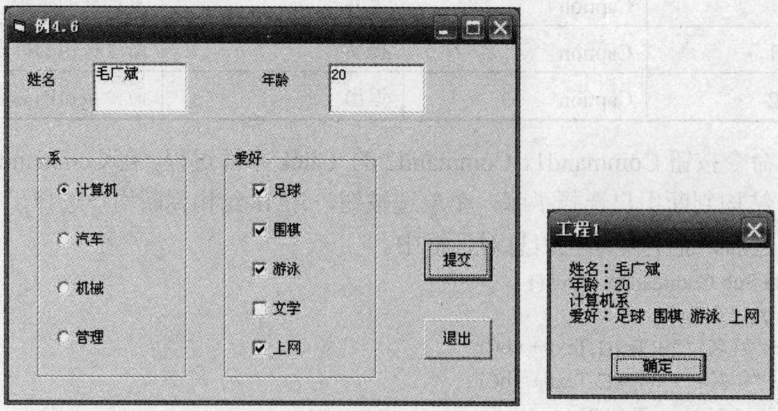

图 4-12 例 4.6 的运行结果

说明：程序中的 If 语句显得有些冗余，例如 ElseIf 结构的分支较多，If 结构的数量也较多。本书将在第 6 章采用普通数组和控件数组，并结合循环结构，改写例 4.6 的程序。

4.8　程序举例

【例 4.7】求方程 $ax^2+bx+c=0$ 的解。

分析：在窗体上分别创建标签、文本框、框架和命令按钮等控件，并设置属性值如表 4-7 所示。

表 4-7　例 4.7 中对象的属性设置

对象	属性	属性值	说明
Form1	Caption	例 4.7	窗体的标题
Frame1	Caption	系数	框架的标题
Label1	Caption	a	作为 Text1 的标题
Label2	Caption	b	作为 Text2 的标题
Label3	Caption	c	作为 Text3 的标题
Text1	Text	""	文本内容为空
Text2	Text	""	文本内容为空
Text3	Text	""	文本内容为空
Command1	Caption	计算	命令按钮的标题
Command2	Caption	清空	命令按钮的标题
Command3	Caption	退出	命令按钮的标题

在第 3 章使用了顺序结构的方法求方程的两个解，但并没有判断系数是否满足 b*b-4*a*c>=0 的条件，也没有判断系数 a 是否不等于 0。为了使程序的运行更加稳定，在计算一元二次方程的解之前，先对上述条件进行判断。分别编写命令按钮 Command1、Command2 和 Command3 的 Click 事件过程。在 Command1 的事件过程中，用 ElseIf 结构判断一元二次方程有几个实根，并进行相应的求根计算。

```
Private Sub Command1_Click()
Dim a As Single, b!, c!, x1!, x2!, disc As Single, s$
a = Val(Text1.Text)
b = Val(Text2.Text)
c = Val(Text3.Text)
If a = 0 Then
  s = "不是一元二次方程！"
Else
  disc = b ^ 2 - 4 * a * c                    '计算判别式的值
  If disc > 0 Then                            '有两个实根
    x1 = (-b + Sqr(disc)) / (2 * a)           '求根
    x2 = (-b - Sqr(disc)) / (2 * a)
```

```
        s = "x1=" & x1 & " x2=" & x2
    ElseIf Abs(disc) <= 0.00001 Then            '有一个实根
        x1 = -b / (2 * a)
        s = "x=" & x1
    Else                                        '无实根
        s = "无实根"
    End If
End If
MsgBox (s)                                      '在消息对话框中显示根
End Sub
Private Sub Command2_Click()
Text1.Text = ""
Text2.Text = ""
Text3.Text = ""
End Sub
Private Sub Command3_Click()
End
End Sub
```

运行程序，结果如图 4-13 所示。

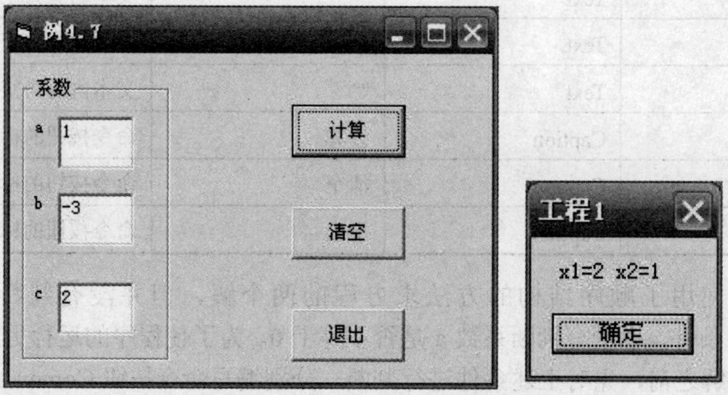

图 4-13　例 4.7 的运行结果

说明：在判断判别式的值是否为 0 时，由于实型数据在计算机中存储存在误差，所以最好不要写成 disc=0，而是判断 disc 的绝对值小于一个很小的数。

【例 4.8】输入 3 个整数，按升序输出。

分析：在窗体上分别创建标签、文本框和命令按钮等控件，并设置属性值如表 4-8 所示。

表 4-8　例 4.8 中对象的属性设置

对象	属性	属性值	说明
Form1	Caption	例 4.8	窗体的标题
Label1	Caption	a	作为 Text1 的标题
Label2	Caption	b	作为 Text2 的标题
Label3	Caption	c	作为 Text3 的标题

续表

对象	属性	属性值	说明
Text1	Text	""	文本内容为空
Text2	Text	""	文本内容为空
Text3	Text	""	文本内容为空
Command1	Caption	排序	命令按钮的标题
Command2	Caption	清空	命令按钮的标题
Command3	Caption	退出	命令按钮的标题

定义三个整型变量 a、b 和 c 存放这 3 个数据，采用例 4.2 的方法即选择排序法进行排序。首先 a 与 b 比较，然后 a 再与 c 比较，最后 b 与 c 比较，如果小于对方则进行交换。最终 a 存放最小值，b 存放次小值，c 存放最大值。分别编写命令按钮 Command1、Command2 和 Command3 的 Click 事件过程。在 Command1 的事件过程中，用 If 结构比较两个数的大小，并进行交换。

```
Private Sub Command1_Click()
Dim a%, b%, c%, t%
a = Val(Text1.Text)
b = Val(Text2.Text)
c = Val(Text3.Text)
If a > b Then
 t = a: a = b: b = t
End If
If a > c Then
 t = a: a = c: c = t
End If
If b > c Then
 t = b: b = c: c = t
End If
Text1.Text = a
Text2.Text = b
Text3.Text = c
End Sub
Private Sub Command2_Click()
Text1.Text = ""
Text2.Text = ""
Text3.Text = ""
End Sub
Private Sub Command3_Click()
End
End Sub
```

运行程序，结果如图 4-14 所示。

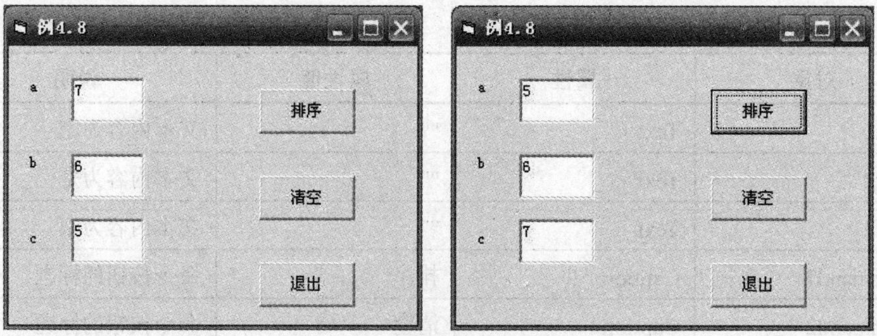

图 4-14　例 4.8 的运行结果

说明：第一个 If 语句确保了 a 是 a 和 b 之间的较小者，第二个 If 语句确保了 a 是 a、b 和 c 三者之间的最小者，第三个 If 语句则确保了 b 是 b 和 c 之间的较小者（即 3 个数的次小值）。读者可能会发现程序中重复的代码较多，在学习了循环和数组之后，就能够用精练的代码来解决 n 个数排序的问题。

理解了选择排序法的思想，可以举一反三，求解很多相关的问题。例如求 a、b 和 c 之间的最小值，只需要定义一个变量 min，初值为 a，即假定 a 是最小值。然后 min 分别与 b 和 c 比较，始终确保 min 是当前最小值。部分代码如下：

```
min=a
If min > b Then
  min = b
End If
  If min > c Then
  min = c
End If
```

思考：如何对 4 个数按升序排序？

【例 4.9】输入一个成绩（百分制），输出其相应等级。10 分为一个等级，60 分以下为不及格。

分析：在窗体上分别创建标签、文本框和命令按钮等控件，并设置属性值如表 4-9 所示。

表 4-9　例 4.9 中对象的属性设置

对象	属性	属性值	说明
Form1	Caption	例 4.9	窗体的标题
Label1	Caption	分数	作为 Text1 的标题
Label2	Caption	等级	作为 Text2 的标题
Text1	Text	""	文本内容为空
Text2	Text	""	文本内容为空
Command1	Caption	计算	命令按钮的标题
Command2	Caption	清空	命令按钮的标题
Command3	Caption	退出	命令按钮的标题

分别编写命令按钮 Command1、Command2 和 Command3 的 Click 事件过程。在 Command1

的事件过程中，定义一个整型变量存放百分制成绩，再定义一个字符串变量存放等级。由于各个等级成立的条件是互相排斥的，所以可以采用 ElseIf 结构进行判断和处理。

```
Private Sub Command1_Click()
Dim score%, grade As String
score = Val(Text1.Text)
If score >= 90 Then
 grade = "优"
ElseIf score >= 80 Then
 grade = "良"
ElseIf score >= 70 Then
 grade = "中"
ElseIf score >= 60 Then
 grade = "及格"
Else
 grade = "不及格"
End If
Text2.Text = grade
End Sub
Private Sub Command2_Click()
Text1.Text = ""
Text2.Text = ""
Text1.SetFocus
End Sub
Private Sub Command3_Click()
End
End Sub
```

运行程序，结果如图 4-15 所示。

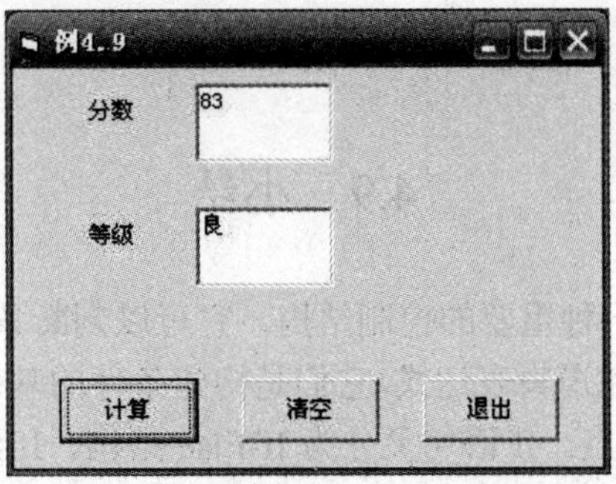

图 4-15　例 4.9 的运行结果

说明：在程序中并未检查学生的成绩是否位于 0～100 之间，请读者自行添加代码对成绩进行判断，以确保成绩输入的有效性。也可以采用 If 语句的其他嵌套形式来判断学生的成绩，例如先从大于等于 80 分开始判断，如果成立则判断是否大于等于 90 分；如果小于 80 分，则判断是否大于等于 60 分。部分代码如下：

```
If score >= 80 Then
 If score>=90 Then
   grade = "优"
```

```
        Else
            grade = "良"
        End If
    Else
     If score >= 60 Then
        If score >= 70 Then
            grade = "中"
        Else
            grade = "及格"
        End If
     Else
            grade = "不及格"
     End If
    End If
```

比较一下这两种做法，显然 ElseIf 结构代码的可读性更强。还可以采用 Select Case 语句，部分代码如下：

```
Select Case score
Case Is >= 90
 grade = "优"
Case 80 To 89
 grade = "良"
Case Is >= 70
 grade = "中"
Case Is >= 60
 grade = "及格"
Case Else
 grade = "不及格"
End Select
```

4.9 小结

选择结构是 VB 语言中一种重要的控制结构，它可以判断条件，并选择相应的语句执行。本章首先介绍了关系表达式和逻辑表达式，它们是构建条件的基础。其次介绍了 If语句和 Select Case 语句，其中 If 语句是重点。If 语句又分为 If-Else 结构、If 结构和 ElseIf 结构 3 种形式，If-Else 结构是基本型，If 结构是它的特例，而 ElseIf 结构又是 If 语句嵌套的特例。If 语句还允许嵌套，以表达更为复杂的关系，实现多分支的选择和处理。

框架控件的主要作用是对一些相关联的控件分组，以便于对它们进行整体性的操作。单选按钮控件和复选框控件为用户提供一些可供选择的选项，它们最重要的属性都是 Value。在同一个分组中，单选按钮只能选择其中一个，而复选框可以同时选择多个。单选按钮的 Value 属性值是逻辑值，有 True 和 False；而复选框的 Value 属性值是数值，有 0、1 和 2。

对于存在多个分支的程序，很可能有多种解决的方法。这就要求程序员熟悉 If 语句和 Select Case 语句的特点，针对具体的问题，灵活应用选择结构编程实现。

习　　题

1．将以下条件写成 VB 语言表达式。

（1）a+b<c+d

（2）a+3≠b-4

（3）x>y 或 z<x+y

（4）x-y>5 且 x+y≤0

（5）i>x 或 i>y 或 i≠z

（6）-8≤x≤8 且 x≠1、3、5

（7）$|x^2+y^2-z^2|\leq 9$

（8）a、b 要么全为奇数，要么全为偶数

（9）a、b、c 中至少有一个为 0

（10）平面上三点 A(x1,y1)、B(x2,y2)、C(x3,y3)，AB 间的距离小于 AC 间的距离

2．如果 a=3.2，b=7.8，c=9，d=8，m=1，n=0，求下列表达式的值。

（1）a+b<c+d And a<>3.2

（2）a+b\2<=b-m/2 Or c<>d

（3）c-m=d And c/6>a\2

（4）c>d+m Or Not c+m*3<a+b

（5）a<b And b<c

（6）c>b>a

（7）a>b<>n

（8）a>b And c>a Or c+m<a^2 And Not c>d

3．写出下列程序段的输出结果。

（1）
```
Dim a%, b%, c%
a = 3: b = 3: c = 2
If a = b Then
  If b = c Then
    Print 1
  Else
    Print 2
  End If
End If
```

（2）
```
Dim a%, b%, c%
a = 3: b = 3: c = 2
If a = b Then
  If b = c Then
    Print 1
  End If
Else
  Print 2
```

```
    End If
    Print 3
```

（3）
```
    Dim a%, b%
    a = 1:b = 0
    Select Case a
    Case 1
     Select Case b
     Case 0
      Print "** a=1,b=0 **"
     Case 1
      Print "** a=1,b=1 **"
     End Select
    Case 2
     Print "++2++"
    End Select
```

4．请将下面的 Select Case 语句改用嵌套的 If 语句实现。

```
Dim x%, y%, z%, t%
...
Select Case t
Case 9, 10
 z = x * x - y * y
Case 8
 z = 2 * x + 3 * y
Case 6, 7
 z = x - y
Case 3, 4, 5
 z = x * y
Case 0, 1, 2
 z = x
Case Else
 z = x * x + y * y
End Select
```

5．请将下面的 If 语句改用 Select Case 语句实现。

```
Dim x%, y%, s%
...
If s > 0 And s <= 10 Then
 If s >= 3 And s <= 6 Then
  y = 3 * x
 ElseIf s > 1 Or s > 8 Then
  y = 3 - x
 Else
  y = x ^ 3
 End If
Else
 y = x
End If
```

6．编写一个程序，输入一个整数，判断它能否被 5 或 8 整除，若能则输出 YES，否则输出 NO。

7．输入三角形的三条边，判断它们能否构成三角形。

8．输入一个数，判断该数是否为水仙花数。

提示：水仙花数是指其百位数、十位数、个位数的立方之和等于其自身的数。例如 153=1×1×1+5×5×5+3×3×3。

9．输入 a 和 b，如果 a×a+b×b 大于 100，则输出 a×a+b×b 百位以上的数字，否则输出 a+b。

10．运输公司计算货物运费的公式是：f=p×w×s×(1-d)，其中 f 表示运费总额，p 表示每公里每吨货物的基本运费，w 表示货物的重量（单位为吨），s 表示距离（单位为公里），d 表示折扣。确定折扣的标准是：s<250，没有折扣；250≤s<500，折扣为 2%；500≤s<1000，折扣为 5%；1000≤s<2000，折扣为 8%；2000≤s<3000，折扣为 10%；3000≤s，折扣为 15%。编写程序，输入基本运费、货物重量和运输距离，计算运费总额。

第5章 循环结构

类似累加、累乘等一些需要做大量重复性操作的问题，在程序中是无法用顺序结构和选择结构加以解决的。循环结构是最重要的一个控制结构，专门用于完成重复性的操作。复杂是简单的重复，在程序设计时合理地运用循环结构，不仅可以降低问题的复杂性，减少程序书写的工作量，还可以充分发挥计算机运算又快又准且不知疲倦的特点。

本章主要介绍循环结构的几种基本语句，重点讲解常用的循环算法和编程方法，介绍图片框、图像框和计时器等控件。

5.1 While 语句

编写程序时，经常会遇到重复地执行某一些语句的情况。例如求 1+2+3+4+…+100，需要反复执行以下语句块：

```
sum=sum+i
i=i+1
```

通过循环结构就能够自动将这个语句块重复执行 100 次，从而实现累加和的计算。VB 语言提供了 While、Do-Loop 和 For-Next 等循环语句，用于实现循环结构。在学习循环语句时，应注意循环的一些要素：循环体、循环初值、循环条件和循环次数。循环体是循环语句的主体，循环初值是循环的起点；循环条件决定了何时继续循环，何时终止循环；循环次数则对循环的效率和结果产生影响，循环次数越少，显然循环的效率就越高，而且循环次数的改变，往往会使循环的结果也发生变化。

While 语句属于“当型”循环，当循环条件成立时，就不断地执行循环体。它的一般形式如下：

```
While 表达式
  循环体
Wend
```

执行流程是：先计算表达式，如果为 True 则执行循环体，周而复始；如果表达式的值为 False，则退出此循环结构，如图 5-1 所示。

说明：

（1）循环语句的表达式一般是关系或逻辑表达式，以构成循环条件。如果是算术表达式，则按照“非 0 为真”的原则，把算术表达式的值转换为逻辑值。

（2）应该把需要重复执行的语句组成循环体。

（3）如果在循环之前需要先判断条件，则采用 While 语句较为合适。例如，当有顾客前来购物交费时，超市收银员就开始工作。

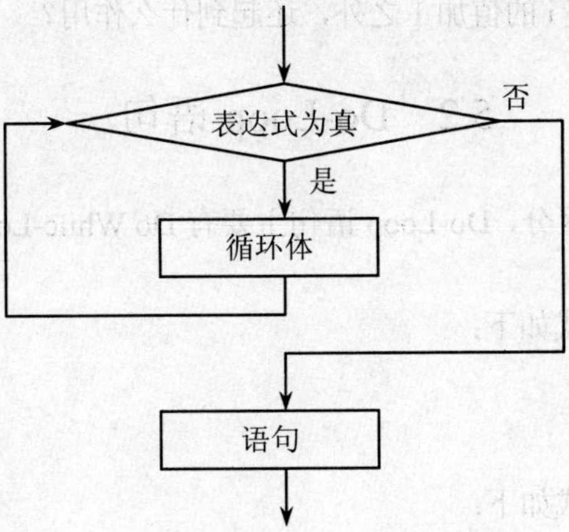

图 5-1　While 语句的流程图

【例 5.1】求 1+2+3+4+5+…+100。

分析：定义两个整型变量 sum 和 i，其中 sum 存放累加和，i 存放当前要加的数。采用 While 语句，重复地将 i 累加在 sum 中，然后 i 的值加 1。如果 i 大于 100，则循环停止。

```
Private Sub Command1_Click()
Dim i As Integer, sum As Integer
i = 1                          '循环初值
sum = 0
While i <= 100                 '循环条件
  sum = sum + i                '循环体
  i = i + 1
Wend
Print "sum="; sum
End Sub
```

运行程序，如图 5-2 所示。

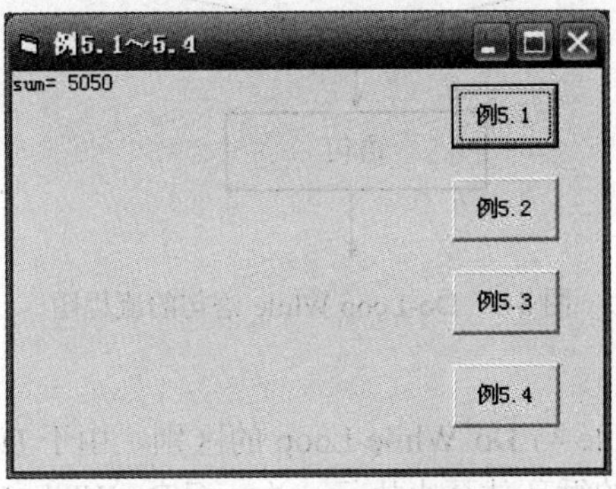

图 5-2　例 5.1 的运行结果

说明：

（1）程序的循环既有起点，也有终点，设置循环初值是十分必要的。一般地，累加器的初值应设置为 0，而累乘器的初值则设置为 1。

（2）注意循环条件的设置。循环次数应该是有限的，循环语句中一定要有使循环到达终点从而最终结束的语句，避免出现死循环（即永不停止地循环）。

思考：语句 i=i+1 除了使 i 的值加 1 之外，还起到什么作用？

5.2 Do-Loop 语句

按循环条件出现的位置区分，Do-Loop 语句主要有 Do While-Loop 和 Do-Loop While 两种形式。

（1）Do While-Loop 形式如下：

```
Do While 表达式
  循环体
Loop
```

（2）Do-Loop While 形式如下：

```
Do
  循环体
Loop While 表达式
```

Do While-Loop 的循环条件位于循环语句的前面，属于“当型”循环，与 While 语句完全等价。Do-Loop While 的循环条件位于循环语句的后面，属于“直到型”循环，不断地执行循环体，直到循环条件不成立为止。

Do-Loop While 的执行流程是：先执行循环体，再计算表达式，如果表达式的值为 True，则周而复始；如果表达式的值为 False，则退出此循环结构，如图 5-3 所示。

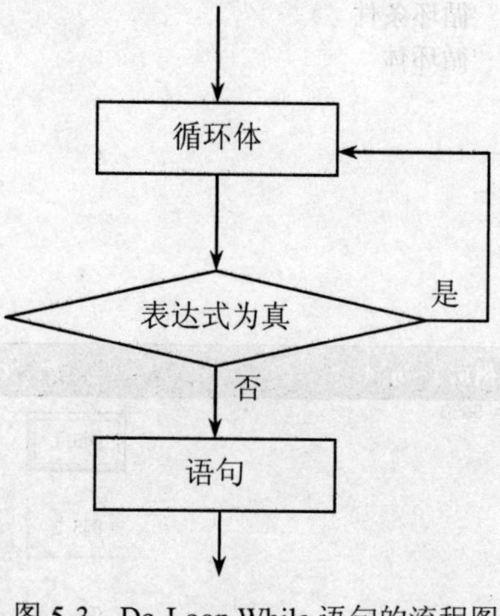

图 5-3 Do-Loop While 语句的流程图

说明：

（1）注意 Do-Loop While 与 Do While-Loop 的区别。由于 Do-Loop While 是先执行循环体后判断循环条件，所以它的循环体至少执行一次，而 Do While-Loop 语句的循环体有可能一次也不执行。

（2）如果需要先执行再判断，则采用 Do-Loop While 较为合适。例如，登录系统时需要先输入用户名和密码，再进行身份校验。

【例 5.2】求 1+2+3+4+5+…+100。

分析：与例 5.1 非常相似，只是采用了 Do-Loop While 完成循环。

```
Private Sub Command2_Click()
Dim i As Integer, sum As Integer
i = 1                                '循环初值
sum = 0
Do
 sum = sum + i                       '循环体
 i = i + 1
Loop While i <= 100                  '循环条件
Print "sum="; sum
End Sub
```

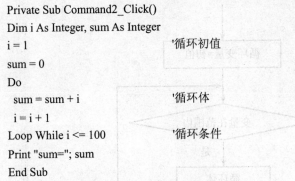

思考：语句 sum=0 能否放入循环体中？

需要指出的是，Do-Loop 语句还有其他两种形式，Do Until-Loop 和 Do-Loop Until。Do Until-Loop 与 Do While-Loop 相对应，而 Do-Loop Until 则与 Do-Loop While 相对应。它们的区别仅仅在于循环条件为互逆关系，假如 While 形式的循环条件是 A，则与其等价的 Until 形式的循环条件是 Not A。While 形式是循环条件成立则继续循环，而 Until 形式是循环条件成立则结束循环，即不成立才继续循环。如果把例 5.2 程序中的 Loop While i <= 100 改为 Loop Until i>100，其效果完全相同。

5.3　For-Next 语句

For-Next 语句属于“计数”循环，不断地执行循环体，当循环次数达到上限后就退出循环。它的一般形式为：

```
For 循环变量=初值 To 终值 [Step 步长]
    循环体
Next [循环变量]
```

执行流程如下：

（1）循环变量赋初值。

（2）判断循环变量是否在初值到终值的范围内。如果是，则转到步骤（3），否则就结束循环。

（3）执行循环体。

（4）循环变量增加一个步长，然后转到步骤（2）。

如图 5-4 所示。

说明：

（1）步长一般是正数，应该满足初值≤终值。如果步长为负数，则应该满足终值≤初值。如果省略 Step，则步长的默认值是 1。

（2）循环变量的类型必须是数值型，初值、终值和步长的类型都自动转换为循环变量的类型。循环次数=Int((终值-初值)/步长)+1，函数 Int 的作用是只取出数据的整数部分，小数部分则丢弃。例如循环变量是 Single 类型，初值是 1.1，终值是 7.8，步长是 1，则循环次数为 7。

（3）如果事先知道循环次数，则采用 For-Next 语句较为合适。例如计算 n!，显然应该重复乘 n 次。

思考：如果初值等于终值，则循环次数是多少？

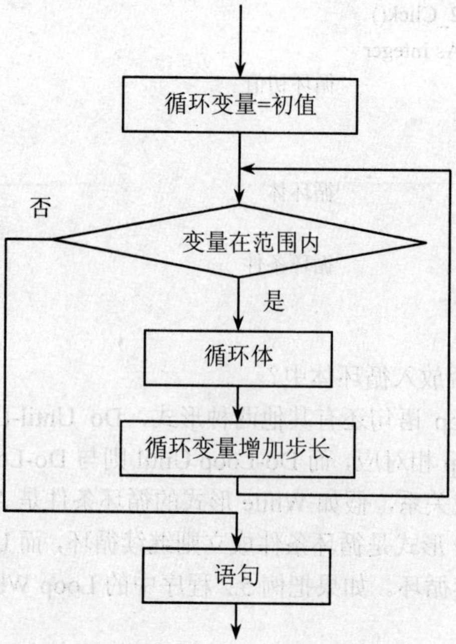

图 5-4 For-Next 语句的流程图

【例 5.3】求 1+2+3+4+5+…+100。

分析：与例 5.1 和例 5.2 非常相似，采用 For-Next 语句实现循环。i 作为循环变量，1 作为初值，100 作为终值，步长是 1。

```
Private Sub Command3_Click()
Dim i As Integer, sum As Integer
sum = 0                               '循环初值
For i = 1 To 100                      '循环条件
 sum = sum + i                        '循环体
Next i
Print "sum="; sum
End Sub
```

说明：从求累加和这个例子可以看出，对于一个循环问题，往往能够用多种循环语句实现。这就要求程序员应熟悉几种循环语句的特点，在设计程序时针对具体问题，采用合适的循环语句。

思考：在循环体中为何没有出现语句 i=i+1？循环结束之后，i 的值是多少？

For Each-Next 语句与 For-Next 语句类似，它专门用于对数组和对象集合中的所有元素进行统一处理。其一般形式如下：

```
For Each 循环变量 In 集合
   循环体
Next [循环变量]
```

说明：

（1）集合既可以是数组，也可以是像窗体这样的拥有控件的对象集合。

（2）循环变量的类型必须是变体型（Variant）或者控件类型（Control），循环变量在循环过程中依次代表集合中的每一个元素。循环次数取决于数组或者对象集合中元素的个数，即有多少个元素，就循环多少次。

【例 5.4】显示图 5-2 的界面中所有控件的对象名。

分析：定义控件类型变量 a，采用 For Each-Next 语句实现循环。a 作为循环变量，窗体 Form1 作为集合，在循环体中依次输出窗体中所有控件的对象名。

```
Private Sub Command4_Click()
Dim a As Control
For Each a In Form1
    Print a.Name
Next a
End Sub
```

运行程序，结果如图 5-5 所示。

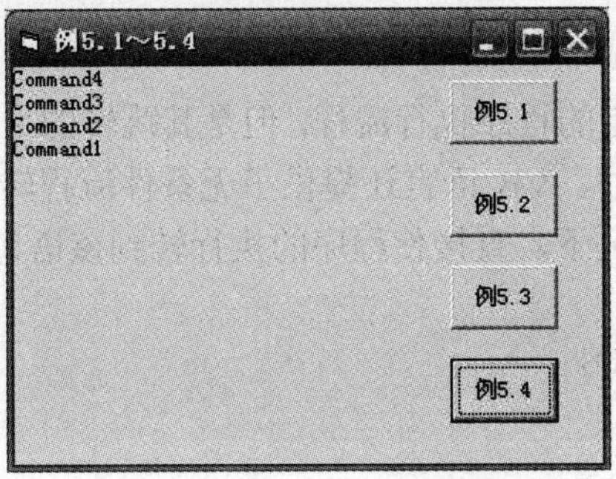

图 5-5　例 5.4 的运行结果

说明：窗体中有 4 个命令按钮控件，它们的对象名分别是 Command1、Command2、Command3 和 Command4。循环变量 a 依次代表每一个控件，调用 Print 方法，输出控件的 Name 属性值即对象名。

5.4　流程转向语句

在执行循环语句时，一般情况下只要循环条件成立，就一直执行循环体。但是有时遇到特殊情况，需要提前跳出循环，这时可以使用流程转向语句来实现。VB 语言提供了 Exit 语句，它往往与 If 语句配合使用，增加了循环语句的出口，从而增强了程序的灵活性。

5.4.1　Exit 语句

Exit 语句可以出现在 Do-Loop 语句和 For-Next 语句中，作用是跳出本层循环结构，转去执行下面的语句。其一般形式为 Exit Do 和 Exit For，前者用于跳出 Do-Loop 语句，后者用于跳出 For-Next 语句。

例如在例 5.2 中，要求如果累加和超过 4000，则停止计算。可以在 Do-Loop 语句的循环体中判断 sum 的值，如果超过 4000，则执行 Exit Do，退出循环。部分代码如下：

```
Do
If sum > 4000 Then
  Exit Do
End If
```

```
    sum = sum + i
    i = i + 1
Loop While i <= 100
```

在例 5.3 中可以使用 Exit For，解决同一个问题。部分代码如下：

```
For i = 1 To 100
  If sum > 4000 Then
    Exit For
  End If
  sum = sum + i
Next i
```

思考：能否在例 5.1 的 While 语句中使用 Exit 语句跳出循环？

5.4.2 Goto 语句

Exit 语句虽然打断了原定的程序执行流程，但是其跳转的目的地是固定的，因此又被称为限定流程转向语句。除此之外，VB 语言还提供了无条件流程转向语句，即 Goto 语句。它的作用是在不需任何条件的情况下，直接使程序的执行转到该语句标号所标识的语句。Goto 语句的一般形式如下：

```
          Goto  语句标号
          ……
语句标号: ……
```

说明：语句标号用标识符表示，代表 Goto 语句转向的目标位置，目标位置的语句出现在程序中的任意位置都是允许的。建议在大多数场合下不要使用 Goto 语句，以保证程序结构的清晰性以及程序的可读性。

在某些场合下可以使用 Goto 语句。例如在三重以上的循环嵌套结构中，Goto 语句能够使程序的执行流程从循环结构的最内层直接跳到最外层，从而提高程序执行的效率。

5.5 循环嵌套

循环嵌套又称为多重循环，是指在一个循环结构的循环体中又包含另一个完整的循环结构。通常把嵌套在循环体内的循环结构称为内循环，把外层的循环结构称为外循环。While、Do-Loop 和 For-Next 三种循环语句都可以相互嵌套，例如：

```
For i= …
…
Do While …
…
Loop
…
Next i
```

掌握循环嵌套的关键在于，理解其循环执行的特点。以二重循环为例，执行时并不是外循环和内循环轮流执行一次，而是外循环每循环一次，内循环都要反复循环直到结束，再回到外循环。假设外循环的循环次数是 m，内循环的循环次数是 n，那么内循环一共循环多少次？显然外循环一共循环 m 次，而外循环每循环一次，内循环都要循环 n 次，因此内循环一共循环 m×n 次。在程序中一般把最内层循环的总循环次数作为多重循环的循环次数。

思考：三重循环的循环次数是多少？

【例 5.5】打印九九乘法口诀表。

分析：乘法口诀表的形状如下：

1*1=1

1*2=2　2*2=4

1*3=3　2*3=6　3*3=9

……………………..

…………………………………………

1*9=9　2*9=18　…………………………………9*9=81

根据乘法口诀的特点，程序要循环 9 次，每次循环输出一行。输出每一行时，则是用所有不大于该行序号的自然数与该行序号相乘，这也是一个循环，因此是二重循环。

```
Private Sub Command1_Click()
Dim i As Integer, j As Integer, s As String
For i = 1 To 9                                   '控制输出行
 For j = 1 To i                                  '输出该行的内容
  s = j & "×" & i & "=" & i * j
  Print Tab(j * 10); s;
 Next j
 Print                                           '每一行结束后换行
Next i
End Sub
```

运行程序，结果如图 5-6 所示。

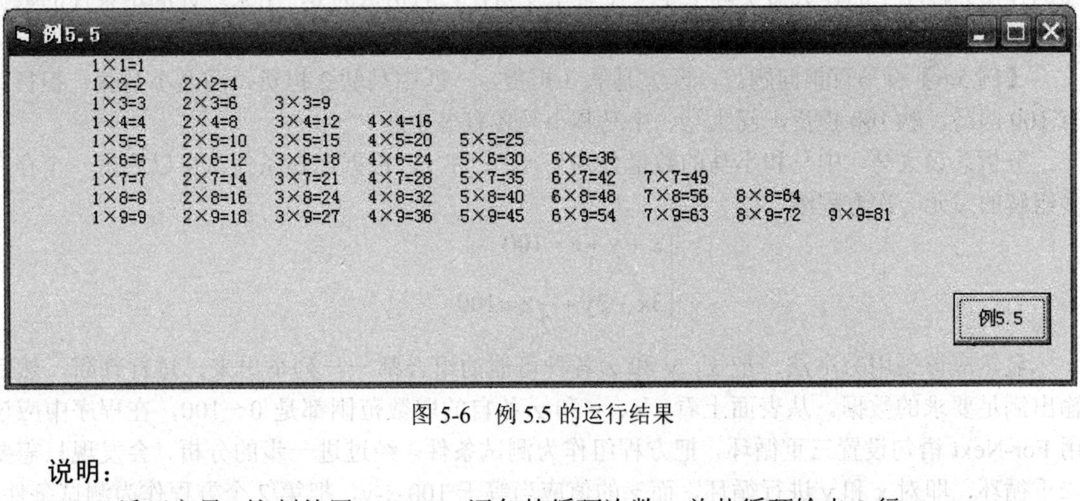

图 5-6　例 5.5 的运行结果

说明：

（1）循环变量 i 控制外层 For-Next 语句的循环次数，总共循环输出 9 行。

（2）循环变量 j 控制内层 For-Next 语句的循环次数，对于第 i 行，内层 For-Next 语句应循环 i 次。

（3）调用 Print 方法时，为了确保输出的数据项排列整齐，先用 Tab 函数进行定位，然后输出乘法口诀。

5.6 循环算法

算法是纲，程序是目，纲举才能目张。算法（Algorithm）是对某个问题求解过程的描述，编程时如果没有算法作指导，将会寸步难行。循环算法主要有穷举法和迭代法，编写循环程序时还经常会用到标志法和计数器等技巧。

5.6.1 穷举法

穷举法就是穷尽所有的可能，一一列举并进行测试，从中筛选出满足条件的数据。读者可能会提出疑问，穷举法对人而言是最笨的方法，怎么能作为计算机的算法？对人而言，穷举法确实不能称之为算法；但是对计算机而言，穷举法则是行之有效的算法。因为计算机的运算速度与手工运算的速度相比，相去不可以道里计，正所谓“两岸猿声啼不住，轻舟已过万重山”。如果再加以适当地优化，减少循环次数，穷举法的效率还会得到进一步的提高。

穷举显然需要使用循环结构，测试则需要使用选择结构。在采用穷举法编写程序时，往往还辅以标志法和计数器等技巧。

（1）标志法。现实生活中存在着大量形形色色的标志，以提醒人们注意状态的改变。例如：绿灯亮可通行，红灯亮则等待；“一唱雄鸡天下白”，雄鸡高唱，宣告了黎明的到来。程序中的标志（flag）一般是一个逻辑型变量，它的初值既可以是 True，也可以是 False，这取决于实际情况以及程序员的编程习惯。在程序中设置标志的目的，是为了跟踪程序的状态。如果状态发生改变，则应及时修改标志，通过对标志的判断，即可感知程序状态的变化。

（2）计数器。For-Next 语句的循环变量主要用来控制循环次数，同时也起着一部分计数器的作用。程序中的计数器实际上是一个整型变量，它的初值为 0，用来统计满足条件的数据的个数。

【例 5.6】百马百担问题。一匹大马驮 3 担货，一匹中马驮 2 担货，两匹小马驮一担货。有 100 匹马，驮 100 担货，问大马、中马和小马各有多少匹？

分析：设大马、中马和小马的数量分别为 x、y 和 z。根据已知条件，可以列出一个存在多组解的三元一次方程组。

$$\begin{cases} x+y+z=100 \\ 3x+2y+\frac{1}{2}z=100 \end{cases}$$

显然应该采用穷举法，把 x、y 和 z 各种可能的组合都一一列举出来，进行判断，然后输出满足要求的数据。从表面上看，x、y 和 z 各自的取数范围都是 0～100，在程序中应该用 For-Next 语句设置三重循环，把方程组作为测试条件。经过进一步的分析，会发现只需要二重循环，即对 x 和 y 进行循环，而 z 的值应当等于 100-x-y，把第 2 个方程作为测试条件。而且 x 和 y 的取值范围也可以缩小，由第 2 个方程可知，x 的取值范围是 0～33，y 的取值范围是 0～50。

```
Private Sub Command1_Click()
Dim x%, y%, z%
Print Tab(10); "大马"; Tab(15); "中马"; Tab(20); "小马"
```

```
For x = 0 To 33
 For y = 0 To 50
  z = 100 - x - y
  If x * 3 + y * 2 + z / 2 = 100 Then
   Print Tab(10); x; Tab(15); y; Tab(20); z
  End If
 Next y
Next x
End Sub
```

运行程序，结果如图 5-7 所示。

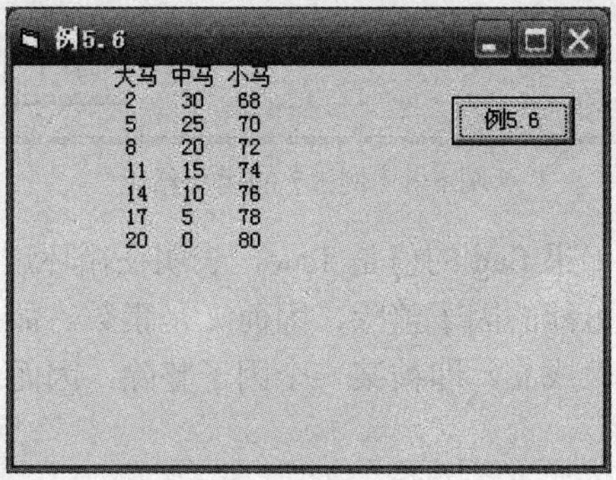

图 5-7　例 5.6 的运行结果

思考：在 If 语句的条件中，z / 2 能否改为 z \ 2？

【例 5.7】判断自然数 x 是否为素数（质数）。

分析：根据定义，除 1 和自身之外的所有自然数都不能整除 x，则 x 是素数。因此将 2～Sqr(x)范围内的所有可能因子一一测试，如果都不能整除 x，则 x 必是素数，否则 x 就不是素数。设置一个标志，初值为 True，表示假定 x 是素数。一旦发现 x 被某一个数整除，则将标志的值修改为 False，然后退出循环。在循环之后判断标志的值，即可得出结论。

```
Private Sub Command1_Click()
Dim i As Integer, x As Integer, flag As Boolean
x = Val(Text1.Text)
flag = True
For i = 2 To Sqr(x)                          '穷举
 If x Mod i = 0 Then                         'x 能被 i 整除，则肯定不是素数
  flag = False                               '修改标志
  Exit For                                   '跳出循环，没有必要再比较
 End If
Next i
If flag = True Then                          'flag 为 True 则表示 x 为素数
 Text2.Text = x & "是素数"
Else
 Text2.Text = x & "不是素数"
End If
End Sub
```

运行程序，结果如图 5-8 所示。

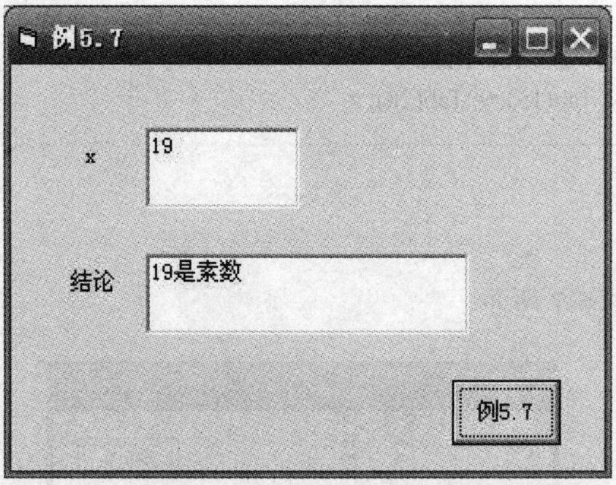

图 5-8　例 5.7 的运行结果

说明：在循环结束之后如果 flag 的值是 True，表明在循环过程中，测试条件 x Mod i = 0 一直不成立，即不能被所有可能的因子整除，因而 x 是素数。如果 flag 的值是 False，表明在循环过程中，有一次测试条件成立，即被某一个因子整除，因而 x 不是素数。

5.6.2　迭代法

迭代法的基本思想是：不断地从旧值出发推导出新值，或者说新值是由上一次的旧值迭代而来，正所谓“总把新桃换旧符”。迭代法由迭代初值、迭代公式和迭代次数等要素构成，其中迭代初值是设置循环的起点，迭代公式形成循环体，迭代次数则控制循环的次数，直接影响着循环条件。

迭代公式是实现迭代算法的难点，关键是要找出当前一项与上一项之间的迭代关系。找到之后，把当前一项和上一项均用同一个变量代替，即可得到循环体。例 5.3 就属于迭代法的简单实例，它的循环体是语句 sum=sum+i，其依据是迭代公式 $s_i=s_{i-1}+i$，即前 i 项的和等于前 i-1 项的和加上 i。只需要把 s_i 和 s_{i-1} 均换成 sum，就可以得到循环体。同理计算 n!的程序的循环体，其依据是迭代公式 n!=(n-1)!×n。

【例 5.8】计算 1!+2!+⋯+10!。

分析：很容易想到用二重循环求解，即外层循环求累加和，内层循环计算阶乘。仔细研究之后，会发现有两个迭代公式，一个是 $s_i=s_{i-1}+i!$，另一个是 i!=(i-1)!×i。因此定义累加器和累乘器，分别计算累加和与阶乘。只需要采用一重循环，把这两个迭代公式作为循环体。

```
Private Sub Command1_Click()
Dim i As Integer, sum As Long, p As Long
sum = 0
p = 1
For i = 1 To 10
 p = p * i                              '计算 i!
 sum = sum + p                          '计算累加和
Next i
Print "sum="; sum
End Sub
```

运行程序，结果如图 5-9 所示。

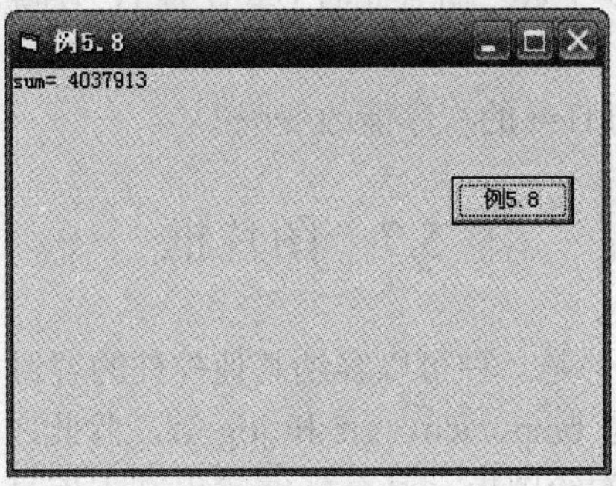

图 5-9　例 5.8 的运行结果

【例 5.9】求 Fibonacci 数列 1,1,2,3,5,8,……的前 20 项。

分析：通过逐项观察，可以发现该数列具有以下性质，除第一项和第二项之外，其余每项都等于前面两项的和，即 $f_n=f_{n-1}+f_{n-2}$。迭代公式是，当前的前一项是下一次的前二项，当前项是下一次的前一项。

```
Private Sub Command1_Click()
Dim i%, j%, f1 As Long, f2 As Long, t&
f1 = 1
f2 = 1
j = 3
Print Tab(8); f1; Tab(16); f2;              '先输出数列最前面的两项
For i = 3 To 20                              '因为前面已经求出两项，在这里只需要循环 18 次
 t = f1 + f2                                 '求出当前的项，f1 是前一项，f2 是前二项
 Print Tab(j * 8); t;
 j = j + 1
 If i Mod 5 = 0 Then
 Print
 j = 1
 End If
 f2 = f1                                     '前一项是下次的前二项
 f1 = t                                      '当前项是下次的前一项
Next i
End Sub
```

运行程序，结果如图 5-10 所示。

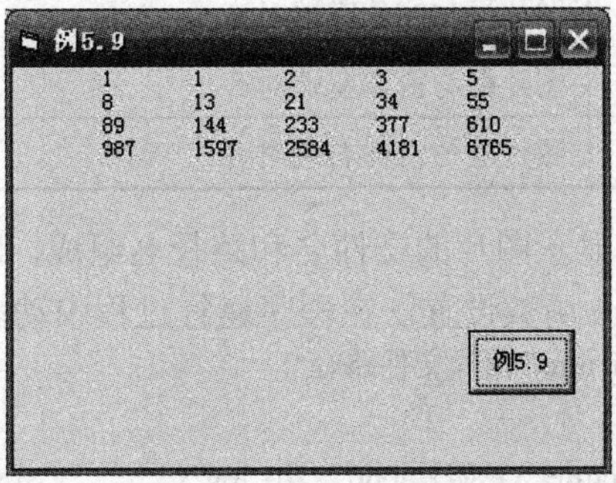

图 5-10　例 5.9 的运行结果

说明：在程序中定义了一个整型变量 j，用于控制输出结果的格式。如果发现 i 是 5 的倍数则换行，以确保每行输出 5 个数；而且此时 j 重置为 1，使得下一行的数在输出时与上一行的数对齐。

思考：语句 f2=f1 和语句 f1=t 的次序能改变吗？

5.7 图片框

图片框（PictureBox）控件是一种可以容纳其他控件的容器型控件，它的基本功能是显示图片，图片文件的格式可以是 bmp、ico、gif 和 jpg 等。除此之外，图片框还可以作为绘制图形的绘图板，甚至能够输出文本信息。在 VB 的工具箱中，图片框控件的图标如图 5-11 所示。

图 5-11 图片框图标

1. 属性

表 5-1 列出了图片框控件的常用属性。

表 5-1 图片框的常用属性

属性	作用
Name	设置图片框的对象名
Align	确定图片框在窗体中的显示位置
AutoSize	确定图片框是否能自动调整尺寸以显示全部内容，默认值是 False
Picture	设置在图片框中显示的图片文件

说明：

（1）程序第一个图片框控件的默认对象名是 Picture1，第 n 个图片框控件的默认对象名是 Picturen，依此类推。

（2）Align 的属性值有 5 个，默认值是 0，如表 5-2 所示。

表 5-2 Align 属性值

常量	值	含义
None	0	在程序中可以改变图片框的尺寸和位置
Align Top	1	图片框与窗体顶端对齐
Align Bottom	2	图片框与窗体底端对齐
Align Left	3	图片框与窗体左端对齐
Align Right	4	图片框与窗体右端对齐

（3）Picture 属性值由被显示图片的文件名和路径名组成，既可以在属性窗口中设置，也可以在程序中调用 LoadPicture 函数设置。在程序运行过程中动态载入图片的方法如下：

```
对象.Picture=LoadPicture("图片文件路径")
```

例如：

```
Picture1.Picture=LoadPicture("D:\照片\06072701.jpg")
```

如果在调用 LoadPicture 函数时未提供参数，例如 Picture1.Picture=LoadPicture()，则表示清除图片框对象 Picture1 中的图片。

（4）当 AutoSize 的属性值是 True 时，尽管图片框可以根据显示的图片自动调整尺寸，但是有可能会覆盖窗体中的其他控件。因此在界面设计时，应该妥善安排图片框控件在窗体中的位置。

2. 事件

图片框的常用事件是单击（Click）等事件，但是一般不需要在程序中编写图片框控件的事件过程。

3. 方法

窗体的很多方法对于图片框都是适用的，如 Print、Cls 和 Move 等，还可以在图片框中调用 Point 和 Line 等方法绘图。在图片框中调用 Print 方法显示文本，与在窗体中直接显示文本相比，不仅界面美观，而且输出方式也较为规范。

5.8 图像框

图像框（Image）控件专门用来显示图片，与图片框相比，图像框显示图片时所需资源较少，显示速度也更快。如果只是在界面中显示图片，则应该优先考虑使用图像框控件。在 VB 的工具箱中，图像框控件的图标如图 5-12 所示。

图 5-12 图像框图标

表 5-3 列出了图像框控件的常用属性。

表 5-3 图像框的常用属性

属性	作用
Name	设置图像框的对象名
Picture	设置在图像框中显示的图片文件
Stretch	确定图片是否能自动调整尺寸以适应图像框，默认值是 False

说明：

（1）程序第一个图像框控件的默认对象名是 Image1，第 n 个图像框控件的默认对象名是 Imagen，依次此推。

（2）Picture 属性值的设置方法与图片框相同，也可以在程序中调用 LoadPicture 函数载入图片。例如：

```
Image1.Picture=LoadPicture("D:\照片\06072701.jpg")
```

（3）当 Stretch 属性值是 False 时，图像框可以根据显示的图片自动调整尺寸；当 Stretch 属性值是 True 时，图片可以根据图像框自动调整尺寸，但是有可能导致图片显示时出现变形。

思考：图像框控件和图片框控件有什么区别？

5.9 计时器

计时器（Timer）控件能够有规律地以一定的时间间隔来触发 Timer 事件过程，执行指定的操作，从而实现特定的功能。在 VB 的工具箱中，计时器控件的图标如图 5-13 所示。需要指出的是，计时器属于后台控件，程序运行时看不到，因此通常用于完成一些要求定时处理的后台事务。

图 5-13　计时器图标

1. 属性

表 5-4 列出了计时器控件的常用属性。

表 5-4　计时器的常用属性

属性	作用
Name	设置计时器的对象名
Enabled	确定计时器是否有效，默认值是 True，表示有效
Interval	设置计时器引发 Timer 事件的时间间隔，默认值是 0

说明：

（1）程序第一个计时器控件的默认对象名是 Timer1，第 n 个计时器控件的默认对象名是 Timern，依此类推。

（2）当某个计时器的 Enabled 属性值是 True 时，计时器开始工作，并每隔一个固定的时间周期就引发 Timer 事件。当计时器的 Enabled 属性值是 False 时，则计时器暂停工作。

（3）Interval 是计时器最重要的属性，其属性值是一个整数，即设置的时间间隔，单位是毫秒。Interval 属性值的取值范围是 0～65535，最大时间间隔大约为 65 秒，如果为 0 则计时器无效。例如希望每隔 2 秒引发一个 Timer 事件，那么 Interval 属性值应该设置为 2000。

2. 事件

计时器控件的事件只有一个 Timer 事件，每经过一个由 Interval 属性值设定的时间间隔，就触发 Timer 事件过程。

【例 5.10】每隔一秒随机生成一个不超过 10000 的自然数，并将该数颠倒输出。例如生成一个自然数 6273，则输出 3726。

分析：在窗体上分别创建 1 个计时器、1 个图片框和 3 个命令按钮，并设置属性值如表 5-5 所示。

表 5-5　例 5.10 中对象的属性设置

对象	属性	属性值	说明
Form1	Caption	例 5.10	窗体的标题
Timer1	Enabled	False	计时器失效
	Interval	1000	时间间隔为 1 秒
Picture1	Align	None	
Command1	Caption	开始	命令按钮的标题
Command2	Caption	暂停	命令按钮的标题
Command3	Caption	退出	命令按钮的标题

在 Command1 的单击事件过程中，把 Timer1 的 Enabled 属性值置为 True，启动计时器。

在 Command2 的单击事件过程中，暂停计时器。在 Timer1 的 Timer 事件过程中，调用 Rnd 函数生成一个随机数。采用 Do-Loop 语句进行循环，从个位开始，依次取出该数的每一位，然后在图片框中输出。

```
Private Sub Command1_Click()
Timer1.Enabled = True
End Sub
Private Sub Command2_Click()
Timer1.Enabled = False
End Sub
Private Sub Command3_Click()
End
End Sub
Private Sub Timer1_Timer()
Dim a As Integer, b As Integer
a = Int(Rnd() * 10000 + 1)                '随机产生一个不超过 10000 的自然数
Picture1.Print "随机产生"; a
Picture1.Print "颠倒输出"
Do
  b = a Mod 10                            '取出 a 的个位数
  a = a \ 10                              '取出 a 的个位以外的数
  Picture1.Print b;
Loop While a <> 0
Picture1.Print
Randomize                                 '初始化随机数发生器
End Sub
```

运行程序，结果如图 5-14 所示。

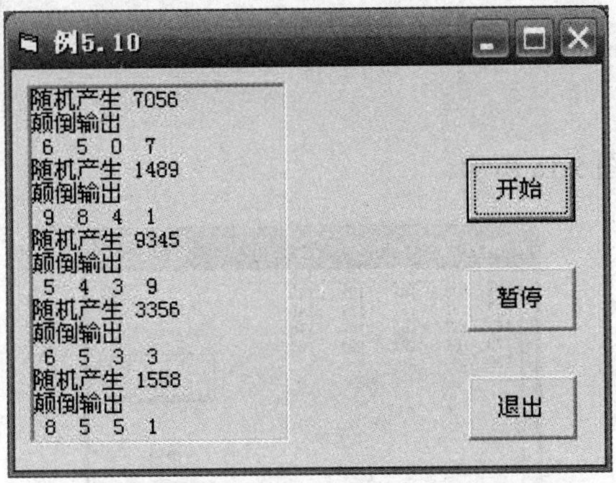

图 5-14 例 5.10 的运行结果

说明：Int(Rnd() * 10000 + 1)的含义是，先调用 Rnd 函数产生一个区间为[0,1)的随机数，然后乘以 10000 再加 1，结果是一个区间为[1,10001)的随机数；再调用 Int 函数取整，最终得到一个不超过 10000 的自然数。Randomize 函数的作用是对随机数发生器进行初始化，确保每次程序执行时得到不同的随机数。

a Mod 10 是常用技巧，可以取出 a 的个位数，a\10 则可以取出 a 的个位以外的数。

5.10 程序举例

【例 5.11】求 100～200 之间的所有素数。

分析：显然应采用穷举法来解决这个问题。在程序中设置一个二重循环，其中外层循环列举 100～200 之间所有的自然数，内层循环则采用例 5.7 的方法判断素数。

```
Private Sub Command1_Click()
Dim i As Integer, j As Integer, flag As Boolean, k As Integer
k = 0
For i = 100 To 200
  flag = True
  For j = 2 To Sqr(i)                    'j 从 2 循环到 sqr(i)，判断 i 是否为素数
    If i Mod j = 0 Then
      flag = False                       '表示 i 不是素数
      Exit For                           '跳出内层循环
    End If
  Next j
  If flag = True Then
    Picture1.Print Tab(k * 6); i;        'i 为素数，显示 i
    k = k + 1
    If k Mod 5 = 0 Then                  '每输出 5 个素数换一行
      Picture1.Print
      k = 0
    End If
  End If
Next i
End Sub
Private Sub Command2_Click()
End
End Sub
```

运行程序，结果如图 5-15 所示。

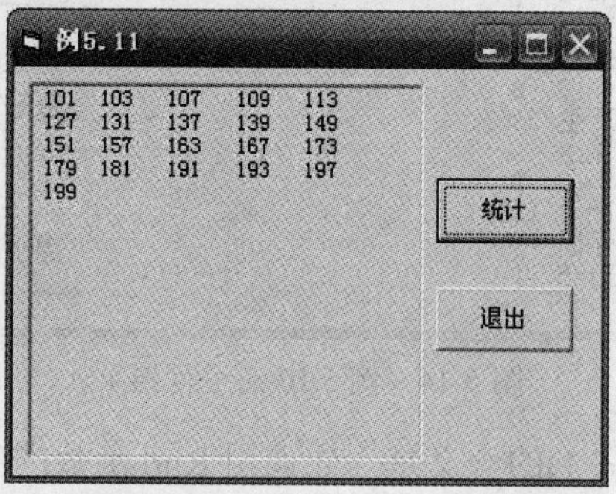

图 5-15　例 5.11 的运行结果

说明：语句 Exit For 只能跳出本层循环，不能跳出外层的循环。

思考：语句 flag = True 能放在外层 For 循环的前面吗？

【例 5.12】在 1000 以内寻找这样的自然数，它除 2 余 1，除 3 余 2，除 4 余 3，除 5 余 4，

除 6 余 5，被 7 整除。

分析：这是著名的韩信点兵问题，还是采用穷举法求解。在循环结构中列举从 1 到 1000 之间所有的自然数，一一测试，然后输出满足要求的数据。

```
Private Sub Command1_Click()
Dim i As Integer
For i = 1 To 1000
  If i Mod 2 = 1 And i Mod 3 = 2 And i Mod 4 = 3 And i Mod 5 = 4 And i Mod
   6 = 5 And i Mod 7 = 0 Then
  Picture1.Print i
  End If
Next i
End Sub
Private Sub Command2_Click()
End
End Sub
```

运行程序，结果如图 5-16 所示。

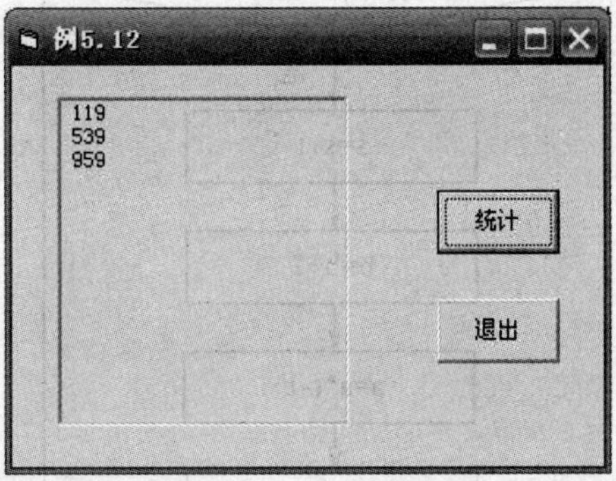

图 5-16 例 5.12 的运行结果

说明：该程序有两个值得改进的地方。首先根据除 2 余 1 和被 7 整除的条件，表明符合条件的数是奇数而且是 7 的倍数。因此 i 可以从 7 开始，每次加上 14，这样做可以有效地减少循环次数。其次注意到测试条件具有一定的规律性，可以用循环结构代替，整个程序则用二重循环进行处理。部分代码如下：

```
Dim i As Integer, j As Integer, flag As Boolean
For i = 7 To 1000 Step 14
  flag = True
  For j = 3 To 6
   If i Mod j <> j - 1 Then
    flag = False
    Exit For
   End If
  Next j
  If flag = True Then
   Picture1.Print i
  End If
Next i
```

【例 5.13】根据公式$\frac{\pi}{4}=1-\frac{1}{3}+\frac{1}{5}-\frac{1}{7}+\ldots$计算π的值，如果当前项的绝对值小于 10^{-6}，则停止计算。

分析：本例是求级数部分和的问题，应该采用迭代法求解。迭代初值和循环条件都较容易写出，难点在于迭代公式的确定。显然有 $s_i=s_{i-1}+a_i$，即前 i 项的和等于前 i-1 项的和加上第 i 项。a_i 和 a_{i-1} 之间似乎没有明显的规律，但是注意到 $a_i=b_i/c_i$，而 $b_i=-b_{i-1}$，即第 i 项的分子与第 i-1 项的分子之间相差一个负号；显然 $c_i=c_{i-1}+2$，即第 i 项的分母等于第 i-1 项的分母加 2。程序流程如图 5-17 所示。

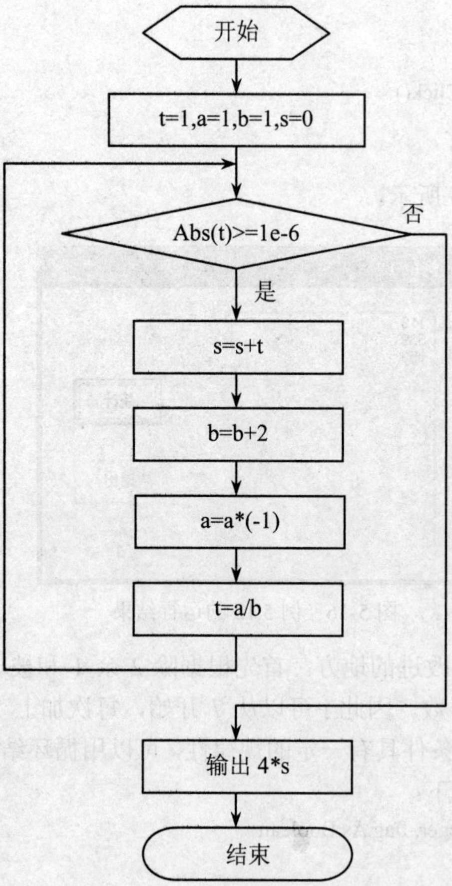

图 5-17　例 5.13 的程序流程图

```
Private Sub Command1_Click()
Dim a As Double, b As Double, t As Double, s As Double
a = 1
b = 1
s = 0
t = 1
Do While Abs(t) >= 0.000001
  s = s + t
  a = -a                    '修改分子 a 的值
```

```
 b = b + 2                '修改分母 b 的值
 t = a/b
Loop
Picture1.Print Format(4 * s, "#.#####")
End Sub
Private Sub Command2_Click()
End
End Sub
```

运行程序，结果如图 5-18 所示。

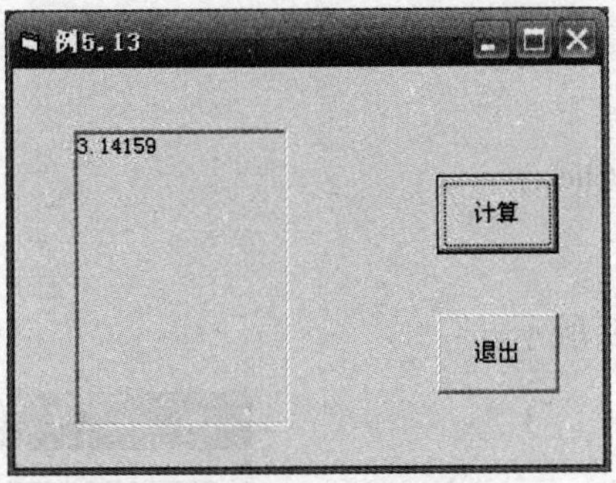

图 5-18　例 5.13 的运行结果

思考：如果求该级数前 20 项的和，应如何编程？

【例 5.14】从键盘输入一组学生的成绩（0～100 之间），以-1 作为结束。统计学生的人数、最高分、最低分和平均成绩。

分析：设置 1 个计数器 k，用来记录输入成绩的数量。采用循环结构不断地输入学生的成绩，在循环体中 k 的值加 1，并对成绩累加求和，然后用选择排序法寻找最高分和最低分。如果输入-1 则循环结束，计算平均成绩，并将有关数据一一输出。

```
Private Sub Command1_Click()
Dim k%, m%, max%, min%, sum%, aver As Single
k = 0                    '计数器的初值
sum = 0                  '累加器的初值
max = 0                  '最高分的初值
min = 100                '最低分的初值
m = InputBox("请输入一位学生的成绩(0～100)")
Do While m <> -1
 If Not (m >= 0 And m <= 100) Then
  MsgBox ("输入成绩有误，请重新输入！")
 Else
  k = k + 1
  sum = sum + m
  If max < m Then
   max = m
  End If
  If min > m Then
   min = m
  End If
```

```
            End If
            m = InputBox("请输入一位学生的成绩(0～100)")
        Loop
        If k = 0 Then
            MsgBox ("未输入任何学生的成绩！")
        Else
            aver = sum / k
            Picture1.Print "一共输入"; k; "位学生的成绩"
            Picture1.Print "最高分是"; max
            Picture1.Print "最低分是"; min
            Picture1.Print "平均成绩是"; aver
        End If
        End Sub
        Private Sub Command2_Click()
        End
        End Sub
```

运行程序，结果如图 5-19 所示。

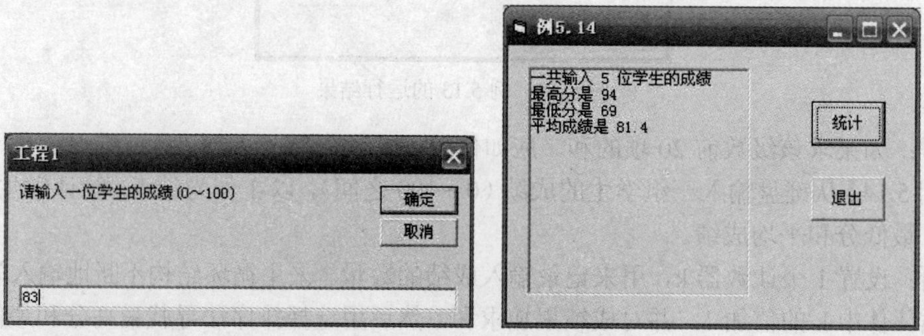

图 5-19 例 5.14 的运行结果

说明：在循环体中先对输入的成绩进行了判断，只有在 0～100 范围内才进行统计。

思考：为什么 max 的初值是 0，而 min 的初值是 100？

【例 5.15】显示如下图案。

```
      *
     * * *
    * * * * *
   * * * * * * *
```

分析：观察图案可以发现，总共输出 4 行，第 i 行先输出 4-i 个空格，再显示 2×i-1 个“*”。显然需要采用二重循环来实现，其中外层循环控制输出行数，而内层循环则由两个并列的循环组成，一个负责输出空格，另一个负责显示“*”。

```
Private Sub Command1_Click()
Dim i%, j%
For i = 1 To 4
 Picture1.Print Spc(10);
 For j = 1 To 4 - i
  Picture1.Print " ";
 Next j
```

```
    For j = 1 To 2 * i - 1
      Picture1.Print "*";
    Next j
    Picture1.Print
  Next i
  End Sub
  Private Sub Command2_Click()
  End
  End Sub
```

运行程序，结果如图 5-20 所示。

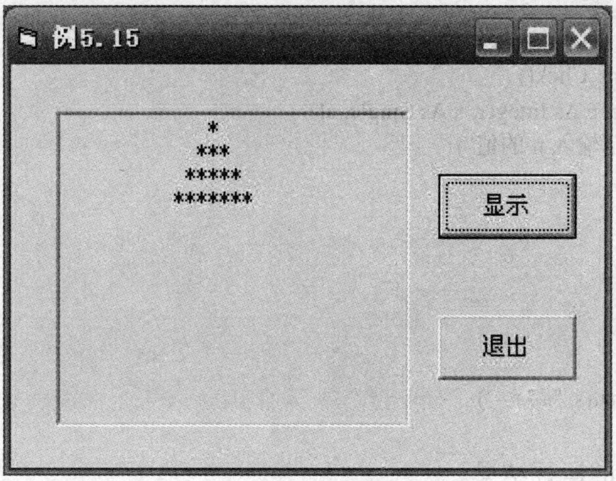

图 5-20　例 5.15 的运行结果

说明：负责输出空格的内层循环结构可以用语句“Picture1.Print Spc(4 - i);”代替。

5.11　小结

循环结构是最重要的一种控制结构，用于实现需要重复执行的某些操作。本章讲解了 While、Do-Loop 和 For-Next 等循环语句，分析了各自的特点以及适用场合。Do While-Loop 和 While 语句完全等价，它们与 Do-Loop While 的区别在于，Do-Loop While 至少执行一次循环体。For-Next 语句每执行一次循环体，其循环变量就自动增加一个步长。如果已知循环次数，则采用 For-Next 语句较为合适。Exit 语句可以提前跳出循环，有 Exit Do 和 Exit For 两种形式。

循环嵌套是指在一个循环结构的循环体中，又包含了另一个完整的循环结构。对于二重循环而言，其循环次数为内循环次数与外循环次数之积。循环算法主要有穷举法和迭代法。穷举法利用循环结构一一列举各种可能，然后在循环体中用 If 语句进行测试，从而得到结果。迭代法与迭代初值、迭代公式和迭代次数等因素有关，其中迭代公式的确定是关键。这就要求程序员认真分析，找到新值与旧值之间的联系，写出相应的迭代公式，进而把公式转换为循环结构的循环体。

图片框控件和图像框控件都可以用来显示图片，图片框还可以输出文本信息，并作为其他控件的容器。计时器控件能够有规律地以 Interval 属性值设定的时间间隔，触发 Timer 事件过程，从而实现一些需要定时处理的事务。

习　题

1．任意输入 N 个数（例如 N=15），统计其中正数、负数和零的个数。

2．在 1～10000 中，找出能同时满足用 3 除余 2，用 5 除余 3，用 7 除余 4 的所有整数。

3．在输入的一批正整数中求出最大者（输入 0 结束）。

4．设计一个能够在窗体中自左至右反复移动的字幕板。

5．编写程序，求 1～10000 以内的一个整数，它加上 100 后是一个完全平方数，再加上 168 也是一个完全平方数。

6．当输入为 5 时，分析下列程序的功能以及运行结果。

```
Private Sub Form_Click()
Dim i As Integer, n As Integer, x As Single, s!
n = InputBox("请输入 n 的值")
x = 1
s = 0
For i = 1 To n
  s = s + 1/x
  x = x + 1
Next i
Print "s="; Format(s, "##.##")
End Sub
```

7．写出下列程序的运行结果。

（1）程序一：

```
Private Sub Form_Click()
Dim i As Integer, n As Integer
i = 0
n = 0
While n<50
  n = (n + 1)*(n+2)
  i = i + 1
Wend
Print "i=";i;"n=";n
End Sub
```

（2）程序二：

```
Private Sub Form_Click()
Dim n As Integer, i As Integer, s As String
n = 100
s = ""
While n <> 0
  i = n Mod 8
  n = n \ 8
  s = Chr(i + Asc("0")) & s
Wend
Print s
End Sub
```

（3）程序三：

```
Private Sub Form_Click()
Dim n As Integer, i As Integer, j As Integer, k As Integer
n = 0
For i = 1 To 5
 For j = 1 To i
  For k = j To 4
   n = n + 1
  Next k
 Next j
Next i
Print "n="; n
End Sub
```

8．国际象棋的棋盘一共有 64 格。如果第 1 格放 1 粒麦子，第 2 格放 2 粒麦子，第 3 格放 4 粒麦子，依此类推。请问前 20 格共放了多少粒麦子？

9．有一分数序列：2/1,3/2,5/3,8/5,13/8,21/13……，求出该数列的前 20 项之和。

10．编写一个程序，计算 1×2×3+3×4×5+…+99×100×101 的值。

11．编写一个程序，输入两个正整数，求它们的最大公约数和最小公倍数。

12．用一元五角人民币兑换 1 分、2 分和 5 分的硬币（每一种都要有）共 100 枚，问共有几种兑换方案，每种方案各换多少枚？

13．一球从 100 米高度自由落下，每次落地后反跳回原高度的一半，再落下……。编写程序，求它在第 10 次落地时，共经过多少米。

14．一只小猴某一天摘了许多桃子，当天吃掉一半多一个，第二天接着又吃掉剩余桃子的一半多一个。以后每天都吃掉尚存桃子的一半多一个，到第十天早上要吃时，只剩下一个桃子了。编写程序，求小猴第一天总共摘下了多少个桃子。

15．编写程序，计算 s=1+(1+2)+(1+2+3)+…+(1+2+3+…+n)。

16．编写程序，显示如图 5-21 所示的“字母金字塔”。

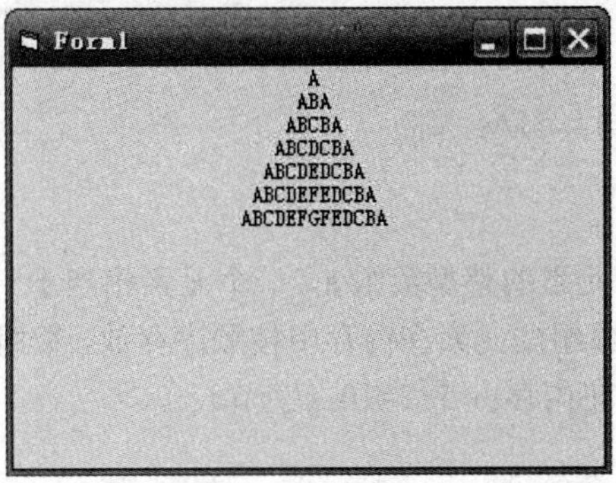

图 5-21 字母金字塔

第 6 章　数组

迄今为止介绍过的数据类型均为基本类型，一个基本类型的变量可以用来存放一个数值型数据或者字符串，然而在实际应用中，经常需要处理大批量相关的数据，有些数据本身还比较复杂（例如学生信息的描述），这时再采用基本类型就显得有些力不从心了。VB 语言提供了数组和自定义类型，数组是一组相同类型变量的集合，自定义类型由多个简单类型聚合而成，用来描述复杂数据。本章主要讲解数组的相关知识，包括一维数组、二维数组、动态数组和控件数组，介绍自定义数据类型和字符串的处理方法，以及列表框控件和组合框控件。

6.1　一维数组

在引入数组的概念之前，先考虑一个实际的问题：某班有 30 位学生，统计该班 VB 语言考试的平均成绩。如果用以前的方法来解决这个问题，必然要先定义 30 个整型变量，再从键盘输入每一位学生的成绩，分别存放在这些变量里，然后利用循环结构计算成绩总和，再除以人数得到平均成绩。

如果进一步研究其编程实现的过程，会发现一些难以处理的环节。首先分别定义 30 个变量就显得十分繁琐，如果学生的人数迅速膨胀，定义变量将是一件无法忍受的工作；其次在语法上没有体现这些变量之间的关联性，使得在循环体中无法表示任意一位学生的成绩。

上面这个问题涉及了相同类型的大量相关数据的处理，在程序中需要用到数组。数组是具有相同类型的相关数据的集合，利用数组可以较为方便地解决大量数据处理的问题。数组按结构来划分，可以分为一维数组、二维数组和多维数组，其中一维数组是基础。

6.1.1　一维数组的定义

一维数组的定义方式如下：

```
Dim 数组名([下界 To]上界) As 类型
```

例如：

```
Dim a(1 To 5) As Integer
```

表示定义了一个有 5 个元素的整型数组 a，一个元素相当于一个普通的整型变量，每个元素可以存放一个整型数据。数组的元素在内存中按顺序存放，数组所占据的字节数是各元素所占字节数之和，显然数组 a 在内存占 5×2=10（字节）。

说明：

（1）数组名应该是一个合法的标识符，数组中所有元素的数据类型都相同。

（2）下界和上界均为整型常量表达式，它们规定了元素下标的取值范围。下界最小可以是-32768，上界最大可以是 32767。应该满足下界≤上界，一维数组的长度即元素的个数为：上界-下界+1。

（3）对于没有赋初值的数组元素，如果是数值型，系统都自动赋以 0；如果是字符型，系统都自动赋以空串；如果是逻辑型，系统都自动赋以 False。

（4）可以使用 Option Base 语句设置数组下界的默认值，例如：

```
Option Base 1
Dim b(10) As Integer
```

定义了一个有 10 个元素的整型数组 b，它的上界是 10，下界则是默认值 1。需要指出的是，Option Base 语句的参数只能是 0 或 1，而且该语句在一个模块中只能出现一次。

6.1.2　数组元素的引用

引用元素必须要在定义数组之后，元素引用的形式如下：

数组名(下标)

例如：

```
a(4)=a(1)*a(3)+a(2)
```

说明：在引用数组的元素时，应注意下标值不要超过数组的范围。假如某个数组的下界为 0，上界为 10，则其下标值的范围应该是 0～10。超过数组范围的现象称为下标越界，系统会报错。

下标从下界开始，到上界结束，它实际上是数组元素的序号，表示该元素在数组中的相对位置。例如数组 a 的第一个元素是 a(1)，最后一个元素是 a(5)，a(3)的后一个元素是 a(4)，前一个元素是 a(2)等。数组 a 在内存的存储结构如图 6-1 所示。

0	a(1)
0	a(2)
0	a(3)
0	a(4)
0	a(5)

图 6-1　一维数组的存储结构

6.1.3　数组的处理

数组是包含大量同类型相关数据的集合，在程序中显然应该通过循环结构来处理数组。那么如何实现呢？请注意下标，它表示元素在数组中的相对位置，数组名加上( )以及下标，就能够表示数组中的任意一个元素。我们可以用 For-Next 语句的循环变量存放下标，它从下界开始，不断加 1，在达到上界之后结束。用循环变量作为数组下标，可以按顺序访问每一个数组元素，这是处理数组的通用做法。通常在程序中设置 3 个循环结构，第一个用于输入数组中的元素，第二个用于处理数组元素，最后一个则用于输出数组中的所有数据。

【例 6.1】某班有 30 位学生，分别输入全班学生的 VB 语言成绩，计算平均成绩并输出。

分析：定义一个长度为 30 的整型数组，用来存放全班学生的成绩。采用 For-Next 语句进行处理，下标初始为 1，每次循环不断加 1，到 30 为止。在循环体中累加每一位学生的成绩，最后除以人数得到平均成绩。

```
Const N As Integer = 30
Private Sub Command1_Click()
Dim a(1 To N) As Integer, i As Integer, sum As Integer, aver!
For i = 1 To N                                                    '输入学生成绩
  a(i) = Val(InputBox("请输入第" & i & "位学生的成绩"))
Next i
sum = 0
For i = 1 To N                                                    '累加学生成绩
  sum = sum + a(i)
Next i
aver = sum / N                                                    '计算平均成绩
Picture1.Print "平均成绩是"; aver
End Sub
```

运行程序，结果如图 6-2 所示。

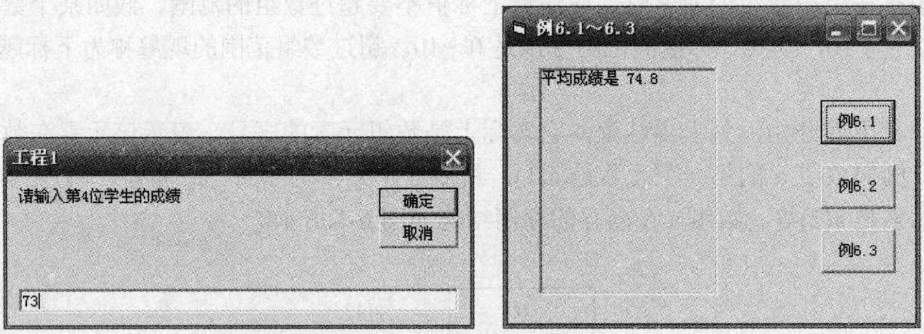

图 6-2　例 6.1 的运行结果

说明：在程序的第一个 For-Next 语句中，反复调用 InputBox 函数输入学生成绩，并分别存放在数组 a 的各个元素中。为增加程序的通用性，在事件过程的外部定义了一个符号常量 N，表示数组的上界。如果需要修改数组的上界，则只需修改符号常量的初值即可。

【例 6.2】某班有 30 位学生，任意输入一个姓名，查询该班是否存在与该姓名对应的学生。

分析：定义一个长度为 30 的字符串数组，用来存放全班学生的姓名。采用 For-Next 语句进行处理，在循环体中穷举所有学生的姓名，用 If 语句依次判断，看看是否存在被查询的姓名，最终得到判断结果。

```
Const N As Integer = 30
Private Sub Command2_Click()
Dim a(1 To N) As String, i%, j%, flag As Boolean, name$
For i = 1 To N                                                    '输入学生姓名
  a(i) = InputBox("请输入第" & i & "位学生的姓名")
Next i
Do
  name = InputBox("请输入要查询的学生姓名")
  flag = False
  For i = 1 To N
    If a(i) = name Then
      flag = True                                                 '找到，改变标志
      Exit For
```

```
    End If
  Next i
  If flag = True Then
    Picture1.Print "找到姓名为"; name; "的学生"
  Else
    Picture1.Print "没有找到姓名为"; name; "的学生"
  End If
  j = MsgBox("还要继续查询吗？", vbYesNo + vbquestion)
Loop While j = 6                                         '如果按下“是”按钮，则继续循环
End Sub
```

运行程序，结果如图 6-3 所示。

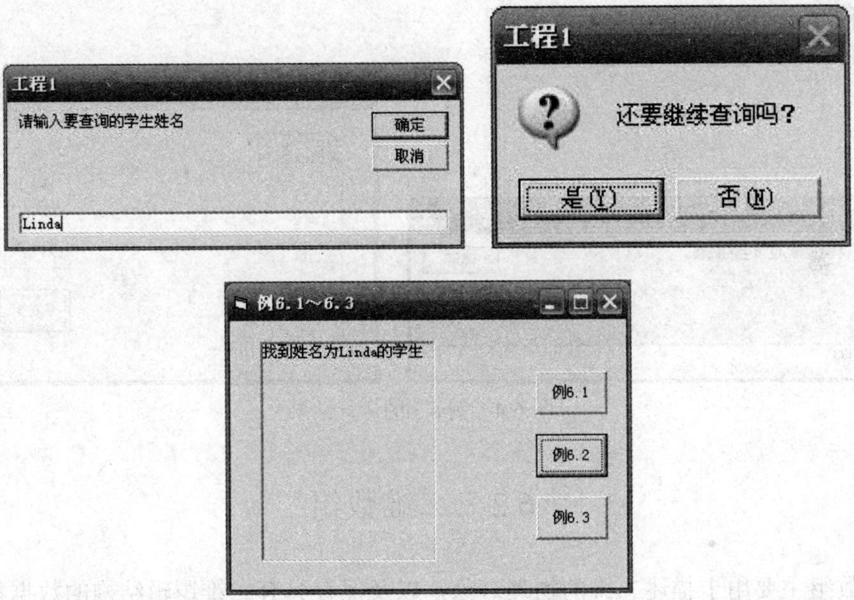

图 6-3　例 6.2 的运行结果

说明：在程序中用 Do-Loop 语句实现了连续查询，当完成一次查询工作之后，弹出一个消息对话框请用户做出选择。如果用户单击“是”按钮，则继续循环，进行下一次查询工作；如果用户单击“否”按钮，就退出循环，结束查询工作。

本题采用的查找算法是顺序查找法，在 6.9 节会给出效率较高的折半查找法。

【例 6.3】某班有 30 位学生，分别输入全班学生的 VB 语言成绩，统计其最高分和最低分，并输出结果。

分析：定义一个长度为 30 的整型数组，用来存放全班学生的成绩。采用 For-Next 语句进行处理，在循环体中用选择排序法比较每一位学生的成绩，最后得到最高分和最低分。

```
Const N As Integer = 30
Private Sub Command3_Click()
Dim a(1 To N) As Integer, i As Integer, max As Integer, min As Integer
For i = 1 To N                                           '输入学生成绩
  a(i) = Val(InputBox("请输入第" & i & "位学生的成绩"))
Next i
max = a(1)                                               '假定第一位学生的成绩是最高分
```

```
min = a(1)                               '假定第一位学生的成绩是最低分
For i = 2 To N
  If max < a(i) Then
    max = a(i)                           '确保 max 是当前最高分
  End If
  If min > a(i) Then
    min = a(i)                           '确保 min 是当前最低分
  End If
Next i
Picture1.Print "最高分是"; max
Picture1.Print "最低分是"; min
End Sub
```

运行程序，结果如图 6-4 所示。

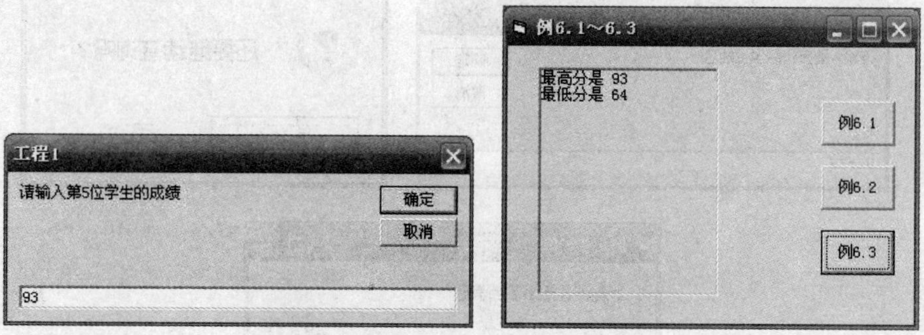

图 6-4　例 6.3 的运行结果

6.2　二维数组

二维数组主要用于描述二维的物理对象，以及保存具有二维逻辑结构的数据集合。在引入二维数组的概念之前，先考虑一个实际的问题：计算机专业有 3 个班，每班有 30 位学生，输入每位学生的 VB 语言考试成绩，输出该专业的 VB 语言考试平均成绩以及各班的最高分。

读者自然会想到用刚学过的一维数组的知识来解决，先定义一个长度为 90 的整型数组，输入各位学生的 VB 语言考试成绩，然后利用一重循环进行处理。但是进一步研究编程实现的过程，又会发现遇到了新问题。班与班之间如何划分？如何判断某一位同学属于哪个班？这些问题用一维数组很难得到解决。如果把班作为行，学生作为列，定义二维数组来描述计算机专业三个班的学生成绩，这样做就显得很自然，处理起来也比较方便。

6.2.1　二维数组的定义

二维数组的定义方式如下：

Dim 数组名([下界 To]上界,[下界 To]上界) As 类型

例如：

Dim a(1 To 2,1 To 2) As Integer

表示定义了一个 2 行 2 列的二维整型数组 a，它的逻辑结构如表 6-1 所示。数组 a 有 4 个元素，分别是 a(1,1)、a(1,2)、a(2,1)和 a(2,2)，每个元素可以存放一个整型数据。

表 6-1　数组 a 的逻辑结构

a(1,1)	a(1,2)
a(2,1)	a(2,2)

说明：

（1）通常把二维数组的第一个下标形象地称为行下标，第二个下标称为列下标。

（2）二维数组的元素个数为行的长度×列的长度，行或者列的长度为：各自的上界-下界+1。

（3）类似地还可以定义多维数组。例如：

```
Dim a(1 To 2,1 To 2,1 To 2) As Integer     '共有 8 个元素的三维数组
```

思考：三维数组的元素个数是多少？

6.2.2　二维数组的处理

在学习一维数组时，我们已经知道了用循环变量控制下标，通过 For-Next 语句使下标不断加 1，实现访问数组全部元素的目的。二维数组的处理方法与一维数组相似，只不过有两个循环变量用来分别控制行下标和列下标，通过二重循环结构实现访问数组全部元素的目的。

【例 6.4】求两个 3×3 矩阵的和。

分析：矩阵求和公式是 C=A+B，$c_{ij}=a_{ij}+b_{ij}$，即两个矩阵之和仍然是一个矩阵，其元素值是 A、B 两个矩阵相应位置的元素值之和。首先应定义 3 个 3 行 3 列的二维数组，分别用来表示 A、B 和 C 三个矩阵。然后采用二重循环结构，行下标与列下标都从 1 开始，分别不断地加 1，实现对矩阵各个元素的访问。

```
Private Sub Command1_Click()
Const N As Integer = 3
Dim a(1 To N, 1 To N) As Integer, b(1 To N, 1 To N) As Integer
Dim c(1 To N, 1 To N) As Integer, i As Integer, j As Integer
For i = 1 To N
    For j = 1 To N
        a(i, j) = Val(InputBox("输入 a(" & i & "," & j & ")"))          '输入数据存入数组 a
    Next j
Next i
MsgBox ("矩阵 A 的数据输入完毕！")
For i = 1 To N
    For j = 1 To N
        b(i, j) = Val(InputBox("输入 b(" & i & "," & j & ")"))          '输入数据存入数组 b
    Next j
Next i
MsgBox ("矩阵 B 的数据输入完毕！")
Picture1.Print "开始输出矩阵 C 的数据"
For i = 1 To N
    For j = 1 To N
        c(i, j) = a(i, j) + b(i, j)                                    '矩阵求和
    Next j
Next i
For i = 1 To N
```

```
            For j = 1 To N
             Picture1.Print Tab(j * 4); c(i, j);                    '输出数组 c
            Next j
            Picture1.Print                                          '输出一行数据，另换一行
    Next i
    End Sub
```

运行程序，结果如图 6-5 所示。

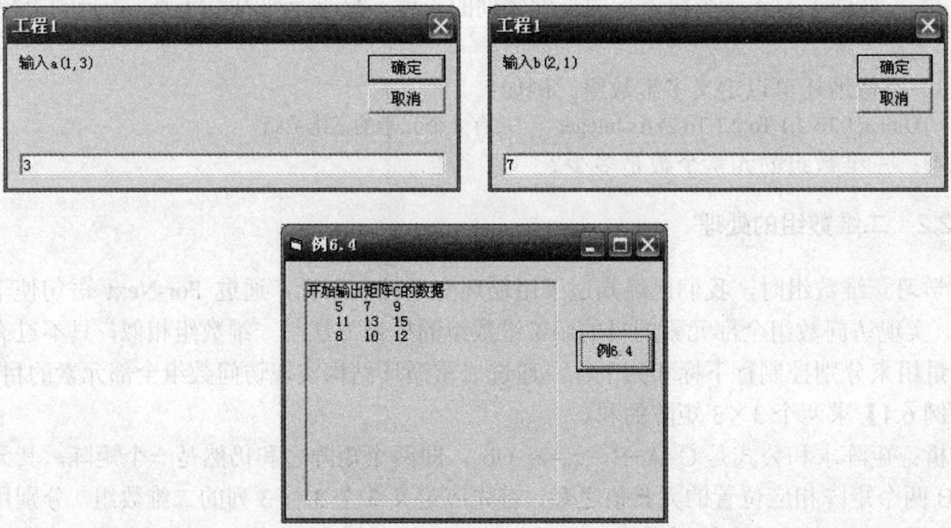

图 6-5　例 6.4 的运行结果

说明：通常把二维数组的行下标放在外层循环，而把列下标放在内层循环。

【例 6.5】计算机专业有 3 个班，每班有 30 位学生，输入每位学生的 VB 语言考试成绩，输出计算机专业 VB 语言考试的平均成绩以及各班的最高分。

分析：首先定义一个 3 行 30 列的二维整型数组，用于存放计算机专业各班学生的 VB 语言考试成绩，再定义一个一维数组用来存放各班的最高分。对二维数组的处理与例 6.4 相似，在内层的循环体中用选择排序算法寻找各班的最高分，并累加所有学生的成绩。

```
Private Sub Command1_Click()
Const M As Integer = 3, N As Integer = 30
Dim a(1 To M, 1 To N) As Integer, max(1 To M) As Integer, i%, j%
Dim sum As Integer, aver As Single
For i = 1 To M
 For j = 1 To N
   a(i, j) = Val(InputBox("输入 a(" & i & "," & j & ")"))          '输入成绩存入数组 a
 Next j
Next i
MsgBox ("学生成绩输入完毕！")
sum = 0
For i = 1 To M
   max(i) = a(i, 1)                                              '假定各班第一位学生是各班最高分
   For j = 1 To N
    If max(i) < a(i, j) Then
      max(i) = a(i, j)
```

```
        End If
        sum = sum + a(i, j)
      Next j
    Next i
    aver = sum / (M * N)
    Picture1.Print "  平均成绩是"; Format(aver, "##.##")          '输出平均成绩
    For i = 1 To M
      Picture1.Print i; "班的最高分是"; max(i)                    '输出各班最高分
    Next i
    End Sub
```

运行程序，结果如图 6-6 所示。

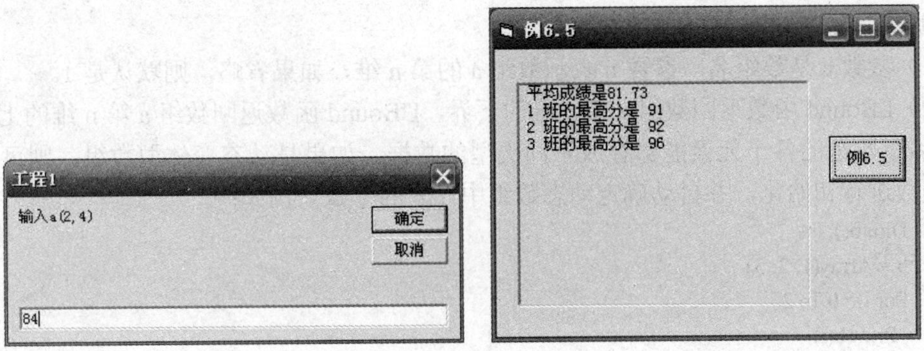

图 6-6　例 6.5 的运行结果

说明：也可以采用 For Each-Next 语句，输出数组 max 的所有元素。这样做的优点是不需要事先了解数组中元素的个数，从而简化了循环条件的设置。部分代码如下：

```
For Each x In max
    Picture1.Print x
Next x
```

思考：三维数组的数据如何输入、输出及处理？

6.3　动态数组

前面介绍的数组都是在定义时指定数组的类型、维数以及每一维的长度，这些数组被称为静态数组。如果无法预知元素的个数和数组的维数，就很难精确地定义静态数组。定义得过大则浪费系统的内存，定义得过小又会满足不了实际的需要。VB 语言允许定义动态数组，以增强程序的灵活性，提高内存使用的效率。

动态数组在程序运行过程中才被分配存储空间，它的定义方式如下：

```
Dim 数组名() As 类型
```

例如：

```
Dim a() As Integer
```

表示定义了一个动态整型数组 a，数组的维数以及元素下标的下界和上界未知。可以用数组名赋值的方式，把一个静态数组中全部元素的值依次赋给一个动态数组中的全部元素。例如：

```
Dim a(1 To 3) As Integer, b() As Integer, i%
For i = 1 To 3                     '对静态数组 a 的所有元素赋值
```

```
  a(i) = i
Next i
b = a                      '数组名赋值
For Each x In b            '输出动态数组 b 中所有元素的值
  Print x
Next x
```

数组名赋值的方式自动确定了动态数组 b 的维数以及元素下标的下界和上界，它们均与静态数组 a 相同。也可以调用 LBound 和 UBound 函数，分别获得数组的下界和上界。这两个函数的格式如下：

```
LBound(a[,n])
UBound(a[,n])
```

说明：

（1）参数 a 是数组名。参数 n 表示数组 a 的第 n 维，如果省略，则默认是 1。

（2）LBound 函数返回数组 a 第 n 维的下界，UBound 函数返回数组 a 第 n 维的上界。

变体型数组的各个元素能够存放不同类型的数据，如果是动态变体型数组，则可以通过 Array 函数进行初始化，并自动确定动态数组中元素的个数。例如：

```
Dim b(), i%
b = Array(1, 2, 3)
For i = 0 To 2
  Print b(i)
Next i
```

定义数组 b 时，既未指定维数以及元素下标的下界和上界，也未指定数据类型，因此它是动态变体型数组。在 Array 函数中有 3 个参数，作为初值依次赋给了数组 b 的各个元素。由此确定了动态数组 b 中元素个数为 3，下界默认是 0，上界则为 2。

定义了一个动态数组之后，一旦需要即可在程序中使用 ReDim 语句，确定动态数组的维数以及元素下标的下界和上界。其一般形式如下：

```
ReDim [Preserve]数组名([下界 To]上界[,下界 To 上界,…]) [As 类型]
```

说明：

（1）可以多次使用 ReDim 语句对某个动态数组进行设置。

（2）数组的维数以及元素下标的下界和上界都能够改变，甚至下界和上界可以是有了确定值的变量，但是数组的类型不能改变。

（3）每次执行 ReDim 语句之后，数组中所有元素的值将会丢失。如果想保留数组元素的值，则可以使用关键字 Preserve。例如：

```
Dim a() As Integer
  …
ReDim a(2,3)               '数组设置为 3 行 4 列
  …
ReDim Preserve a(2,4)      '数组设置为 3 行 5 列，并保留数组元素的值
```

在 ReDim 语句中使用关键字 Preserve 时，只能改变动态数组最后一维的上界。

【例 6.6】计算并输出 Fibonacci 数列的前 n 项。

分析：Fibonacci 数列从第三个数开始，每个数都是其前面两个数之和。由于 Fibonacci 数之间存在明显的位置关系，所以用数组来处理最为便利。定义一个动态长整型数组 a，用来存放

Fibonacci 数列。从文本框接收用户输入的 n 值之后，采用 ReDim 语句将数组 a 的长度置为 n。

```
Private Sub Command1_Click()
Dim a() As Long, n As Integer, i As Integer, j%
n = Val(Text1.Text)
ReDim a(1 To n)                      '设置动态数组的长度
For i = 1 To n
 If i = 1 Or i = 2 Then
  a(i) = 1                           '第一项和第二项都是 1
 Else
  a(i) = a(i - 1) + a(i - 2)         '每一项是前两项之和
 End If
Next i
j = 0
For i = 1 To n
 Picture1.Print Tab(j * 7); a(i);
 j = j + 1
 If i Mod 5 = 0 Then
  Picture1.Print
  j = 0
 End If
Next i
End Sub
```

运行程序，结果如图 6-7 所示。

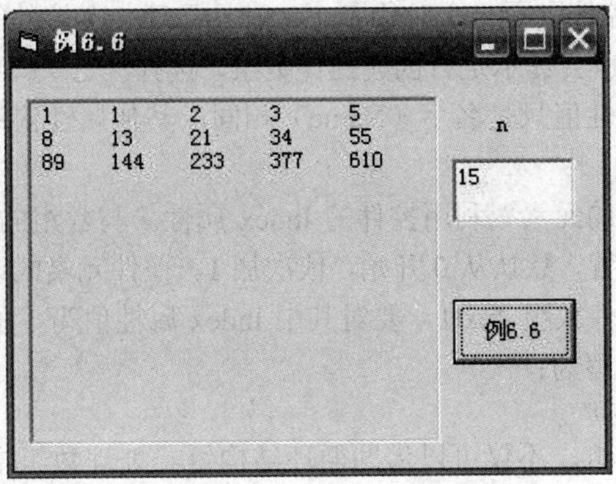

图 6-7　例 6.6 的运行结果

在程序中有时需要对数组重新进行初始化，则可以使用 Erase 语句达到目的，其一般形式如下：

```
Erase 数组名
```

说明：执行 Erase 语句之后，对于静态数组，系统会清除数组中的原有数据，并自动进行初始化；对于动态数组，系统会删除数组的结构，并释放数组所占的内存空间。如果以后想再次使用该动态数组，就必须采用 ReDim 语句重新对其进行设置。例如：

```
Dim a(1 To 5) As Integer, i%
For i = 1 To 5
  a(i) = i
```

```
Next i
For i = 1 To 5            '输出数组 a 所有元素的值
  Print a(i);
Next i
Print
Erase a                   '对数组 a 重新初始化
For i = 1 To 5            '再次输出数组 a 所有元素的值
  Print a(i);
Next i
```

该程序段的运行结果如图 6-8 所示。从图中可以看到，执行 Erase 语句之后，数组 a 所有元素的值都重新初始化为 0。

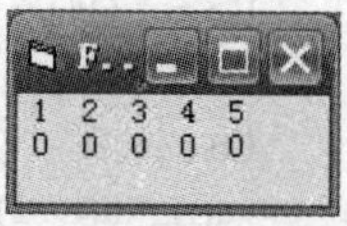

图 6-8　Erase 语句的效果

6.4　控件数组

一组相同类型的相关数据可以用数组来描述和管理，那么一组功能相似的同类控件是否也能够用数组进行组织？回答是肯定的，这样的数组称为控件数组。控件数组由一组同属于一类的控件组成，它们共用一个对象名，依靠索引（Index）属性彼此区分。

如何创建控件数组？主要有以下几种方法：

（1）复制现有的控件，然后粘贴在窗体中。第一次进行粘贴操作时，系统会提示是否创建控件数组，选择“是”即可。此时大多数的可视属性，例如颜色、高度和宽度等，将会从源控件即数组中的第一个控件，复制到目标控件，即新控件中。

（2）为现有的同类控件取同一个对象名，一般是与第一个控件的名字一致，例如 Text1、Command1 等。这时系统也会提示是否创建控件数组，选择“是”即可。用这种方法创建的控件数组，其控件元素的属性值只是名字（Name）相同，其他属性依然保留最初创建这些控件时的设置。

如何访问控件数组中的元素？利用控件的 Index 属性。与数组的下标相似，Index 表示控件在控件数组中的相对位置，默认从 0 开始，依次加 1。控件元素的访问方法与普通数组的元素基本相同，例如现有控件数组 Text1，要对其中 Index 属性值为 1 的文本框控件，设置 Text 属性值为“VB6.0”，可以写为：

```
Text1(1).Text="VB6.0"
```

在程序中使用控件数组，不仅可以借助循环结构统一处理数组中的控件，而且可以共享同一个事件处理过程。例如设计一个计算器，在窗体中安排 4 个命令按钮，分别完成加减乘除四则运算。考虑到这些命令按钮实现的功能相似，可以创建一个有 4 个元素的命令按钮控件数组，其中每一个命令按钮对应一个控件数组的元素。然后为这个控件数组定义一个单击事件过程，只要用户任意按下 4 个命令按钮中的一个，就会调用这个事件过程。此外还可以在程序中调用 Load 方法，动态创建控件数组中的新元素，达到在程序运行时创建新控件的目的。

【例 6.7】用控件数组改写例 4.6 的程序。

分析：在界面设计阶段分别创建 Option1 和 Check1 两个控件数组，数组 Option1 用于组织 4 个单选按钮，供学生选择系别；数组 Check1 用于组织 5 个复选框，供学生选择爱好。在程序中分别定义两个字符串数组 t1 和 t2，t1 存放所有的系别，t2 存放所有的爱好。在循环结构中判断用户选择了哪些选项，并做相应的处理。

```
Private Sub Command1_Click()
Dim s As String, i As Integer
Dim t1(3) As String, t2(4) As String
t1(0) = "计算机": t1(1) = "汽车"
t1(2) = "机械": t1(3) = "管理"
t2(0) = "足球": t2(1) = "围棋"
t2(2) = "游泳": t2(3) = "文学"
t2(4) = "上网"
s = s + "姓名：" + Text1.Text + vbCr
s = s + "年龄：" + Text2.Text + vbCr
For i = 0 To 3
 If Option1(i).Value = True Then
  s = s + t1(i) + "系" + vbCr
  Exit For
 End If
Next i
s = s + "爱好："
For i = 0 To 4
 If Check1(i).Value = 1 Then
   s = s + t2(i)
 End If
Next i
MsgBox (s)
End Sub
Private Sub Command2_Click()
 End
End Sub
```

程序的运行结果与例 4.6 完全相同。

说明：

与例 4.6 的程序相比，本例程序中 If 语句的数量以及分支的个数都明显减少了，结构也更为紧凑。

思考：在程序的第一个 For-Next 语句中，为何出现 Exit For？而在第二个 For-Next 语句中，为何又没有出现 Exit For？

6.5 自定义类型

利用数组可以将一群相同类型的数据组织在一起，但在实际应用中，经常会遇到由多种不同类型数据组成的实体。例如，描述一个学生的数据实体包括学号、姓名、性别、年龄和成绩等数据项，这些类型不同的数据项是相互联系的，组成一个有机的整体。如果用独立的简单数据项分别表示它们，就不能体现数据的整体性，也不便于进行整体操作，又不能用普通数组来存放这些类型不同的数据。

VB 语言允许程序员自定义数据类型，这种自定义的类型又称为记录类型，它由一些基本类型的成员所组成。定义记录类型的关键字是 Type，其一般形式如下：

```
Type 记录类型名
  成员表列
End Type
```

说明：

（1）对成员表列中的所有成员都应进行类型声明。成员声明的形式如下：

成员名 As 类型

（2）记录类型只是刻画了一个数据结构的模型，并没有定义实例，也不要求分配实际的内存空间。在程序中使用记录类型时，必须定义记录变量。

例如，学生信息可以用记录类型描述为：

```
Type Student
  sno As Long          '学号
  name As String       '姓名
  sex As String        '性别
  score As Integer     '成绩
End Type
```

Student 类型有 4 个成员，分别表示学生的学号、姓名、性别和成绩，这些成员的类型可以不相同。需要指出的是，通常在程序的标准模块（.bas）中定义记录类型。在“工程”菜单中选择“添加模块”命令，即可创建标准模块。如果在窗体模块中定义记录类型，则必须用关键字 Private 进行声明。

先定义记录类型，再定义记录变量。记录变量所占内存空间的长度，是其各个成员所占空间的长度之和。定义记录变量的方法与定义普通变量基本相同，只不过数据类型是记录类型。例如：

```
Dim s1 As Student,s2 As Student          '定义 s1 和 s2 为 Student 类型的变量
```

访问一个记录变量的目的通常是引用它的成员，例如登记学生的姓名、统计学生的成绩等。引用记录变量成员的形式如下：

记录变量名.成员名

sl.sno 表示引用记录变量 sl 中的 sno 成员，它可以像普通变量一样使用，能够进行赋值等合法的运算。例如：

```
s1.sno=2051226              '将 2051226 赋给 s1 变量的成员 sno
```

一个 Student 类型的记录变量可以存放某个学生的一组相关信息，如果有多个学生的数据需要处理，则应使用记录数组。例如：

```
Dim s(1 To 10) As Student
```

定义了一个数组 s，它有 10 个元素，每个元素都相当于一个 Student 类型的记录变量。如何访问记录数组元素的成员？其一般形式如下：

记录数组名(下标).成员名

例如：

```
s(2).sno=2051227
Text1.Text= s(6).name
```

【例 6.8】用记录类型改写例 6.3。要求不仅输出最高分和最低分，还要输出拥有这些分数的相关学生的姓名。

分析：在标准模块中定义 Student 记录类型，成员有姓名和成绩，成员的类型分别为字符串和整型。

```
Type Student
    name As String
    score As Integer
End Type
```

在窗体模块中定义一个长度为 30 的 Student 型数组，用来存放全班学生的姓名和成绩。采用 For-Next 语句进行处理，具体过程与例 6.3 的程序十分相似。

```
Const N As Integer = 30
Private Sub Command1_Click()
Dim a(1 To N) As Student, max As Student, min As Student, i%
For i = 1 To N                    '输入学生的姓名和成绩
  With a(i)                       'With 语句
   .name = InputBox("请输入第" & i & "位学生的姓名")
   .score = Val(InputBox("请输入第" & i & "位学生的成绩"))
  End With
Next i
max = a(1)                        '假定第一位学生的成绩是最高分
min = a(1)                        '假定第一位学生的成绩是最低分
For i = 2 To N
  If max.score < a(i).score Then
   max = a(i)                     '确保 max 是当前成绩最高的学生
  End If
  If min.score > a(i).score Then
   min = a(i)                     '确保 min 是当前成绩最低的学生
  End If
Next i
Picture1.Print "最高分是"; max.name; max.score; "分"
Picture1.Print "最低分是"; min.name; min.score; "分"
End Sub
Private Sub Command2_Click()
End
End Sub
```

运行程序，结果如图 6-9 所示。

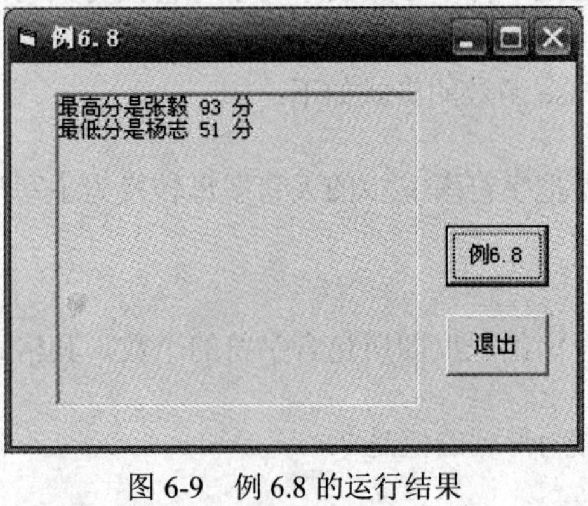

图 6-9　例 6.8 的运行结果

说明：在程序中使用了 With 语句，以简化语句的书写。如果用 With 语句对某个记录变量作出声明，则在该语句的作用域中访问这个记录变量的成员时，可以省略记录变量名。

6.6 字符串的处理

文本是日常生活中司空见惯的一种数据形式，也是经常需要借助计算机进行处理的对象，记事本和 Word 等程序就是专门用于文本编辑的软件。VB 语言以字符串表示文本数据，在程序中除了可以用运算符进行字符串的连接和比较等基本操作之外，还可以调用内部函数完成字符串的查找、截取等一些高级操作。

1. 格式转换

字符串的格式转换是指字符串与数值的相互转换，以及字符与编码的相互转换等操作。

（1）Val 函数。Val 函数的格式如下：

```
Val(s)
```

说明：该函数的功能是把字符串 s 转换为一个数值。例如 Val("1234")得到的值是 1234。

（2）Str 函数。Str 函数的格式如下：

```
Str(n)
```

说明：该函数的功能是把数值 n 转换为一个字符串。例如 Str(1234)得到的值是"1234"。

（3）Asc 函数。Asc 函数的格式如下：

```
Asc(s)
```

说明：该函数的功能是，把字符串 s 中的第一个字符转换为相应的 ASCII 码。例如 Asc("ab")得到的值是 97，即字符 a 的 ASCII 码。

（4）Chr 函数。Chr 函数的格式如下：

```
Chr(n)
```

说明：该函数的功能是把数值 n 即 ASCII 码转换为所对应的字符。例如 Chr(97)得到的值是"a"，而 Chr(Asc("a")-32)得到的值是"A"，因为小写字母的 ASCII 码比相应大写字母的 ASCII 码大 32。

思考：如何随机产生一个小写字母？

（5）UCase 函数。UCase 函数的格式如下：

```
UCase(s)
```

说明：该函数的功能是把字符串 s 中的小写字母转换为大写形式。例如 UCase("aBCdE")得到的值是"ABCDE"。

（6）LCase 函数。LCase 函数的格式如下：

```
LCase(s)
```

说明：该函数的功能是把字符串 s 中的大写字母转换为小写形式。例如 LCase("AbCdE")得到的值是"abcde"。

2. 统计长度

函数 Len 用于统计字符串的长度即所包含字符的个数，其格式如下：

```
Len(s)
```

例如，Len("VB6.0 环境")得到的值是 7。

3. 删除多余的空格

函数 LTrim 删除字符串中前面的空格，函数 RTrim 删除字符串中后面的空格，函数 Trim 则删除字符串中前后两边的空格。它们的格式如下：

```
LTrim(s)
RTrim(s)
Trim(s)
```

例如 LTrim("　VB6.0　")得到的值是"VB6.0　"，RTrim("　VB6.0　")得到的值是"　VB6.0"，而 Trim("　VB6.0　")得到的值是"VB6.0"。

4. 生成字符串

字符串的生成是指按照要求产生一个字符串。

（1）String 函数。String 函数的格式如下：

```
String(m,s|n)
```

说明：该函数的功能是，产生一个由 m 个重复的字符组成的字符串。该字符是字符串 s 中的第一个字符，或者是 ASCII 码为数值 n 的字符。例如 String(3,"ab")得到的值是"aaa"，String(3,97)得到的值也是"aaa"。

（2）Space 函数。Space 函数的格式如下：

```
Space(n)
```

说明：该函数的功能是产生一个由 n 个空格组成的字符串。例如"VB"+Space(3)+"6.0"得到的值是"VB　6.0"。

5. 查找和替换

字符串的查找是指在一个字符串中查找另一个指定的字符串，字符串的替换是指在一个字符串中把一个子串替换为另一个子串。

（1）InStr 函数。InStr 函数的格式如下：

```
InStr([n,]s1,s2)
```

说明：该函数的功能是，在字符串 s1 中查找字符串 s2 首次出现的位置。参数 n 是字符串 s1 的起始查找位置，如果省略则默认值是 1，表示从头开始查找。如果找到，函数的返回值是字符串 s2 在字符串 s1 中第一次出现的位置；如果未找到，则函数的返回值是 0。例如 InStr("我是中国人","中国")得到的值是 3，InStr(4,"VB6.0 环境","环境")得到的值是 6，而 InStr("欲穷千里目，更上一层楼","千里眼")得到的值是 0。

思考：InStr(4,"我是中国人","中国")得到的值是什么？

（2）Replace 函数。Replace 函数的格式如下：

```
Replace(s1,s2,s3[,m][,n][,…])
```

说明：该函数的功能是，在字符串 s1 中把子串 s2 替换为子串 s3。参数 m 是字符串 s1 的起始查找位置，此时在函数的返回值中会删除位置 m 之前的字符。如果省略 m 则默认值是 1，表示从头开始查找。参数 n 是进行替换操作的最大次数，如果省略 n 则默认值是-1，表示替换所有符合条件的子串。例如 Replace("aAAbAAc","AA","BB")得到的值是"aBBbBBc"，Replace("aAAbAAc","AA","BB",3) 得到的值是"AbBBc"，Replace("aaAAbAAc","AA","",2,1) 得到的值是"abAAc"，相当于从第 2 个位置开始，删除第一次出现的子串"AA"。

思考：Replace("aAAbAAc","AA","BB",,1) 得到的值是什么？

6. 截取子串

字符串的截取是指从字符串中连续抽取若干个字符，组成一个新的字符串即子串。

（1）Left 函数。Left 函数的格式如下：

```
Left(s,n)
```

说明：该函数的功能是从字符串 s 的左边取出 n 个字符，组成一个子串。例如 Left("VB6.0 环境",5)得到的值是"VB6.0"。

（2）Right 函数。Right 函数的格式如下：

Right(s,n)

说明：该函数的功能是从字符串 s 的右边取出 n 个字符，组成一个子串。例如 Right("VB6.0 环境",2)得到的值是"环境"。

（3）Mid 函数。Mid 函数的格式如下：

Mid(s,m[,n])

说明：该函数的功能是从字符串 s 的第 m 个字符开始，取出 n 个字符，组成一个子串。如果省略 n，则表示取出从第 m 个字符开始的所有字符。例如 Mid("VB6.0 环境",3,3)得到的值是"6.0"，Mid("VB6.0 环境",3) 得到的值是"6.0 环境"。实际上 Mid(s,1,n)的作用等价于 Left(s,n)，Mid(s,Len(s)-n+1)的作用等价于 Right(s,n)。

（4）Split 函数。Split 函数的格式如下：

Split(s[,d][,n][,…])

说明：该函数的功能是从字符串 s 中取出 n 个子串，子串之间的分隔符是参数 d。如果省略 d，默认分隔符是空格；如果省略 n 则默认值是-1，表示取出所有的子串。通常把函数的返回值赋给一个动态字符串数组，数组的每一个元素依次存放一个子串。

以前介绍的数组输入方法，是采用循环结构反复调用 InputBox 函数，这种方法未免有些单调。Split 函数可以用来一次性地给一个数组赋初值，提高数据输入的效率。例如用户先在文本框中输入所有的数据，数据之间以事先约定的字符进行分隔，然后调用 Split 函数取出所有的数据，依次存入数组的各个元素。读者可能会问，在这种情况下数组的下界是多少？上界又是多少？我们可以调用 LBound 函数得到数组的下界，调用 UBound 函数得到数组的上界。

【例 6.9】改写例 6.2。要求在文本框中输入所有学生的姓名。

分析：在窗体中安排一个文本框，用于输入全班所有学生的姓名。定义一个动态字符串数组 a，调用 Split 函数，从文本框中读取姓名，存放到数组 a 中。具体的查找过程与例 6.2 的程序基本相同。

```
Private Sub Command1_Click()
Dim a() As String, i%, j%, flag As Boolean, name$
a = Split(Text1.Text)                                  '输入学生姓名
Do
 name = InputBox("请输入要查询的学生姓名")
 flag = False
 For i = LBound(a) To UBound(a)
  If a(i) = name Then
   flag = True                                         '找到，改变标志
   Exit For
  End If
 Next i
 If flag = True Then
  Picture1.Print "找到姓名为"; name; "的学生"
 Else
  Picture1.Print "没有找到姓名为"; name; "的学生"
 End If
```

```
 j = MsgBox("还要继续查询吗？", vbYesNo + vbquestin)
Loop While j = 6
End Sub
Private Sub Command2_Click()
End
End Sub
```

运行程序，结果如图 6-10 所示。

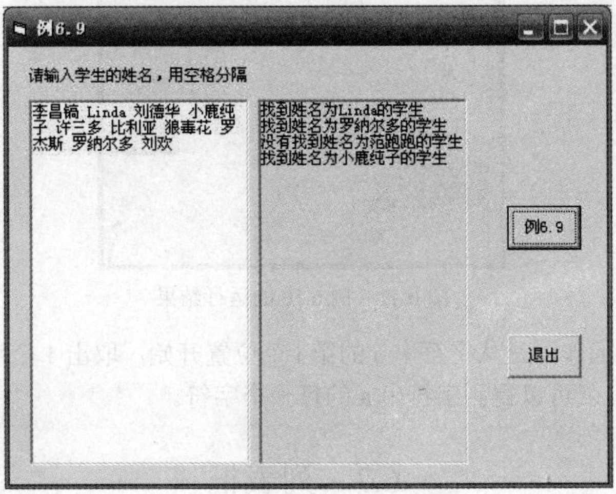

图 6-10　例 6.9 的运行结果

说明：文本框的 MultiLine 属性值设置为 True，使得输入时能够自动换行。约定输入学生的姓名时，以空格进行分隔。

【例 6.10】统计一个字符串中数字、字母以及其他字符的个数。

分析：定义三个计数器记录相关字符的个数。在循环语句中调用 Mid 函数，依次取出各个字符，用 If 语句的 ElseIf 结构判断字符的特征，相应计数器则不断加 1。

```
Private Sub Command1_Click()
Dim a As String, b As String, i%, k1%, k2%, k3%
a = Text1.Text
k1 = 0                                          '计数器清 0
k2 = 0
k3 = 0
For i = 1 To Len(a)
 b = Mid(a, i, 1)                               '取出字符串中第 i 个字符
 If b >= "A" And b <= "Z" Or b >= "a" And b <= "z" Then
  k1 = k1 + 1                                   '字母的个数增 1
 ElseIf b >= "0" And b <= "9" Then
  k2 = k2 + 1                                   '数字的个数增 1
 Else
  k3 = k3 + 1                                   '其他字符的个数增 1
 End If
Next i
```

```
Picture1.Print "字母的个数为"; k1
Picture1.Print "数字的个数为"; k2
Picture1.Print "其他字符的个数为"; k3
End Sub
```

运行程序，结果如图 6-11 所示。

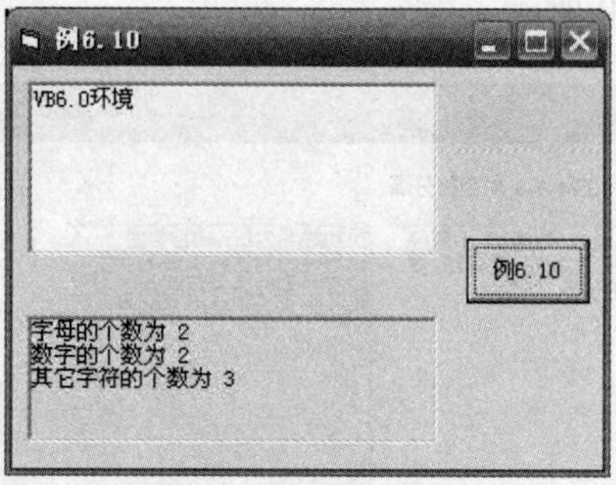

图 6-11　例 6.10 的运行结果

说明：Mid(a,i,1)的作用是从字符串 a 的第 i 个位置开始，取出 1 个字符，即得到第 i 个字符。随着 i 不断加 1，就可以得到字符串 a 的每一个字符。

6.7　列表框

如果可供用户选择的项目较少，一般采用单选按钮或复选框。但是如果存在大量的选项时，采用单选按钮和复选框就显得十分繁琐，而采用列表框或者组合框则不失为一个较好的解决方案。列表框（ListBox）控件能够显示一个项目列表，用户可以从中选择一个或多个项目。如果项目列表中的项目过多而无法一次全部显示，则列表框将自动出现滚动条。在 VB 的工具箱中，列表框控件的图标如图 6-12 所示。

图 6-12　列表框图标

1. 属性

表 6-2 列出了列表框控件的常用属性。

表 6-2　列表框的常用属性

属性	作用
Name	设置列表框的对象名
Text	确定用户当前所选的项目，该属性不能在属性窗口中设置，只能在程序中设置或引用
List	设置列表框所显示的项目列表
ListCount	确定列表框中项目的总数，该属性只能在程序中设置或引用
ListIndex	确定当前选中的项目在项目列表中的索引值，该属性只能在程序中设置或引用
Selected	确定项目列表中某个项目是否被选中，该属性只能在程序中设置或引用
MultiSelect	确定列表框是否允许多选
Style	设置列表框的外观，默认值是 0，表示标准方式；如果是 1，则项目的左边有复选框

说明：

（1）程序第一个列表框控件的默认对象名是 List1，第 n 个列表框控件的默认对象名是 Listn，依此类推。

（2）List 是列表框控件最重要的属性之一，其属性值是一个字符串数组，每一个元素存放项目列表其中的一个项目。List 数组的下标从 0 开始，例如输出列表框 List1 的第 2 个项目，则可以写为：

```
Print List1.List(1)
```

向列表框中添加项目有两种方法。第一种方法是在属性窗口中选中列表框的 List 属性，单击下拉按钮，输入一个项目后按下 Ctrl+Enter 组合键，在下一行继续输入新项目。第二种方法是在程序中调用 AddItem 方法，在列表框中添加项目。

（3）在程序中 ListIndex 和 ListCount 往往与 List 属性配合使用。如果用户未选择任何项目，ListIndex 的值是-1；如果用户选中项目列表中的第一项，ListIndex 的值是 0；如果用户选中项目列表中的最后一项，则 ListIndex 的值是 ListCount-1。

（4）Selected 的属性值是一个逻辑型数组，其每一个元素与项目列表中的每一个项目一一对应。如果某个项目被用户选中，Selected 数组相应元素的值是 True；如果未被选中，则相应元素的值是 False。例如 List1.Selected(2)的值是 True，表示列表框 List1 的第 3 个项目被选中。

（5）MultiSelect 的属性值有 3 个，默认值是 0，如表 6-3 所示。

表 6-3　MultiSelect 属性值

常量	值	含义
None	0	不允许多选
Simple	1	简单多选，可以用鼠标单击或按空格键进行选择
Extended	2	扩展多选，可以借助 Shift 键或 Ctrl 键进行选择

2. 事件

列表框控件能够响应 Click 和 DblClick 等事件。在实际编程中经常针对列表框编写 DblClick 事件过程，使得双击列表框中的某个选项之后，可以对该选项进行相应的操作。例如在“文件”对话框的文件列表框中双击某个文件名，即可直接打开该文件。

3. 方法

列表框的常用方法如表 6-4 所示。

表 6-4　列表框的常用方法

方法	功能
AddItem	向列表框中添加一个项目
RemoveItem	从列表框中删除一个项目
Clear	清除列表框中所有项目

说明：

（1）AddItem 方法的调用形式如下：

对象.AddItem Item[,Index]

参数 Item 表示被添加到列表框中的字符串，即新项目。参数 Index 表示新项目在列表框中的索引值，即插入到项目列表中的位置。如果该参数被省略，则将把新项目插入到项目列表的末尾。

（2）RemoveItem 方法的调用形式如下：

对象. RemoveItem Index

参数 Index 表示被删除的项目在列表框中的索引值。例如删除列表框 List1 中的第一个项目，可以写为：

List1.RemoveItem 0

6.8 组合框

组合框（ComboBox）控件组合了文本框和列表框的特性，用户既可以在它的文本框部分输入文本以选择项目，也可以在它的列表框部分选择项目。当用户在列表框部分选定某个项目之后，该项目会自动出现在文本框部分。列表框将用户的选择限制在项目列表之内，而组合框则允许用户选择项目列表中所没有的项目。在 VB 的工具箱中，组合框控件的图标如图 6-13 所示。

图 6-13 组合框图标

1. 属性

组合框控件的大部分属性与列表框控件相同，此外还有一些与文本框相同的属性。表 6-5 列出了组合框控件的常用属性。

表 6-5 组合框的常用属性

属性	作用
Name	设置组合框的对象名
Text	确定用户当前选择的项目或者在文本框部分输入的项目
List	设置组合框所显示的项目列表
ListCount	确定组合框中项目的总数
ListIndex	确定当前选中的项目在项目列表中的索引值
Selected	确定项目列表中某个项目是否被选中
Style	设置组合框的类型

说明：

（1）程序第一个组合框控件的默认对象名是 Combo1，第 n 个组合框控件的默认对象名是 Combon，依此类推。

（2）Style 的属性值有 3 个，默认值是 0，如表 6-6 所示。

表 6-6　Style 属性值

常量	值	含义
Dropdown Combo	0	下拉式组合框
Simple Combo	1	简单组合框
Dropdown List	2	下拉式列表框

下拉式组合框如图 6-14 所示。它将文本框和下拉式列表框组合在一起，用户可以直接用键盘在文本框中输入项目，也可以单击下拉按钮，打开列表框进行选择。

简单组合框如图 6-15 所示。它将文本框和列表框简单地组合在一起，列表框的项目列表直接显示在窗体上。

下拉式列表框如图 6-16 所示。它的功能与下拉式组合框相似，但是用户只能从列表框中进行选择，而不能直接在文本框中输入项目。

图 6-14　下拉式组合框

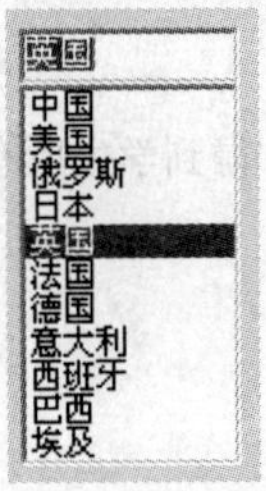

图 6-15　简单组合框

图 6-16　下拉式列表框

思考：当组合框为下拉式列表框类型时，用户能否选择项目列表中所没有的项目？

2. 事件

根据类型的不同，组合框控件能够响应的事件也有所不同。所有类型的组合框都能够响应 Click 事件，但是只有简单组合框（Style 的属性值为 1）才能响应 DblClick 事件。此外下拉式组合框和简单组合框还可以响应 Change 事件。

3. 方法

AddItem、RemoveItem 和 Clear 等方法也同样适用于组合框控件。例如在组合框 Combo1 中添加一个项目"土耳其"，可以写为：

```
Combo1.AddItem "土耳其"
```

例如清空组合框 Combo1 中的所有项目，可以写为：

```
Combo1.Clear
```

【例 6.11】用列表框和组合框改写例 4.6 的程序。

分析：在界面设计阶段分别创建一个组合框控件和两个列表框控件。组合框 Combo1 组织的项目列表供学生选择系别，列表框 List1 组织的项目列表供学生选择爱好，列表框 List2 则存放已经选中的爱好。列表框 List1 的项目列表是在属性窗口中针对 List 属性一一添加的，组合框 Combo1 的项目列表则是在窗体 Load 事件过程中调用 AddItem 方法添加的。

在程序中分别为列表框 List1 和 List2 编写 DblClick 事件过程。在 List1 的 DblClick 事件过程中，先通过 Text 属性读取用户当前选择的项目，然后调用 AddItem 方法把它添加到 List2 的项目列表中。在 List2 的 DblClick 事件过程中，通过 ListIndex 属性获取用户当前选项的索引值，调用 RemoveItem 方法把该项目删除。

在命令按钮 Command1 的 Click 事件过程中，通过组合框 Combo1 的 Text 属性获取用户选择的系，在循环结构中访问列表框 List2 的 List 数组中的元素，获取所有的选项，并做相应的处理。

```
Private Sub Form_Load()
Combo1.AddItem "计算机"
Combo1.AddItem "汽车"
Combo1.AddItem "机械"
Combo1.AddItem "管理"
End Sub
Private Sub Command1_Click()
Dim s As String, i As Integer
s = s + "姓名：" + Text1.Text + vbCr
s = s + "年龄：" + Text2.Text + vbCr
s = s + Combo1.Text                         '得到学生所在的系
s = s + "系" + vbCr
s = s + "爱好："
For i = 0 To List2.ListCount - 1            '得到学生所有的爱好
 s = s + List2.List(i) + Space(2)
Next i
MsgBox (s)
End Sub
Private Sub Command2_Click()
End
End Sub
Private Sub List1_DblClick()
Dim s As String
s = List1.Text                              '从 List1 得到选中的项目
List2.AddItem s                             '将该项目添加到 List2 中
End Sub
Private Sub List2_DblClick()
List2.RemoveItem List2.ListIndex            '删除选中的项目
End Sub
```

运行程序，结果如图 6-17 所示。

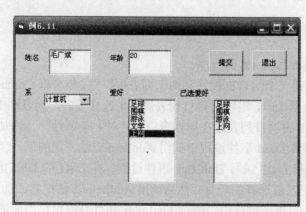

图 6-17　例 6.11 的运行结果

说明：程序运行时，用户可以在组合框的列表框部分选择学生所在的系，也可以在文本框部分输入项目列表中未列出的系。如果用户在“爱好”列表框中双击一个项目，则“已选爱好”列表框中将自动出现该项目，表示用户选中了某个爱好。如果用户在“已选爱好”列表框中双击一个项目，则该项目将自动消失，表示用户放弃了对某个爱好的选择。

该程序有许多需要完善的地方。例如用户在“爱好”列表框中反复双击同一个项目，则该项目就会多次出现在“已选爱好”列表框中，造成对爱好的重复选择。解决方法是在向“已选爱好”列表框中添加项目之前，先判断其中是否已存在该项目。如果是新项目就可以添加，否则不予添加。部分代码如下：

```
Private Sub List1_DblClick()
Dim s As String, flag As Boolean, i%
s = List1.Text                         '从 List1 得到选中的项目
flag = False
For i = 0 To List2.ListCount - 1
  If s = List2.List(i) Then            '在 List2 中查找该项目
    flag = True
    Exit For
  End If
Next i
If Not flag Then                       '所选项目是以前未选过的项目
  List2.AddItem s                      '将该项目添加到 List2 中
End If
End Sub
```

思考：如果只安排一个“爱好”列表框，而没有“已选爱好”列表框，并且把列表框控件的 MultiSelect 属性值设置为 1，即允许多选。此时应如何编写程序，使得可以显示用户在“爱好”列表框中选择的多个项目？

6.9　程序举例

【例 6.12】采用选择排序法对 n 个整数按升序排序。

分析：在前面的章节中多次提到并利用了选择排序法，现在彻底阐明以及实现这个算法。选择排序算法的基本思想是，在每一轮里把该轮第一个数与后面的数依次比较，如果第一个数大于后面的数，则两者进行交换。始终确保在该轮数列中，第一个数是当前最小数，直至所有的数按升序排列。

例如有数列[5,3,4,2,1]，第一轮 5 首先与 3 比较，显然 5>3，于是 5 与 3 交换，此时数列变为[3,5,4,2,1]；然后 3 与 4 比较，数列不变；3 再与 2 比较，发生交换，数列变为[2,5,4,3,1]；该轮最后一次是 2 与 1 比较，发生交换，数列变为[1,5,4,3,2]。经过第一轮排序，确保了最小数在数列的第一个位置。

第二轮排序数列缩小为[5,4,3,2]，5 与 4 交换，数列变为[4,5,3,2]；然后 4 与 3 交换，数列变为[3,5,4,2]；3 再与 2 交换，数列变为[2,5,4,3]。经过第二轮排序，确保了次小数在数列的第二个位置，整个数列变为[1,2,5,4,3]。

第三轮排序数列进一步缩小为[5,4,3]，经过比较和交换后，变为[3,5,4]，整个数列变为

[1,2,3,5,4]。第四轮排序数列缩小为[5,4]，经过比较和交换后，变为[4,5]，整个数列变为[1,2,3,4,5]，排序结束。每一轮都是当前排序数列的第一个数依次与后面的数比较和交换，始终确保当前最小数在其正确的位置上。如此循环往复，最终数列成为按升序排列的有序数列。

编程实现时，需要定义一个动态整型数组 a 存放数列。用二重循环来排序，外层控制排序的轮数，内层控制每轮的次数。循环结构编制的关键在于排序的轮和次如何确定，n 个数的排序显然要进行 n-1 轮，因为经过 n-1 轮排序后，依次确定了从最小数到次大数的位置，而剩下的最后一个数自然就是最大数。

那么每一轮中到底比较多少次呢？第一轮由于是第一个数与后面 n-1 个数比较，显然应该比较 n-1 次；第二轮是第二个数与后面 n-2 个数比较，应该比较 n-2 次；经过归纳可以得出，第 k 轮应该比较 n-k 次。这样可以用循环变量 i 控制外层循环，i 的初值是 1，一直到 n-1；j 则从 i+1 开始，一直到 n。在循环体中利用 If 语句和中间变量，完成 a(i)与 a(j)的比较和交换。

```
Private Sub Command1_Click()
Dim a() As Integer, n As Integer, i%, j%, t%
n = Val(Text1.Text)
ReDim a(1 To n)
For i = 1 To n
  a(i) = Val(InputBox("请输入第" & i & "个数"))
Next i
Picture1.Print "输出原数列"
j = 0
For i = 1 To n          '输出原数列
  Picture1.Print Tab(j * 6); a(i);
  j = j + 1
  If i Mod 5 = 0 Then
    Picture1.Print
    j = 0
  End If
Next i
For i = 1 To n - 1
  For j = i + 1 To n
    If a(i) > a(j) Then
      t = a(i)           'a(i)与 a(j)交换
      a(i) = a(j)
      a(j) = t
    End If
  Next j
Next i
Picture1.Print "输出排序之后的数列"
j = 0
For i = 1 To n          '输出排序之后的数列
  Picture1.Print Tab(j * 6); a(i);
  j = j + 1
  If i Mod 5 = 0 Then
    Picture1.Print
    j = 0
  End If
```

```
    Next i
End Sub
Private Sub Command2_Click()
    End
End Sub
```

运行程序，结果如图 6-18 所示。

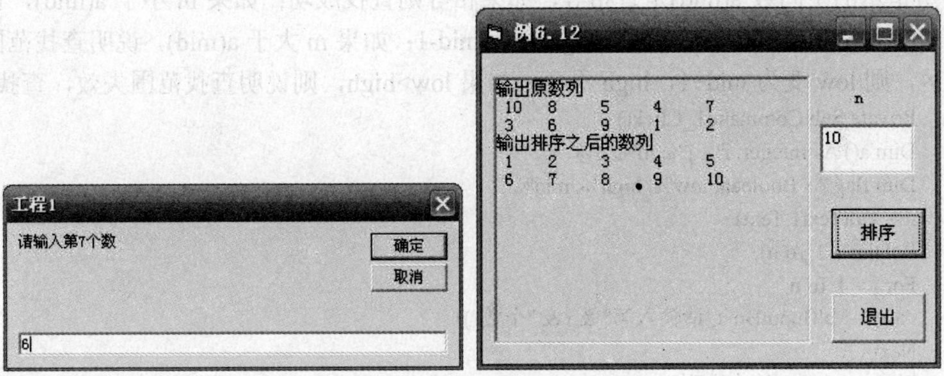

图 6-18　例 6.12 的运行结果

说明：从提高程序的运行效率来看，每一轮中第一个数可以先不与后面的数交换，而是定义一个标志 min 用来记录当前最小数的下标。在该轮结束后，第一个数再与该轮最小的数交换。于是循环语句变为：

```
For i = 1 To n - 1
  min=i
  For j = i + 1 To n
    If a(min) > a(j) Then
      min=j                  '记录当前最小数的下标
    End If
  Next j
  If i<>min Then             '如果 a(i)就是当前最小数，则不必交换
    t = a(i)                 'a(i)与 a(min)交换
    a(i) = a(min)
    a(min) = t
  End If
Next i
```

思考：外层 For-Next 循环改为 For i = 2 To n 可以吗？

【例 6.13】在一个已排好序（假定为升序）的数列中查找某个数据。

分析：在本例中，可以采取效率较高的折半查找算法。其基本思想是，每次选中有序数列里中间位置的数据 d，与所查数 m 进行比较。如果两者相等，则查找成功；如果 d 大于 m，则在数列的左半区（第一个数到 d）查找；如果 d 小于 m，则在数列的右半区（d 到最后一个数）查找。如此循环往复，直到查找结束。由于每次查找范围都较上次缩小一半，因此查找速度较快。

例如有数列：[-5,-2,1,5,10,21,37,49,82]，要查找的数是 37。首先选定中间数 10，由于 37>10，因此下次查找范围应该在右半区即[21,37,49,82]。需要指出的是，本次的中间位置的数可以从

下次的查找范围中排除。在数列[21,37,49,82]中选定中间数 37，经过比较，判定查找成功。如果查找范围不断缩小，最后仍未找到，则判定查找失败。

编程实现时，首先应定义一个动态整型数组 a 用来存放数列。其次应定义 3 个指示器 low、mid 和 high，用来指示查找范围。其中 low 指示查找范围的第一个数，high 指示查找范围的最后一个数，mid 指示查找范围的中间数，mid=(low+high)/2。在循环结构中判断要查找的数 m 与 mid 所指示的中间数 a(mid)是否相等，如果相等则查找成功；如果 m 小于 a(mid)，说明查找范围缩小为左半区，则 low 不变，high 变为 mid-1；如果 m 大于 a(mid)，说明查找范围缩小为右半区，则 low 变为 mid+1，high 不变；如果 low>high，则说明查找范围失效，查找失败。

```
Private Sub Command1_Click()
Dim a() As Integer, i%, j%, m%, n%
Dim flag As Boolean, low%, high%, mid%
n = Val(Text1.Text)
ReDim a(1 To n)
For i = 1 To n
 a(i) = Val(InputBox("请输入第" & i & "个数"))
Next i
Picture1.Print "输出数列"
j = 0
For i = 1 To n                          '输出数列
 Picture1.Print Tab(j * 6); a(i);
  j = j + 1
 If i Mod 5 = 0 Then
  Picture1.Print
  j = 0
 End If
Next i
Picture1.Print
Do
 m = Val(InputBox("请输入要查询的数 m"))
 low = 1
 high = n
 flag = False
 Do While low <= high
  mid = (low + high)/2                  '计算中间数的位置
  If a(mid) = m Then                    '中间数与 m 比较
   flag = True                          '查找成功
   Exit Do
  ElseIf a(mid) > m Then
   high = mid - 1                       '查找范围缩小为左半区
  Else
   low = mid + 1                        '查找范围缩小为右半区
  End If
 Loop
 If flag = True Then                    '判断查找标志
  Picture1.Print "找到"; m
 Else
```

```
   Picture1.Print "没有找到"; m
  End If
  j = MsgBox("还要继续查询吗？", vbYesNo + vbquestion)
Loop While j = 6
End Sub
Private Sub Command2_Click()
End
End Sub
```

运行程序，结果如图 6-19 所示。

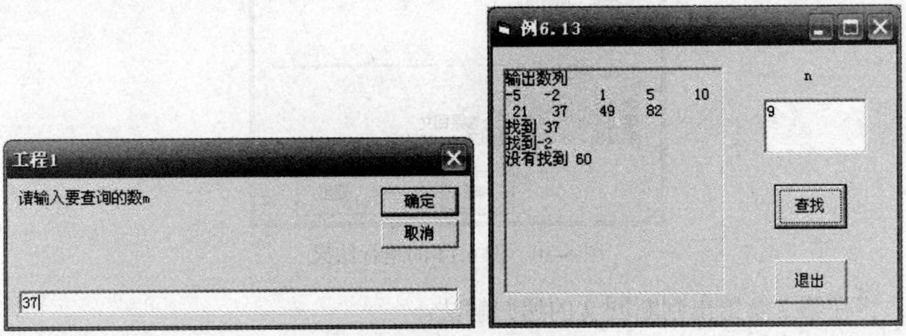

图 6-19 例 6.13 的运行结果

【例 6.14】判断用户输入的文本是否为回文。如果一个文本的逆序与原文完全相同，这样的文本就称为回文，例如“level”“2002”和“我是我”等。

分析：定义一个字符串变量 s，存放输入的文本。其次定义 2 个指示器 left 和 right，left 初始指示文本的第一个字符，right 初始指示文本的最后一个字符。在循环结构中反复判断 left 和 right 各自指示的字符是否相同，如果不同，显然不是回文；如果相同，则 left 不断加 1 向右移动，而 right 不断减 1 向左移动。

```
Private Sub Command1_Click()
Dim s As String, left%, right%, flag As Boolean
s = Text1.Text
left = 1
right = Len(s)
flag = True
Do While left < right
  If mid(s, left, 1) <> mid(s, right, 1) Then
    flag = False
    Exit Do
  End If
  left = left + 1
  right = right - 1
Loop
If flag = True Then
  s = s + "是回文"
Else
  s = s + "不是回文"
End If
```

```
Picture1.Print s
End Sub
Private Sub Command2_Click()
End
End Sub
```

运行程序，结果如图 6-20 所示。

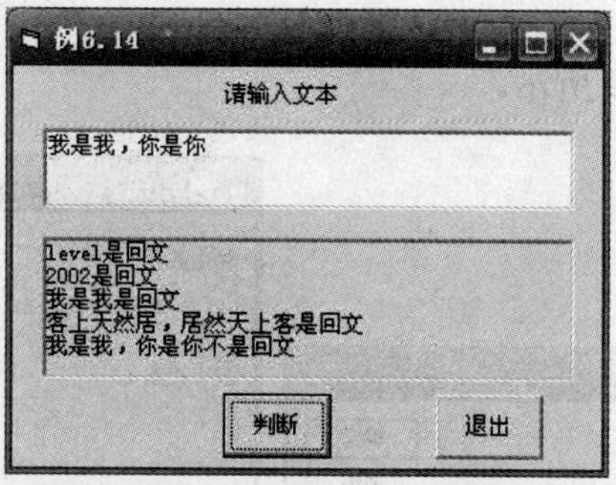

图 6-20 例 6.14 的运行结果

说明：将在第 7 章给出判断回文的递归解法。

【例 6.15】Joseph 环问题。n 个孩子围成一圈，任意假定一个数 m。从第一个孩子开始，以顺时针方向数，每数到第 m 个孩子时，他就离开这个圈子。孩子不断离开，圈子不断缩小，最后剩下的一个孩子便是胜利者。请计算出胜利者的序号。

分析：显然要定义一个动态整型数组 a，存放这些孩子的序号，数组的长度就是孩子的个数 n。该问题有两个难点需要解决。首先孩子是围成一个圈的，而数组元素是顺序排列的，表达了一种线性的逻辑结构。如何在数到数组的末尾时，跳到数组的头部继续往下数？这可以通过对元素下标求余加 1 的技巧解决，当数到数组尾部时，下一个数组元素的下标通过先对 n 求余再加 1，算得为 1，从而回到数组首部继续往下数。

其次是如何表示孩子离开圈子？当孩子离开圈子时，将数组 a 中与其对应的元素值（序号）置为 0，表示这个孩子已离开圈子。这样继续数时如果发现这个孩子对应的数组元素值为 0，说明他已出圈，就跳过此人不数。

```
Private Sub Command1_Click()
Dim a() As Integer, i%, j%, k%, m%, n%
n = Val(Text1.Text)
ReDim a(1 To n)
For i = 1 To n
 a(i) = i                          '设置小孩序号
Next i
m = Val(InputBox("请输入 m"))
j = 0
For i = 1 To n – 1                 'n-1 个孩子出圈
 k = 1                             '从 1 开始数
 Do While k <= m                   '数 m 个数
  j = j Mod n + 1                  '下标后移
  If a(j) <> 0 Then
   k = k + 1
```

```
      End If
    Loop
    Picture1.Print a(j); "号孩子出圈"             '显示出圈的孩子
    a(j) = 0                                      '孩子出圈
  Next i
  For i = 1 To n
    If a(i) <> 0 Then                             '找到胜利者
      Exit For
    End If
  Next i
  Picture1.Print "胜利者是"; a(i); "号孩子"       '显示胜利者
  End Sub
  Private Sub Command2_Click()
  End
  End Sub
```

运行程序，结果如图 6-21 所示。

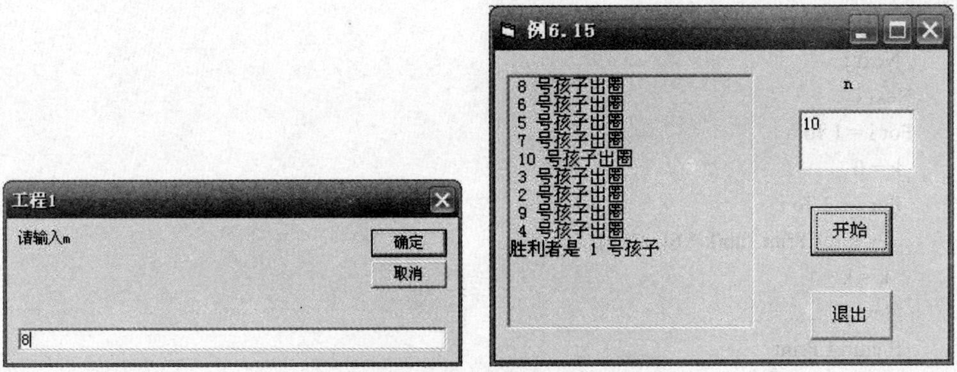

图 6-21　例 6.15 的运行结果

说明：n-1 个孩子出圈之后，在数组 a 中只有一个元素的值不为 0，该元素就对应于胜利者，元素的值则为胜利者的序号。在循环语句中不断地判断数组 a 元素的值是否不为 0，即可找到胜利者。

【例 6.16】编写程序，输出 n 行杨辉三角形。

分析：杨辉三角形中的各个元素实际上是二项式$(a+b)^n$的展开式中各项的系数，例如 6 行杨辉三角形如下所示：

```
1
1    1
1    2    1
1    3    3    1
1    4    6    4    1
1    5    10   10   5    1
```

从中可以发现，杨辉三角形每一行元素的数量比上一行增加 1，各行的第一列和对角线上的元素值均为 1，而且其余各项的值都是其上一行前一列元素的值与上一行同一列元素的值之和。

编程实现时显然要定义一个动态整型数组 a，以存放杨辉三角形的各个元素。根据用户输入的 n 值，设置 a 为 n 行 n 列的二维数组。注意到对角线上元素的行号和列号相等，首先利用一重循环将数组各行的第一列及对角线上的元素的值置为 1，然后利用二重循环，借助于本行元素与上一行元素之间的规律，计算出所有元素的值，最后再次利用二重循环，输出杨辉三角形所有元素的值。

```
Private Sub Command1_Click()
Dim a() As Integer, n%, i%, j%, k%
n = Val(Text1.Text)
ReDim a(1 To n, 1 To n)
For i = 1 To n
 a(i, 1) = 1                '第一列元素置为 1
 a(i, i) = 1                '对角线元素置为 1
Next i
For i = 3 To n              '从第三行开始
 For j = 2 To i - 1         '从第二列开始，到对角线为止
  a(i, j) = a(i - 1, j - 1) + a(i - 1, j)
 Next j
Next i
For i = 1 To n
 k = 0
 For j = 1 To i
  Picture1.Print Tab(k * 6); a(i, j);
  k = k + 1
 Next j
 Picture1.Print
Next i
End Sub
Private Sub Command2_Click()
End
End Sub
```

运行程序，结果如图 6-22 所示。

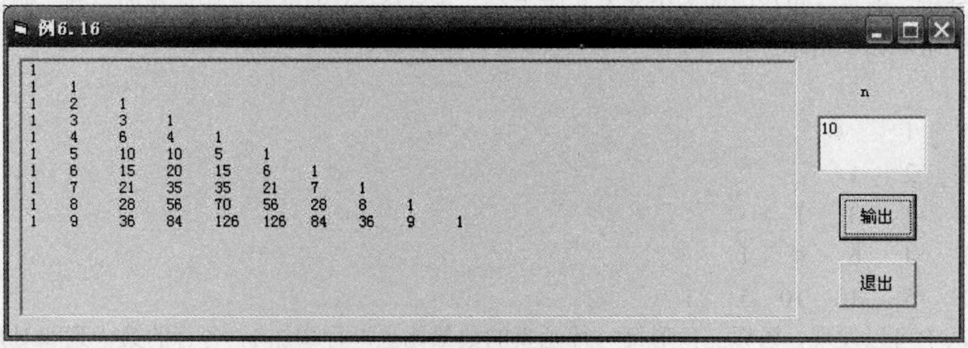

图 6-22　例 6.16 的运行结果

6.10 小结

本章主要讲解了一维数组、二维数组、动态数组以及字符串的处理方法。数组是同类型相关数据的集合，它由一些元素组成。每一个元素可以存放一个数据，下标表示元素在数组中的相对位置。通过循环结构可以对数组的元素进行统一的输入、输出和处理，其中循环控制变量控制元素的下标从下界移动到上界。一般说来，对一维数组的处理应采用一重循环，对二维数组的处理应采用二重循环。

动态数组的维数和长度可以用 ReDim 语句重新进行设置，但是数组的类型不能改变。如果重新设置动态数组时使用了关键字 Preserve，则可以保留元素的值。记录类型是程序员自定义的一种类型，它由一些基本类型的成员所组成，定义记录类型的关键字是 Type。字符串中的各个字符之间存在着较为明显的位置关系，其处理方法与数组有一些相似之处。VB 语言提供了很多字符串处理函数，常用的有 Len 函数、InStr 函数、Replace 函数和 Mid 函数等，分别用于实现字符串的统计长度、查找、替换和截取等操作。

控件数组能够统一地组织和管理一批同属一类的控件，它们共用一个对象名。通过控件对象的 Index 属性，可以实现对控件数组中任意一个控件元素的访问。列表框控件以项目列表的形式显示数据，可以供用户进行选择，实现数据输入的标准化。组合框控件同时具有文本框和列表框的一些特性，它在界面上显示时比列表框节省空间。组合框不仅可以接受标准化数据，也可以接受用户在文本框部分输入的数据，具有很好的灵活性。列表框控件和组合框控件重要的属性是 List、ListIndex、Text 和 Selected，重要的方法是 AddItem、RemoveItem 和 Clear。

此外，在案例程序中还介绍了选择排序和折半查找等常用算法，并对这些算法的原理以及实现方法做了详细的分析。

习　题

1．有数组定义语句 Dim a(7,-2 To 3) As Integer，数组 a 有多少个元素？

2．写出单击窗体后，下列程序段的运行结果。

```
Private Sub Form_Click()
Dim a(3, 5) As Integer, i As Integer, j As Integer
For i = 1 To 3
  For j = 1 To 5
    a(i, j) = a(i - 1, j - 1) + i + j
  Next j
Next i
Print a(3, 4)
End Sub
```

3．将一个长度为 10 的数列头尾颠倒，例如该数列原先为[1,2,3,4,5,6,7,8,9,10]，处理后变为[10,9,8,7,6,5,4,3,2,1]。

4．编写一个模拟掷骰子的程序，要求统计掷 100 次后骰子上各点出现的次数。

5．计算一个 4×4 矩阵的两个对角线之和。

6．完成一个 3×3 矩阵的转置（即行列互换）。

7．输入一个 3×3 矩阵各元素的值，找出每一行最大的数。

8．将一个字符串翻转，例如把字符串"abcd"翻转为"dcba"。

9．把两个已按升序排列的数列合并为一个新数列，该数列仍按升序排列。例如数列 a 是[1,3,6,7,9]，数列 b 是[2,4,5,8,10]，合并之后的新数列是[1,2,3,4,5,6,7,8,9,10]。

10．把一个数插入到一个已按升序排列的数列 a 中，并使该数列仍按升序排列。例如数列 a 是[1,3,6,8,9,10]，要插入的数是 4，合并之后的新数列是[1,3,4,6,8,9,10]。

11．输入一个句子，找出其中最长的单词。

12．找出一个 4×4 矩阵中的“鞍点”。所谓鞍点是指它在本行中的值最大，在本列中的值最小。输出鞍点的行号和列号，如果找不到鞍点，则输出“no found”。

13．某班有学生 30 人，学习语文、数学和英语 3 门课程。输入所有学生各门课程的成绩，输出单科成绩的最高分以及该班每门课的平均成绩。

14．输出魔方阵。所谓魔方阵，是指由自然数 1～n^2（n 为奇数）组成的方阵，其各行、各列以及对角线元素之和均相等。

15．某比赛有 10 位评委给参赛选手打分，满分为 10 分。选手综合得分的计算规则是：去掉一个最高分，再去掉一个最低分，然后计算出该选手的平均得分。编写程序，分别输入 10 位评委给 5 位参赛选手打的分数，然后计算出各位选手的综合得分，并输出其中的最高综合得分。

第 7 章 过程

目前，在程序中用到过的过程有事件过程和系统提供的内部函数。在事件过程中接受用户输入的数据，对数据进行处理并输出，完成对事件的响应。数学运算、字符串处理和输入输出等基本功能，则主要依靠内部函数的调用来实现。在实际应用中，经常需要由程序员自己定义一些过程，以实现某些特定的功能。这样做既可以减轻事件过程的负担，使得程序的结构更加清晰，还可以提高程序的可重用性。本章主要讲解过程的相关知识，包括子过程和函数过程的定义与调用，参数传递方式以及作用域等。此外还介绍了滚动条控件、直线控件和形状控件。

7.1 概述

VB 的应用程序是由过程（Procedure）组成的，代码设计阶段的主要工作就是编写过程。VB 通过事件驱动方式执行程序，调用事件过程完成对事件的响应。事件过程（Event Procedure）虽然是 VB 程序的主体，但是有时也需要在程序中编写通用过程，供事件过程或者其他通用过程调用。

在引入通用过程（General Procedure）的概念之前，先考虑一个实际的问题，计算 $\sum_{i=3}^{23} i + \sum_{i=5}^{30} i + \sum_{i=8}^{33} i$。如果用以前的方法来解决这个问题，自然会想到采用迭代法，在事件过程中利用 3 个循环结构分别计算每一个累加和，然后相加得到总和。仔细研究其编程实现的过程，就会发现这 3 个循环结构的算法一样，代码也基本相同，只不过是累加的起点和终点不一样而已。如果分别书写这些循环结构，不仅会使事件过程的代码变得很长，而且程序的结构也显得不够清晰。

如果能够把计算累加和这个功能抽象出来，并编写成为一个通用过程，那么在事件过程中只需分别调用该过程 3 次，即可得到相应的累加和，最后相加从而得到总和。这样做不仅有效地减少了代码冗余，而且大大减轻了事件过程的负担，提高了程序结构的清晰度，以后修改和扩充也较为方便。

结构化程序设计的基本思想就是分而治之，即把较为复杂的模块分解成相对简单一些的小模块，形成层次调用关系。各个模块有机地结合在一起，相互配合完成复杂功能，图 7-1 就说明了这种自顶向下的程序结构。模块化是结构化程序设计思想的基本组成部分，在 VB 语言中，模块是用过程来实现的。如果过程 A 调用了过程 B，则约定把 A 称为主调过程，B 称为被调过程。

根据通用过程是否有返回值，可以分为 Sub 过程和 Function 过程。Sub 过程又称为子过程，它往往用于完成一些操作，而这些操作不需要有返回值，例如在窗体上显示一个图案。Function 过程又称为函数过程，或者简称为函数。与内部函数一样，函数过程一般应有一个返回值，例如计算累加和或者找出数列中的最大值。

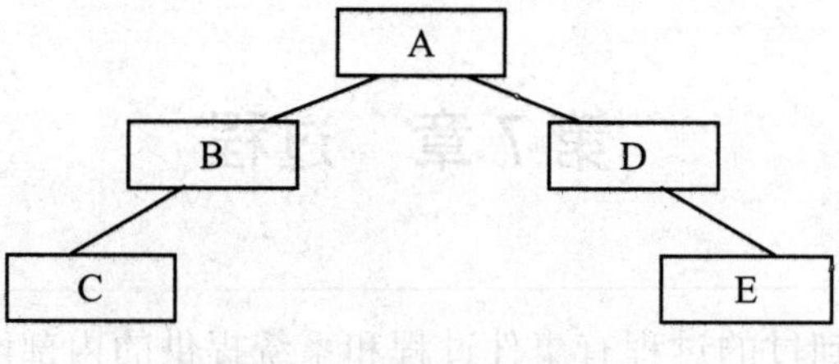

图 7-1 程序的层次结构

7.2 子过程

7.2.1 子过程的定义

子过程既可以在窗体模块中定义，也可以在标准模块中定义。它由过程头部和过程体组成，过程头部应该有过程名，一般还应有参数表，在过程体中书写语句。子过程的定义形式如下：

```
[Public|Private] Sub 过程名([形参列表])
    变量定义语句
    执行语句
[Exit Sub]
End Sub
```

说明：

（1）过程名应该是一个合法的标识符。关键字 Sub 指明了过程的性质，关键字 Public 和 Private 则指明了过程的作用域。

（2）括号内为形参列表，用于从主调过程接收数据。如果过程不需要参数，则可以省略形参列表。形参即形式参数，它由传递方式、形参名和类型组成，形参之间用逗号分开。形参定义的格式如下：

```
[ByVal] 形参名 [As 数据类型]
```

如果在定义形参时没有进行类型说明，则系统默认该形参的数据类型为变体型。ByVal 是对形参进行传递方式声明，表示所声明的形参是传值参数。如果 ByVal 被省略，则默认该形参是引用参数（ByRef)。将在 7.5 节讨论参数传递的方式。

（3）过程头部和 End Sub 之间的部分称为过程体，可以在过程体中定义变量，过程完成的工作主要是在过程体中进行的。

（4）子过程在调用时不返回值，当程序执行到 End Sub 时，就会从该子过程退出，并返回到主调过程。如果在运行子过程时需要提前退出，则可以使用 Exit Sub 语句。

创建子过程有两种方法，第一种方法是在代码窗口中直接定义，输入过程头部之后按下回车键，此时会自动出现 End Sub，从而生成过程的框架。第二种方法是使用“添加过程”对话框，在“工具”菜单中选择“添加过程”命令，打开“添加过程”对话框。在“名称”文本框内输入过程名，在“类型”组中选中“子程序”单选按钮，在“范围”组中选择“公有的”或“私有的”单选按钮，以确定过程的作用域，如图 7-2 所示。单击“添加过程”对话框中的“确定”按钮，就会在代码窗口中生成过程的框架。

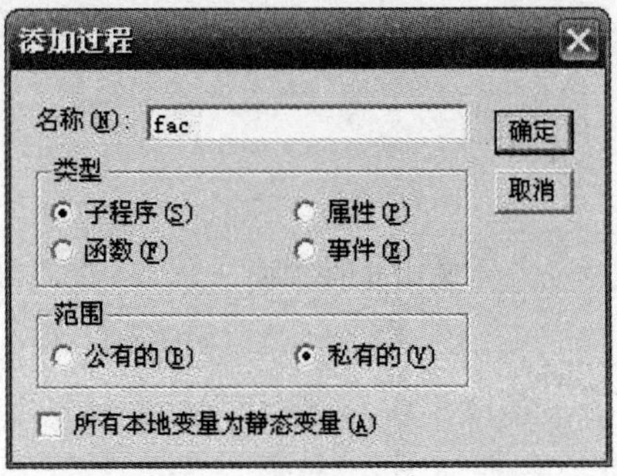

图 7-2　“添加过程”对话框

思考：用第二种方法创建子过程之后，是否需要对过程头部加以完善？

建立过程的框架之后，即可在过程体中书写过程的代码。需要指出的是，不能嵌套定义过程，即在一个过程的过程体中不能定义另一个过程。

7.2.2　子过程的调用

通用过程不属于任何一个对象，它不由事件驱动，必须由其他过程调用才会被执行。子过程调用语句有两种形式：

```
Call 过程名[(实参列表)]
过程名 [实参列表]
```

说明：

（1）第一种调用形式使用了关键字 Call，而第二种调用形式不仅没有 Call，而且也没有括号。虽然第二种调用形式较为简洁，但是从规范性的角度出发，建议在程序中还是尽量采用第一种调用形式。

（2）实参即实际参数，表示传递给被调过程的一些必要数据，实参之间用逗号隔开。如果调用时没有实参，则可以省略实参列表和括号。

主调过程调用被调过程时，经常需要向被调过程传递一些数据，这主要是通过实参与形参的结合来完成的。被调过程平时并不工作，当被调用时，才开始执行过程的代码。形参是变量，过程调用时才被分配内存空间，过程调用语句中的实参会把数据传递给相应的形参。VB 语言要求实参与形参个数相等，类型尽量保持一致。实参向形参传递数据时，遵循从左向右，一一对应的规则。

【例 7.1】计算 n!。

分析：在窗体中安排两个文本框控件，文本框 Text1 用于接受用户输入的 n 值，文本框 Text2 用于显示 n 的阶乘。定义一个子过程求 n!，该过程可以取名为 fac。显然 fac 子过程需要一个整型形参，用于接收 n 的值。在 fac 的过程体中利用循环结构完成阶乘的计算，由于子过程无返回值，所以阶乘的值计算出来之后，直接显示在文本框 Text2 中。

```
Private Sub Command1_Click()
Dim n As Integer
n = Val(Text1.Text)
Call fac(n)                           '调用子过程
End Sub
Private Sub fac(ByVal n As Integer)   '定义子过程
```

```
Dim s As Long, i As Integer
s = 1
For i = 1 To n
  s = s * i
Next i
Text2.Text = Str(s)                    '输出 n 的阶乘
End Sub
Private Sub Command2_Click()
End
End Sub
```

运行程序，结果如图 7-3 所示。

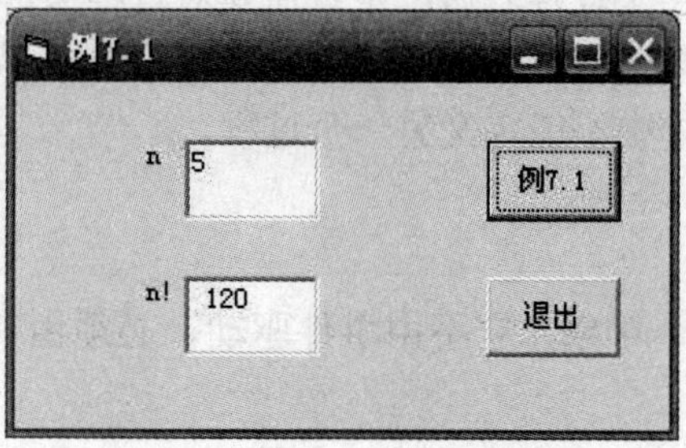

图 7-3　例 7.1 的运行结果

说明：

（1）在 Command1 的 Click 事件过程中，安排了一条调用子过程 fac 的语句。在程序运行时，用户一旦单击“例 7.1”按钮，就会执行相应的事件过程 Command1_Click，然后由事件过程调用子过程 fac，计算 n 的阶乘并输出。

（2）在事件过程和子过程 fac 中都定义了变量 n（在子过程中 n 是形参），它们是不同的变量。关于这一点，将在 7.7 节予以详细解释。

【例 7.2】求两个自然数的最大公约数。

分析：在窗体中安排 3 个文本框控件，文本框 Text1 和文本框 Text2 用于接受用户输入的自然数，文本框 Text3 则用于显示两个自然数的最大公约数。定义一个子过程求最大公约数，该过程可以取名为 gcd。显然 gcd 子过程需要两个整型形参，用于接收这两个自然数。最大公约数求出来之后，直接显示在文本框 Text3 中。

采用辗转相除法计算两个自然数的最大公约数，即两个数 a 和 b 首先相除，得到余数 c，之后则是上次相除的分母 b 除以余数 c。如此反复相除，最终余数为 0，则分母就是最大公约数。例如要计算 48 和 32 的最大公约数，则先是 48 除以 32，余数是 16；然后 32 除以 16，余数为 0，则 16 即为 48 和 32 的最大公约数。

```
Private Sub Command1_Click()
Dim a As Integer, b As Integer
a = Val(Text1.Text)
b = Val(Text2.Text)
Call gcd(a, b)                                              '调用子过程
End Sub
Private Sub gcd(ByVal a As Integer, ByVal b As Integer)   '定义子过程
Dim c As Integer
```

```
If a < 1 Or b < 1 Then
  MsgBox ("a 和 b 必须都是自然数！")          '调用内部函数 MsgBox
  Text1.Text = ""
  Text2.Text = ""
  Text3.Text = ""
  Text1.SetFocus
  Exit Sub                                  '退出子过程
End If
Do                                          '求最大公约数
  c = a Mod b
  a = b
  b = c
Loop While c <> 0
Text3.Text = Str(a)                         '输出 a 和 b 的最大公约数
End Sub
Private Sub Command2_Click()
End
End Sub
```

运行程序，结果如图 7-4 所示。

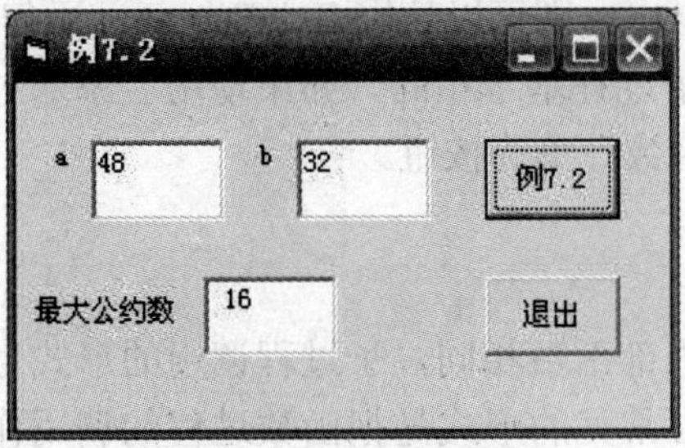

图 7-4　例 7.2 的运行结果

说明：在子过程 gcd 中求最大公约数之前，先对 a 和 b 进行检测。只要发现其中有一个不是自然数，就会弹出消息框进行提示，然后清空所有文本框的内容，并将焦点置于文本框 Text1，等待用户重新输入。这时由于输入了错误数据，导致无法求解最大公约数，因此使用 Exit Sub 语句提前退出子过程。将在 7.6 节给出求最大公约数的递归解法。

思考：

（1）为什么输出最大公约数时，显示的是 a 而不是 b？

（2）当 a<b 时会出现什么情况？

（3）能否把 Exit Sub 语句置于调用 MsgBox 函数的语句之前？

7.3　函数过程

7.3.1　函数过程的定义

函数过程是通用过程的另一种表现形式，它在执行完毕之后会产生一个返回值。设计一个通用过程时，如果发现需要从该过程得到一个值，就可以把它定义为函数过程，使得过程的调用形式更为合理。函数过程的定义形式如下：

```
[Public|Private] Function 过程名([形参列表]) [As 类型]
    变量定义语句
    执行语句
[Exit Function]
End Function
```

说明：

（1）函数过程的语法与子过程非常相似，其定义的关键字是 Function。

（2）过程头部右端的[As 类型]是指函数过程的类型，即返回值的类型。如果没有进行类型说明，则系统默认该函数过程的返回值类型为变体型。

（3）函数过程的返回值通过对函数名赋值来指定，如下所示：

函数名=表达式

这样的赋值语句在函数过程的过程体中一般至少应出现一次，作用是确定函数过程的返回值。一旦调用结束，系统就会把返回值带回到主调过程的调用处。如果在过程体中没有对函数名赋值的语句，则该函数过程会返回一个默认值。数值型函数过程的默认返回值是 0，字符型函数过程的默认返回值是空串（""）。

（4）当程序执行到 End Function 时，就会从该函数过程退出，并返回到主调过程。如果在运行函数过程时需要提前退出，则可以使用 Exit Function 语句。

创建函数过程的方法与子过程基本相同。如果使用“添加过程”对话框创建函数过程，则在“类型”组中应选中“函数”单选按钮。

7.3.2 函数过程的调用

函数过程的调用形式与内部函数相同，子过程调用的形式也同样适用于函数过程。由于函数过程有返回值，因此最为常见的形式是把函数过程的调用作为赋值语句的一部分，如下所示：

变量=函数过程名([实参列表])

说明：函数调用作为表达式，出现在赋值语句的右侧。调用时应给出相应的实参列表，使得实参与形参相结合。执行这条赋值语句时，先对函数过程进行调用，然后把过程的返回值带回来并赋给某个变量，从而使主调过程获得这个返回值。

【例 7.3】定义函数过程，计算 n!。

分析：界面设计与例 7.1 相同。定义一个求 n!的函数过程，也取名为 fac。该过程同样需要一个整型的形参，用于接收 n 的值。显然 fac 需要返回阶乘的值，其类型是 Long。调用函数过程之后，在事件过程中输出 n 的阶乘值。

```
Private Sub Command1_Click()
Dim s As Long, n As Integer
n = Val(Text1.Text)
s = fac(n)                                    '调用函数过程，得到返回值
Text2.Text = Str(s)
End Sub
Private Function fac(ByVal n As Integer) As Long   '定义函数过程
Dim s As Long, i As Integer
s = 1
```

```
For i = 1 To n
  s = s * i
Next i
fac = s                                    '确定函数过程的返回值
End Function
Private Sub Command2_Click()
End
End Sub
```

程序的运行结果与例 7.1 完全相同。

说明：对比本例和例 7.1 的程序可以发现，把计算 n!的功能定义为函数过程更为合适。因为这样做就可以让 fac 过程只负责计算 n 的阶乘，而把输出工作交给事件过程来完成，使得模块的功能更加专一，有利于程序的共享和维护。

【例 7.4】计算 $\sum_{i=3}^{23} i+\sum_{i=5}^{30} i+\sum_{i=8}^{33} i$。

分析：应该定义一个函数过程负责计算累加和，取名为 sigma。显然 sigma 函数需要两个整型形参，分别用于接收每一次累加的起点和终点。累加和计算出来之后，还需要返回给主调过程，因此 sigma 函数的返回值类型为长整型。

在事件过程中首先得到用户输入的累加次数，然后在循环结构中依次输入每一次累加的起点和终点。调用 sigma 函数获得每一次累加的结果，最后即可得到所有累加的和。

```
Private Sub Command1_Click()
Dim sum As Long, i%, j%, m%, n%
sum = 0
j = Val(InputBox("请输入累加的次数"))
For i = 1 To j
  m = Val(InputBox("请输入第" & i & "次累加的起点"))
  n = Val(InputBox("请输入第" & i & "次累加的终点"))
  sum = sum + sigma(m, n)                              '调用函数过程
Next i
Text1.Text = Str(sum)
End Sub
Function sigma(m As Integer, n As Integer) As Long     '定义函数过程
Dim sum As Long, i As Integer
sum = 0
For i = m To n                                         '计算累加和
  sum = sum + i
Next i
sigma = sum                                            '确定函数过程的返回值
End Function
Private Sub Command2_Click()
End
End Sub
```

运行程序，结果如图 7-5 所示。

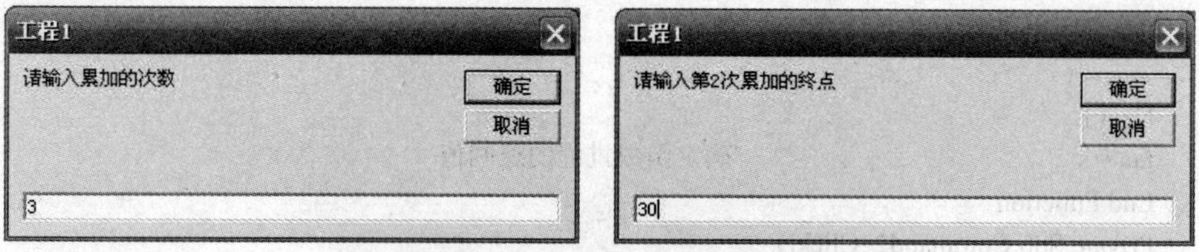

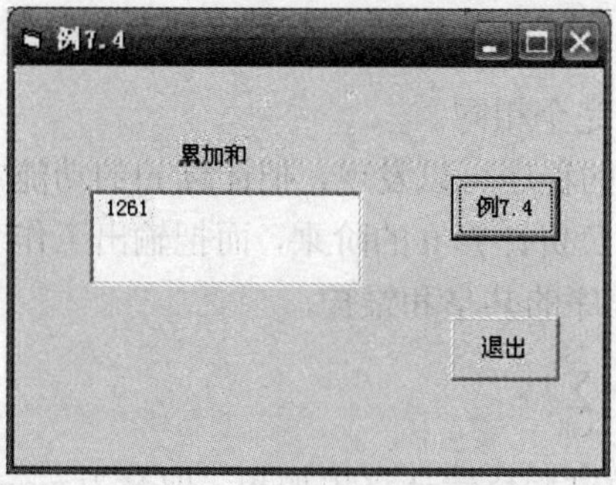

图 7-5　例 7.4 的运行结果

说明：在事件过程 Command1_Click 中，发生了三次对 sigma 函数的调用。第一次调用时，实参值 3 和 23 分别传给了形参 m 和 n；第二次调用时，实参值 5 和 30 分别传给了形参 m 和 n；第三次调用时，实参值 8 和 33 分别传给了形参 m 和 n。sigma 函数每一次接收不同的实参值，完成相应的累加功能，并将累加和返回给事件过程。

本程序在执行时，用户输入的起点 m 显然不能大于终点 n。请读者自行完善该程序，使得 m 大于 n 时，仍然能够完成累加和的计算。

7.4　事件过程

事件过程通常与某个窗体或者控件相关联，当事件发生时被自动调用。在代码窗口顶端的两个组合框中分别选择对象名和事件名，系统就会自动生成事件过程的框架，如图 7-6 所示。事件过程的语法与子过程非常相似，其定义形式如下：

```
Private Sub 对象名_事件名([形参列表])
    变量定义语句
    执行语句
End Sub
```

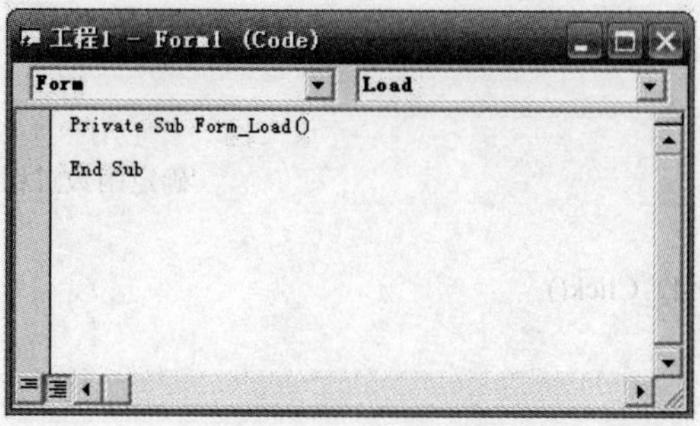

图 7-6　生成事件过程的框架

说明：

（1）事件过程的名字是由对象名、下划线（_）和事件名组成，对象可以是窗体或者控件。例如窗体双击事件的事件过程名是 Form_DblClick。

（2）单击和双击等事件的事件过程是没有参数的，而有些事件过程则需要参数，以接收必要的数据。例如控件数组的事件过程一般有一个整型形参 Index，用于获得发生事件的控件在控件数组中的下标；文本框 KeyPress 事件的事件过程也有一个整型形参 KeyAscii，用于获得用户在文本框中所按下的键的 ASCII 码。

【例 7.5】设计一个简易的计算器。

分析：在框架 Frame1 中创建一个命令按钮控件数组 Command1，它有 4 个元素，分别对应“+”“−”“×”和“÷”4 个命令按钮。再创建一个文本框控件数组 Text1，它有 3 个元素，第一个元素对应的文本框负责输入左操作数，第二个元素对应的文本框负责输入右操作数，第三个元素对应的文本框则负责输出运算的结果。为了防止人为地修改运算结果，将文本框 Text1(2)进行锁定。在窗体上安排一个标签 Label2，显示当前运算的运算符。安排了“清除”和“退出”两个命令按钮，运行时单击“清除”按钮，将会清除操作数、运算结果和运算符。窗体和控件属性值的设置如表 7-1 所示。

表 7-1　例 7.5 中对象的属性设置

对象	属性	属性值	说明
Form1	Caption	例 7.5	窗体的标题
Label1	Caption	=	标签的标题
Label2	Caption	""	文本内容为空
Text1(0)	Text	""	文本内容为空
Text1(1)	Text	""	文本内容为空
Text1(2)	Text	""	文本内容为空
	Locked	True	不能编辑
Frame1	Caption	运算	框架的标题
Command1(0)	Caption	+	命令按钮的标题
Command1(1)	Caption	−	命令按钮的标题
Command1(2)	Caption	×	命令按钮的标题
Command1(3)	Caption	÷	命令按钮的标题
Command2	Caption	清除	命令按钮的标题
Command3	Caption	退出	命令按钮的标题

为命令按钮控件数组 Command1 编写单击事件过程 Command1_Click，该控件数组的所有元素共享同一个事件过程。在事件过程中通过参数 Index 分辨具体的命令按钮，例如 Index 的值为 0，表示用户单击了按钮 Command1(0)，要做加法运算。采用 Select Case 语句对 Index 的值进行判断，然后完成相应的运算。在做除法运算之前，先判断除数是否为 0，如果是则请用户重新输入除数。

为文本框控件数组 Text1 编写 KeyPress 事件过程 Text1_KeyPress，该控件数组的所有元素也共享同一个事件过程。在事件过程中通过参数 Index 分辨具体的文本框，例如 Index 的值为 0，表示用户当前在文本框 Text1(0)中输入左操作数。通过对参数 KeyAscii 的判断，检测用户是否按下了回车键（ASCII 码是 13），如果是则继续判断当前输入的操作数是否合法，如果不合法就请用户重新输入操作数。

```
Private Sub Command1_Click(Index As Integer)
Label2.Caption = Command1(Index).Caption                    '显示运算符
Select Case Index
 Case 0              '加
  Text1(2).Text = Val(Text1(0).Text) + Val(Text1(1).Text)
 Case 1              '减
  Text1(2).Text = Val(Text1(0).Text) - Val(Text1(1).Text)
 Case 2              '乘
  Text1(2).Text = Val(Text1(0).Text) * Val(Text1(1).Text)
 Case 3              '除
  If Val(Text1(1).Text) <> 0 Then                           '除数不能为 0
   Text1(2).Text = Val(Text1(0).Text) / Val(Text1(1).Text)
  Else
   MsgBox ("除数不能为 0！")
   Text1(1).Text = ""
   Text1(1).SetFocus
  End If
End Select
End Sub
Private Sub Command2_Click()
Dim i As Integer
For i = 0 To 2
 Text1(i).Text = ""                                         '清除操作数和运算结果
Next i
Label2.Caption = ""                                         '清除运算符
End Sub
Private Sub Command3_Click()
End
End Sub
Private Sub Text1_KeyPress(Index As Integer, KeyAscii As Integer)
If KeyAscii = 13 Then                                       '按下回车键
 If IsNumeric(Text1(Index).Text) = False Then
  MsgBox ("必须输入数字！")
  Text1(Index).Text = ""
  Text1(Index).SetFocus
 End If
End If
End Sub
```

运行程序，结果如图 7-7 所示。

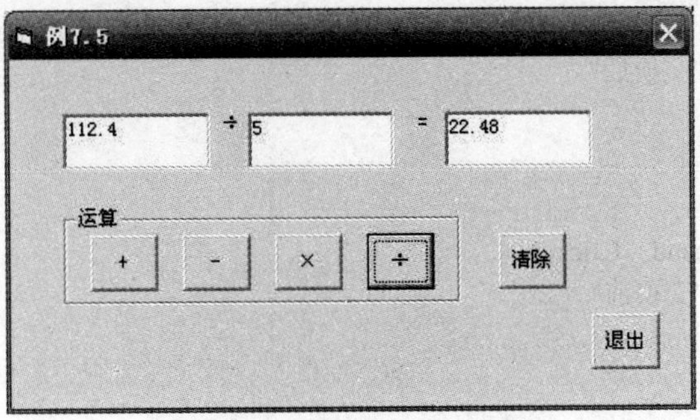

图 7-7　例 7.5 的运行结果

说明：在程序运行时，用户先分别输入左操作数和右操作数，然后单击“运算”组中的一个按钮，就可以在右侧的文本框中看到相应的运算结果。如果在输入其中一个操作数时按下了回车键，则会对当前输入的数据进行合法性检查。

IsNumeric 是一个内部函数，它的作用是判断字符串能否被转换为一个数值。如果字符串中含有字母等非数字字符，则该函数的返回值是 False。

7.5　参数传递的方式

在过程调用时往往需要传递参数，参数传递的方式不仅直接影响过程之间信息传递的效率，而且也对程序运行的结果产生了影响。VB 语言的参数传递有传值、传引用和传数组三种方式，其中传数组方式可以归结为传引用方式的一种特例。

7.5.1　传值

如果用 ByVal 对形参进行声明，则表示该参数在调用时采用传值方式。前面列举的例 7.1、例 7.2 和例 7.3 这几个过程调用的案例，尽管表面上看各不相同，但是其本质都属于传值调用方式，即调用时把实参的值从左至右一一传递给各个形参，如图 7-8 所示。这种传递是单向的，形参的值发生变化，对实参毫无影响。

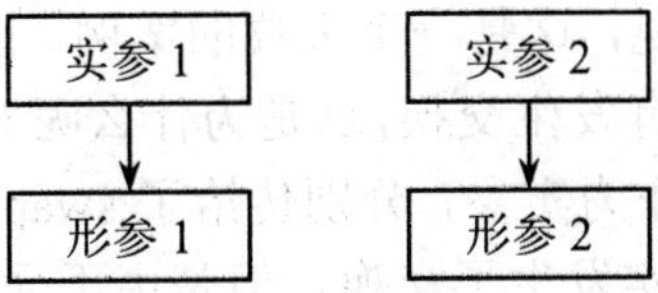

图 7-8　传值调用

【例 7.6】改写例 3.4，定义子过程交换两个整型变量的值。

分析：定义一个子过程，取名为 swap。显然 swap 需要两个整型形参 a 和 b，用于接收被交换的数据。用 ByVal 对形参 a 和 b 进行声明，由事件过程调用 swap，在子过程中完成数据的交换。

```
Private Sub Command1_Click()
Dim a%, b%
```

```
a = Val(Text1.Text)
b = Val(Text2.Text)
Call swap(a, b)                                    '调用子过程 swap
Label3.Caption = "交换后"
Text1.Text = a
Text2.Text = b
End Sub
Private Sub Command2_Click()
Label3.Caption = "交换前"
Text1.Text = ""
Text2.Text = ""
End Sub
Private Sub Command3_Click()
End
End Sub
Sub swap(ByVal a As Integer, ByVal b As Integer)   '传值方式
Dim t As Integer
t = a
a = b
b = t
End Sub
```

运行程序，结果如图 7-9 所示。

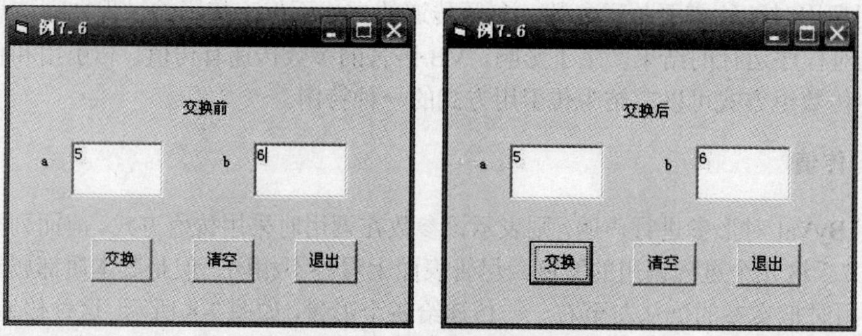

图 7-9　例 7.6 的运行结果

说明：从运行结果可以发现，这是一个失败的案例。因为调用 swap 过程之后，事件过程中 a 和 b 两个变量的值并没有发生交换，这是为什么呢？在调用 swap 过程时采用了传值方式，把事件过程中的 a 和 b 作为实参，分别传给了 swap 过程的形参 a 和 b。在执行 swap 过程时，形参 a 和 b 的值也确实发生了交换，但是由于采用的是传值方式，参数传递是单向的。实参传值给形参，而形参却无法影响实参，因此导致了事件过程中实参 a 和 b 的值并没有交换。

相对于其他的过程调用方式而言，传值方式的功能较为有限。但是传值调用也有它的优点，这就是保证了过程的安全性。一个过程就是一个独立的功能模块，从系统设计的角度出发，我们希望模块之间的关联应该较少，即耦合度低、内聚度高。模块之间只通过接口发生联系，相互传递参数，并接收被调过程返回的信息。传值调用方式减少了过程之间信息交流的渠道，使得主调过程不受被调过程的影响，这有助于提高软件整体的稳定性和安全性。

7.5.2　传引用

如果用 ByRef 对形参进行声明，则表示该参数在调用时采用传引用方式，这是默认的参数传递方式。例 7.4 在定义 sigma 函数时，未对形参 m 和 n 做传递方式声明，因此它们就属于传引用方式。传引用方式与传值方式最大的区别在于，传引用调用时形参的值发生变化，会使实参的值也同步发生变化。

【例 7.7】传值与传引用。

```
Private Sub Command1_Click()
Dim x As Integer, y As Integer
x = 1
y = 2
Print "过程调用之前："
Print "x="; x; "y="; y
Call fun(x, y)                                    '调用子过程
Print "过程调用之后："
Print "x="; x; "y="; y
End Sub
Sub fun(ByVal x As Integer, ByRef y As Integer)
x = x + 1
y = y + 1                                         '修改了实参 y 的值
Print "过程调用中："
Print "x="; x; "y="; y
End Sub
```

运行程序，结果如图 7-10 所示。

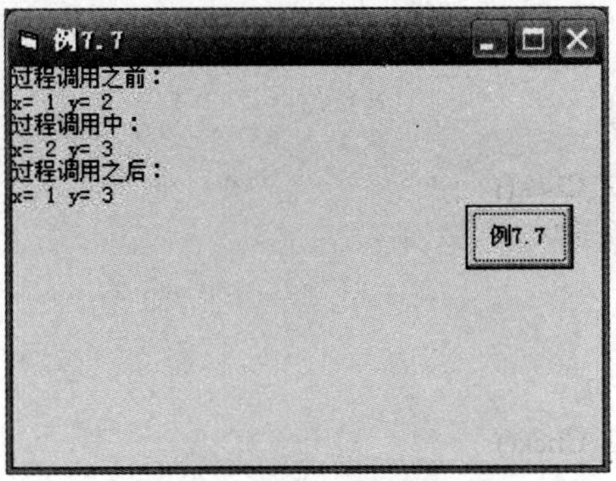

图 7-10　例 7.7 的运行结果

说明：本例过程调用时参数传递的情况如图 7-11 所示。

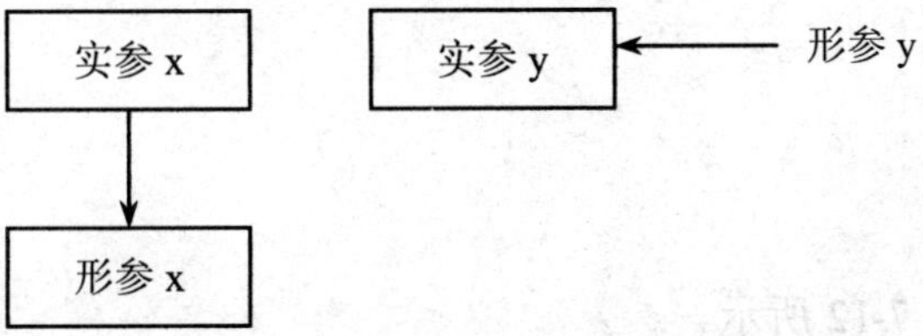

图 7-11　过程参数传递

在该程序中定义了一个子过程 fun，它有两个整型的形参 x 和 y，其中 x 属于传值方式，而 y 属于传引用方式。分析上面的程序运行结果，我们看到在程序运行过程中，一共输出了 3 次 x 和 y 的值。第 1 次是在子过程 fun 调用之前，输出事件过程中变量 x 和 y 的值；第 2 次是在调用并执行子过程 fun 的期间，输出 fun 的形参 x 和 y 的值；第 3 次是在子过程 fun 调用之后，再次输出事件过程中变量 x 和 y 的值。对于前两次输出的内容，读者应该不会有什么疑问，但是对于第 3 次输出的内容，读者可能会问，为什么变量 x 的值未变，而变量 y 的值却发生改变了呢？

关键在于过程形参的传递方式不同。发生过程调用时，形实结合，实参的值依次赋给形参。事件过程中变量 x 的值传给了子过程 fun 的形参 x，而形参 y 是引用参数，系统并没有为它分配内存空间，只是作为实参 y 的附体。由于形参 y 和实参 y 对应于同一段内存空间，因此对形参 y 的操作实质上就是对实参 y 的操作，这两种操作完全等价。在子过程 fun 的调用过程中，形参 x 和 y 的值都加了 1，但是对实参 x 和 y 的影响却各不相同。前者属于传值方式，形参值的变化对实参毫无影响；后者属于传引用方式，形参值的变化同步影响着实参。

【例 7.8】以传引用方式改写例 7.6。

分析：由事件过程调用子过程 swap，仍然在子过程中完成数据的交换。与例 7.6 唯一的区别在于，不对形参 a 和 b 进行显式的传递方式声明，即采用默认的传引用方式。

```
Private Sub Command1_Click()
Dim a%, b%
a = Val(Text1.Text)
b = Val(Text2.Text)
Call swap(a, b)                          '调用子过程 swap
Label3.Caption = "交换后"
Text1.Text = a
Text2.Text = b
End Sub
Private Sub Command2_Click()
Label3.Caption = "交换前"
Text1.Text = ""
Text2.Text = ""
End Sub
Private Sub Command3_Click()
End
End Sub
Sub swap(a As Integer, b As Integer)     '传引用方式
Dim t As Integer
t = a
a = b
b = t
End Sub
```

运行程序，结果如图 7-12 所示。

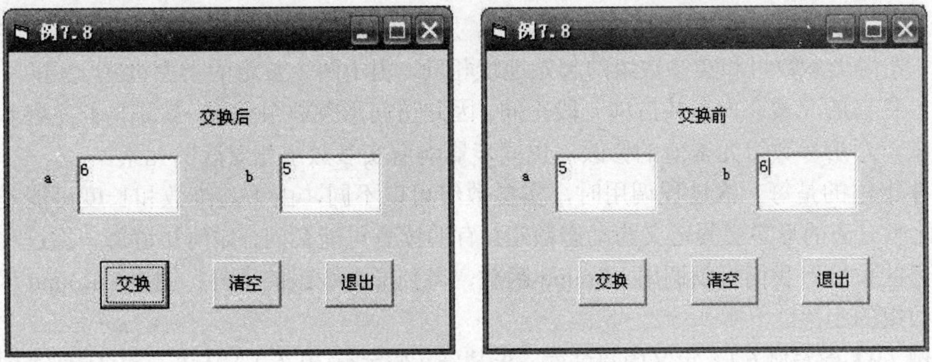

图 7-12　例 7.8 的运行结果

说明：从运行结果可以发现，本例真正实现了数据交换。在调用 swap 过程时采用传引用方式，把事件过程中的 a 和 b 作为实参，分别传给了 swap 过程的形参 a 和 b。在执行 swap 过程时，形参 a 和 b 的值发生了变化，会使实参 a 和 b 的值同步发生变化。因此形参 a 和 b 的值发生了交换，使得事件过程中实参 a 和 b 的值也发生了交换。

函数过程在理论上完全可以被子过程所代替。具体做法是为子过程定义一个传引用方式的形参 t，其类型与函数过程返回值的类型相同，在子过程中把需要返回的值赋给 t。主调过程调用子过程时，把变量 s 作为实参传给子过程的形参 t，调用结束之后即可使用变量 s，此时 s 的值就是过程的返回值。例如某个函数过程 fun1 的定义形式如下：

```
Function fun1(ByVal x As Single,y As Long) As Integer
    ……
    fun1=表达式
……
End Function
```

与之完全等价的子过程 fun2 的定义形式如下：

```
Sub fun2(ByVal x As Single,y As Long,t As Integer)
    ……
    t=表达式
……
End Sub
```

如果主调过程调用函数过程 fun1 的语句是 s=fun1(a,b)，则其调用子过程 fun2 的语句就是 Call fun2(a,b,s)。

7.5.3　传数组

过程之间有可能需要经常交换批量信息，如何把主调过程中的数组传递给被调过程？有的读者可能会提出为数组的每一个元素都定义一个形参，在过程调用时把数组的所有元素一一作为实参，依次传给被调过程。这种调用方式实际上是行不通的，想一想如果数组的元素数量是 100 甚至是 1000，该怎么办？总不能定义成百上千个形参吧。这样做不仅使得过程接口的设计变得十分困难，而且过程内部的功能实现也将变得十分繁琐。

可以采用传数组的方式传递成批的数据，具体实现的方法如下：

（1）过程的形参为动态数组，形参数组的类型必须与实参数组的类型一致。

（2）过程调用时，数组名作为过程的实参。

传数组方式本质上是传引用方式的特例，发生过程调用时，把数组名作为实参传递给形参数组，使得形参数组和实参数组的起始地址相同。由于两个数组的类型也完全相同，导致这两个数组各自的元素在内存共占同一段空间。因此访问形参数组元素，就是访问实参数组相对应的元素。对形参数组元素值的修改，也同步影响着实参数组相对应的元素。

需要指出的是每一次过程调用时，实参数组可以不同，由于其维数和长度可能是不一样的，因此所对应的形参必须定义为动态数组。有的读者可能会问，如何知道每一次过程调用时形参数组的长度？我们可以调用 LBound 函数，得到形参数组的下界；调用 UBound 函数，得到形参数组的上界。

【例 7.9】改写例 6.1。定义函数过程，求某班（假定有 30 人）VB 语言考试的平均成绩。

分析：首先定义一个数组，存放该班 VB 语言的成绩，然后定义函数过程 average，计算平均成绩。按照传数组方式的要求，average 的形参应该为动态整型数组。过程调用时把数组名作为实参，传递给 average 的形参数组。在函数过程中利用形参数组，计算出平均成绩。

```
Const N As Integer = 30
Private Sub Command1_Click()
Dim a(1 To N) As Integer, i As Integer, aver As Single
For i = 1 To N                                          '输入学生成绩
  a(i) = Val(InputBox("请输入第" & i & "位学生的成绩"))
Next i
aver = average(a)                                       '调用函数过程
Picture1.Print "平均成绩是"; aver
End Sub
Private Sub Command2_Click()
End
End Sub
Function average(b() As Integer) As Single              '定义函数过程
Dim i As Integer, sum As Integer
sum = 0
For i = LBound(b) To UBound(b)                          '累加学生成绩
  sum = sum + b(i)
Next i
average = sum/N                                         '确定平均成绩是函数返回值
End Function
```

运行程序，如图 7-13 所示。

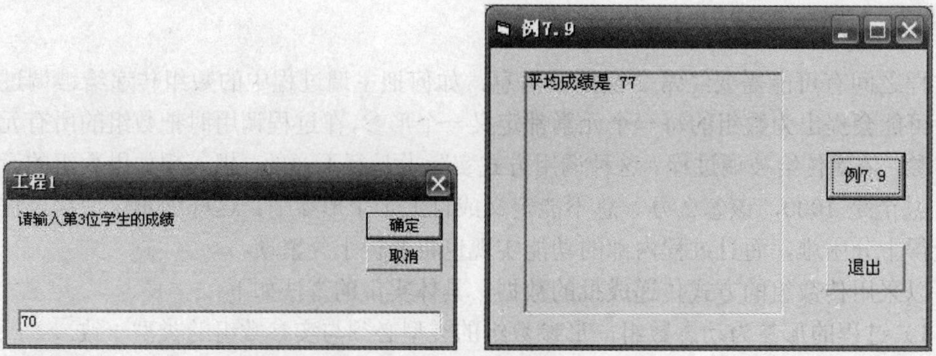

图 7-13　例 7.9 的运行结果

说明：读者可能会有疑问，在 average 函数中，统计的是形参数组 b 的平均值，而要求的是事件过程中数组 a 的平均值，这两者好像并无联系。问题的关键就在于事件过程中的实参数组 a 与 average 函数的形参数组 b 到底有什么关系。

由于数组名 a 作为实参传给了形参 b，形参数组接收之后，就意味着形参数组 b 的起始地址与实参数组 a 相同，两个数组的类型又相同。这样就导致实参数组 a 和形参数组 b 的各个元素在内存中是重叠存放的，即 a(1)和 b(1)的地址相同，占据同一段内存空间，a(2)和 b(2)的地址相同，占据同一段内存空间，依此类推。

这种参数传递的特点如图 7-14 所示，因此发生过程调用后，在 average 函数中对形参数组 b 求平均值，就等价于对实参数组 a 求平均值。其实在传数组调用的时候，系统并没有为形参数组单独分配内存空间，而是使得形参数组与实参数组的起始地址相同，相应的元素在内存中占据同一段空间，被调过程就可以直接访问实参数组。

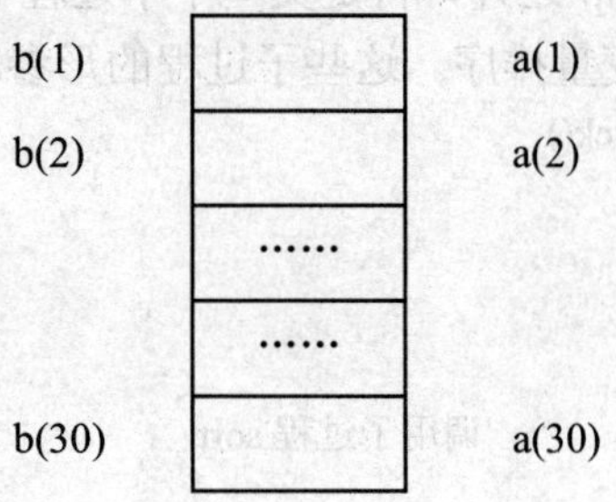

图 7-14　传数组调用的参数传递

思考：传数组调用时，对形参数组的元素如果做了修改，对实参数组有何影响？

7.6　嵌套调用与递归调用

VB 语言规定，过程的定义不能嵌套，过程的调用可以嵌套。递归调用是一种既有趣又实用的过程调用形式，它是嵌套调用的特例。

7.6.1　嵌套调用

过程 A 在执行时调用了过程 B，过程 B 在执行时又调用了过程 C，这种现象称为嵌套调用。要深刻理解过程的嵌套调用，关键是要弄清嵌套调用时程序执行的流程。在执行过程 A 时，遇到调用过程 B 的语句，此时系统会暂停过程 A 的执行，转去执行过程 B；在执行过程 B 时，遇到调用过程 C 的语句，系统同样会暂停过程 B 的执行，转去执行过程 C。一旦过程 C 执行完毕，就返回到调用处，即回到过程 B，接着从调用过程 C 的语句之后继续执行过程 B 的代码。一旦过程 B 执行完毕，就返回到调用处即回到过程 A，同样再从调用过程 B 的语句之后继续执行过程 A 的代码。嵌套调用的执行过程如图 7-15 所示，嵌套调用的执行特点可以总结为一句话：层层调用，逐级返回。

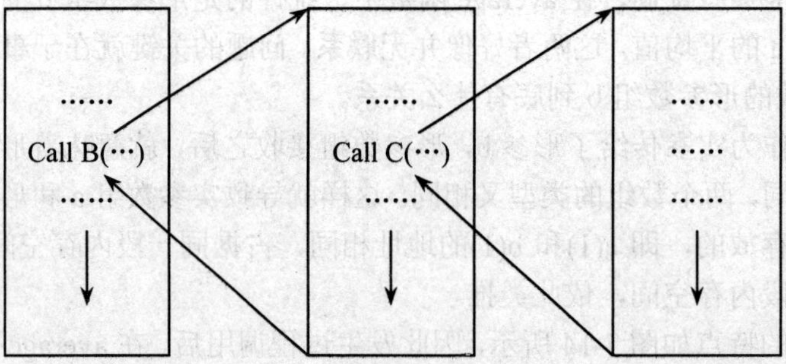

图 7-15 嵌套调用的执行过程

【例 7.10】在例 7.8 的基础上，对三个整型变量按升序排序。

分析：除了保留子过程 swap 之外，再定义一个子过程 sort。sort 显然有 3 个整型形参，采用选择排序法对这三个整型变量排序。这些子过程的形参均设置为传引用方式。

```
Private Sub Command1_Click()
Dim a%, b%, c%
a = Val(Text1.Text)
b = Val(Text2.Text)
c = Val(Text3.Text)
Call sort(a, b, c)                    '调用子过程 sort
Label3.Caption = "排序后"
Text1.Text = a
Text2.Text = b
Text3.Text = c
End Sub
Private Sub Command2_Click()
Label3.Caption = "排序前"
Text1.Text = ""
Text2.Text = ""
Text3.Text = ""
End Sub
Private Sub Command3_Click()
End
End Sub
Sub sort(a As Integer, b As Integer, c As Integer)
If a > b Then
  Call swap(a, b)                     '调用子过程 swap
End If
If a > c Then
  Call swap(a, c)                     '调用子过程 swap
End If
If b > c Then
  Call swap(b, c)                     '调用子过程 swap
End If
End Sub
Sub swap(a As Integer, b As Integer)
```

```
Dim t As Integer
t = a
a = b
b = t
End Sub
```

运行程序，结果如图 7-16 所示。

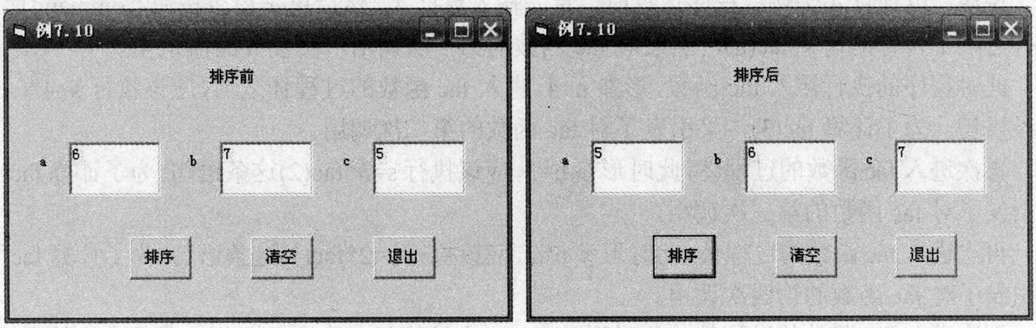

图 7-16 例 7.10 的运行结果

说明：这是一个典型的过程嵌套调用的例子，事件过程调用子过程 sort 完成排序任务，而子过程 sort 在进行排序工作期间，调用子过程 swap 完成交换任务。主调过程并不关心被调过程如何实现，只需要了解被调过程的接口，知道向被调过程传递哪些数据即可。过程之间按调用关系形成层次结构，各司其责，分工合作，共同完成任务。

请读者自行分析该程序中过程调用时参数传递的情况。

7.6.2 递归调用

在过程的过程体内出现直接或间接调用自身的语句，即过程在执行期间又调用自己的现象，称为递归调用。递归算法在可计算性理论中占有很重要的地位，它是算法设计的有力工具，对于拓展编程思想非常有用。递归调用使得程序较为简洁，代码的可读性较好。但是递归调用的执行过程比较复杂，系统开销较大，状态变化也较难掌握。下面举例说明过程的递归调用。

【例 7.11】递归调用求 n!。

分析：定义一个函数过程 fac 求 n!，其过程头部与例 7.3 的函数过程 fac 完全相同。在 fac 函数的过程体中调用自身，完成阶乘的计算。

```
Private Sub Command1_Click()
Dim s As Long, n As Integer
n = Val(Text1.Text)
s = fac(n)                                          '调用函数过程
Text2.Text = Str(s)
End Sub
Private Function fac(ByVal n As Integer) As Long    '定义函数过程
Dim s As Long, i As Integer
If n = 1 Then
  s = 1
Else
  s = n * fac(n - 1)                                '递归调用
End If
```

```
fac = s                                         '确定函数过程的返回值
End Function
Private Sub Command2_Click()
End
End Sub
```

程序的运行结果与例 7.1 完全相同。

说明：以计算 4!为例。程序运行时，首先输入数据 4，然后单击命令按钮 Command1。在事件过程中执行语句 s=fac(n)，引发对 fac 函数的第一次调用，实参 n 的值是 4。

此时程序的执行转入 fac 函数，形参 n=4。进入 fac 函数的过程体之后，应该执行 s=4*fac(3) 这条语句。为了计算 fac(3)，又引发了对 fac 函数的第二次调用。

再次进入 fac 函数的过程体，此时形参 n=3，应该执行 s=3*fac(2)这条语句。为了计算 fac(2)，又引发了对 fac 函数的第三次调用。

再次进入 fac 函数的过程体，此时形参 n=2，应该执行 s=2*fac(1)这条语句。为了计算 fac(1)，又引发了对 fac 函数的第四次调用。

再次进入 fac 函数的过程体，此时形参 n=1，应该执行 s=1 这条语句。于是完成第四次调用，fac 返回 1 给 fac 函数的第四次调用处。

执行 s=2*fac(1)这条语句，完成第三次调用，fac 返回 2 给 fac 函数的第三次调用处。

执行 s=3*fac(2)这条语句，完成第二次调用，fac 返回 6 给 fac 函数的第二次调用处。

执行 s=4*fac(3)这条语句，完成第一次调用，fac 返回 24 给 fac 函数的第一次调用处，即回到事件过程，最后输出结果。

计算 4!的递归调用，其执行过程如图 7-17 所示。递归调用有两个阶段：第一个阶段是递推，fac(4)调用 fac(3)，fac(3)调用 fac(2)，fac(2)调用 fac(1)，不断地向下递归调用，最后调用到 fac(1)时才终止；第二个阶段是回归，即从 fac(1)返回 1 开始，fac(2)返回 2，fac(3)返回 6，最后 fac(4)向事件过程返回 24。如此不断地向上回归，最终得到想要的结果。

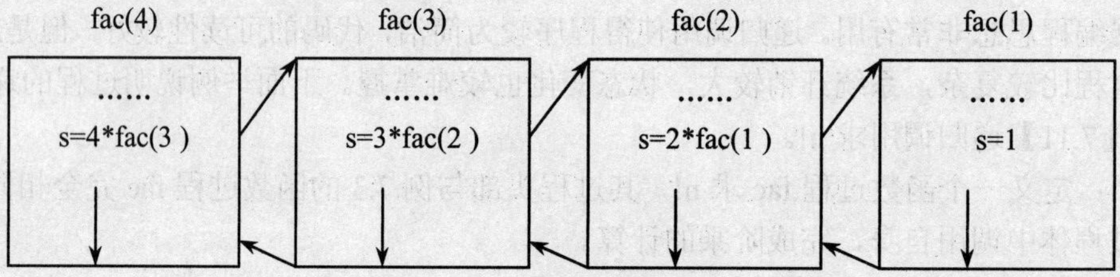

图 7-17　计算 4!的递归过程

通过对计算 4!递归调用过程的分析，可以发现递归有两个要素：

（1）递归公式。使得递归调用不断进行下去的因素，在本例中，递归公式是 n!=n×(n-1)!。

（2）递归终止条件。使得递归调用最终结束的条件，如果没有这个条件，将出现无限递归的情况，最后使程序非正常终止。在本例中，递归终止条件是 1!=1。

【例 7.12】改写例 7.2，采用递归调用方式求两个自然数的最大公约数。

分析：定义一个函数过程 gcd 求最大公约数，gcd 有两个整型形参，返回值类型也是整型。采用递归调用方式，递归公式是 gcd(a,b)=gcd(b,a Mod b)，递归终止条件是当 b=0 时，最大公约数是 a。

```
Private Sub Command1_Click()
Dim a As Integer, b As Integer, k As Integer
a = Val(Text1.Text)
b = Val(Text2.Text)
If a < 1 Or b < 1 Then
  MsgBox ("a 和 b 必须都是自然数！")
  Text1.Text = ""
  Text2.Text = ""
  Text3.Text = ""
  Text1.SetFocus
Else
  k = gcd(a, b)                          '调用函数过程
  Text3.Text = Str(k)
End If
End Sub
Private Function gcd(ByVal a As Integer, ByVal b As Integer) As Integer
Dim k As Integer
If b = 0 Then
  k = a
Else
  k = gcd(b, a Mod b)                    '递归调用
End If
gcd = k                                  '确定函数过程的返回值
End Function
Private Sub Command2_Click()
End
End Sub
```

程序的运行结果与例 7.2 完全相同。

7.7　作用域与生存期

我们已经知道 VB 程序是由事件过程和通用过程组成的，每个过程都可以定义自己的变量。那么这些变量之间有什么关系，例如在某个事件过程中定义的整型变量 a，与在某个子过程中定义的整型变量 a 会不会发生冲突？变量的生命周期有多长？实际上每个变量都有自己的作用范围，也都有自己的生命周期，这些都需要程序员有一个清晰的认识。

7.7.1　作用域

作用域是指变量和对象等实体在程序中的有效范围。只有位于实体的作用域中，才能允许访问该实体。简而言之，VB 各种实体的作用域由小到大，主要可以划分为 3 个层次，它们分别是局部作用域、模块作用域和全局作用域。

1. *局部作用域*

VB 语言规定，在过程内部定义的变量称为局部变量，又称为过程变量。局部变量的作用域是定义它的过程，既可以是事件过程，也可以是通用过程。只有在本过程的内部才能使用局部变量，在此过程之外是不能使用这些变量的。例如：

```
Private Sub Command1_Click()          '事件过程 Command1_Click
Dim a As Integer                      '局部变量 a
…
End Sub
Private Sub Sub1()                    '子过程 Sub1
Dim a As Integer                      '局部变量 a
…
End Sub
```

说明：

（1）在不同的过程中可以定义相同名字的变量。正所谓井水不犯河水，它们分别代表不同的局部变量，在内存中占据不同的空间，互不干扰。

（2）过程的形参也是局部变量，其他过程无法使用。

2. 模块作用域

一个程序可以包含若干个模块，一个模块又可以包含若干个过程。在模块的所有过程之外即通用段，用 Dim 或 Private 定义的变量称为模块变量。在窗体模块中定义的模块变量，又称为窗体变量。模块变量的作用域是定义它的模块，可以被本模块的所有过程共同使用。例如：

```
Dim a As Integer                      '模块变量 a
Private Sub Command1_Click()          '事件过程 Command1_Click
…
  Print a                             '访问模块变量 a
End Sub
Private Sub Sub1()                    '子过程 Sub1
Dim b As Integer                      '局部变量 b
a = a + 1                             '访问模块变量 a
…
End Sub
```

说明：模块变量的定义应该在模块的过程定义之前。在一个过程中，既可以使用本过程定义的局部变量，也可以使用本模块定义的模块变量。这就好比在超市里既可以使用其内部发行的购物卡，也可以使用人民币购买商品；但是如果出了超市，就只能使用人民币而不能再使用购物卡了。

【例 7.13】定义子过程 stat，统计某班（30 人）VB 语言考试成绩的最高分与最低分，要求在事件过程中输出结果。

分析：定义子过程 stat 来统计学生的成绩，过程的形参为整型数组。定义两个模块变量 max 和 min，分别存放最高分和最低分。在 stat 过程中完成统计，结果存入这两个模块变量，在事件过程 Command1_Click 中输出 max 和 min 的值。

```
Const N As Integer = 30
Dim max As Integer, min As Integer          '定义模块变量
Private Sub Command1_Click()
Dim a(1 To N) As Integer, i As Integer
For i = 1 To N                              '输入学生成绩
 a(i) = Val(InputBox("请输入第" & i & "位学生的成绩"))
Next i
Call stat(a)                                '调用子过程
Picture1.Print "最高分是"; max
```

```
Picture1.Print "最低分是"; min
End Sub
Private Sub Command2_Click()
End
End Sub
Sub stat(a() As Integer)              '定义子过程
Dim i As Integer, j As Integer, k As Integer
j = LBound(a)
k = UBound(a)
max = a(j)
min = a(j)
For i = j + 1 To k                    '统计最高分和最低分
  If max < a(i) Then
    max = a(i)
  End If
  If min > a(i) Then
    min = a(i)
  End If
Next i
End Sub
```

运行程序，结果如图 7-18 所示。

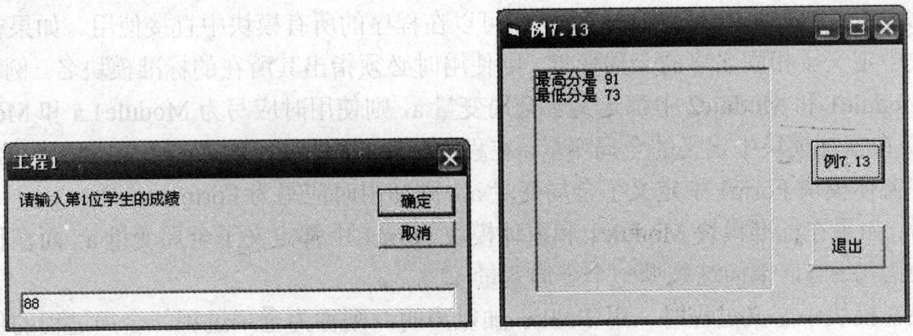

图 7-18　例 7.13 的运行结果

说明： max 和 min 是模块变量，它们的值可以被事件过程 Command1_Click 和子过程 stat 共同使用。在 stat 过程中将最高分与最低分分别存入 max 和 min，在 Command1_Click 过程中就可以直接访问 max 和 min，将最高分和最低分输出。

如果在模块中定义过程时，用 Private 加以声明，则称为模块过程。在窗体模块中定义的模块过程，又称为窗体过程。迄今为止在程序中定义的事件过程，全部都是模块过程。模块过程的作用域是定义它的模块，只能被本模块的所有过程调用，其他模块的过程则无法调用。

3. 全局作用域

在标准模块或者窗体模块的所有过程之外即通用段，用 Public 定义的变量称为全局变量。全局变量的作用域是定义它的程序，可以被整个工程的所有模块共同使用。例如某个 VB 程序有 Form1 和 Module1 两个模块，其中 Form1 为窗体模块，Module1 为标准模块，如图 7-19 所示。在 Form1 模块中定义一个全局变量 a，在 Module1 模块中也定义了一个全局变量 a，如图 7-20 所示。

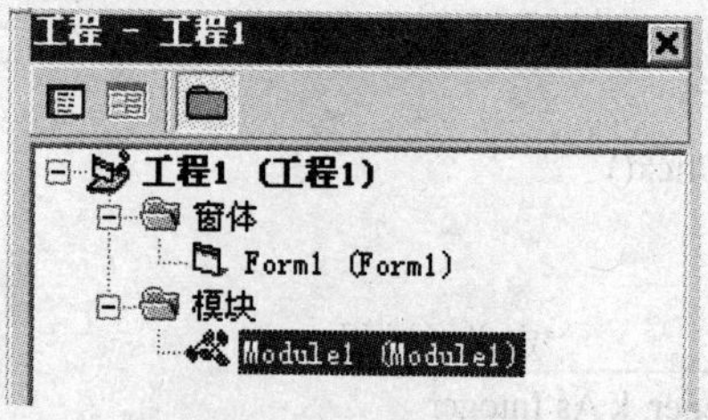

图 7-19　程序的多个模块

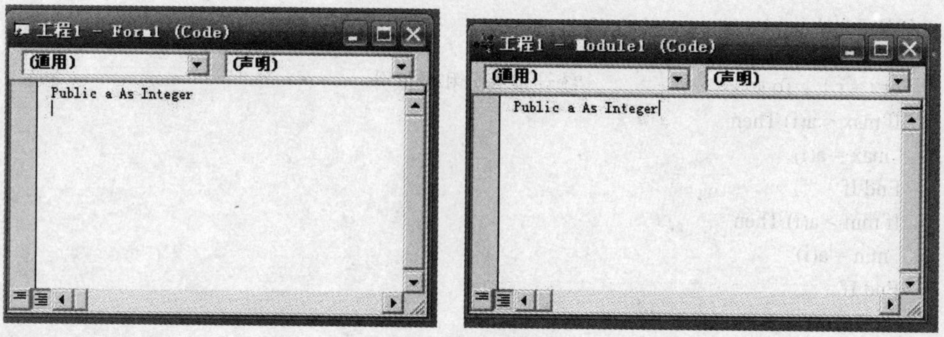

图 7-20　定义全局变量

说明：

（1）在标准模块中定义的全局变量，可以在程序的所有模块中直接使用。如果在不同的标准模块中定义了相同名字的全局变量，则使用时必须指出其所在的标准模块名。例如，在标准模块 Module1 和 Module2 中都定义了全局变量 a，则使用时应写为 Module1.a 和 Module2.a。

（2）在窗体模块中定义的全局变量，在程序的模块中使用时，必须指出其所在的窗体名。例如，在窗体模块 Form1 中定义了全局变量 a，则使用时应写为 Form1.a。

思考：如果在标准模块 Module1 和窗体模块 Form1 中都定义了全局变量 a，而在程序中出现了一条语句 a=5，请问这是哪一个全局变量 a？

如果在模块中定义过程时，用 Public 加以声明，则称为全局过程。全局过程的作用域是定义它的程序，可以被本程序所有模块中的过程所调用。

说明：

（1）如果在模块中定义过程时，未使用 Public 或 Private 进行声明，则默认是全局过程（Public）。

（2）在标准模块中定义的全局过程，可以在程序的所有模块中直接调用。如果在不同的标准模块中定义了相同名字的全局过程，则调用时必须指出其所在的标准模块名。例如，在标准模块 Module1 和 Module2 中都定义了全局过程 Sub1，则调用时应写为：

```
Call Module1.Sub1
Call Module2.Sub1
```

（3）在窗体模块中定义的全局过程，在程序的模块中使用时，必须指出其所在的窗体名。例如，在窗体模块 Form1 中定义了全局过程 Sub1，则调用时应写为：

```
Call Form1.Sub1
```

需要注意的是，如果具有较大作用域的变量与具有较小作用域的变量同名，当在较小作用域内访问该同名变量时，访问的是具有较小作用域的变量，这种现象称为变量屏蔽。例如，在窗体模块 Form1 中分别定义了模块变量 a 和局部变量 a，程序段如下：

```
Dim a As Integer                    '定义模块变量 a
…
Private Sub Command1_Click()
Dim a As Integer                    '定义局部变量 a
a = 2                               '访问局部变量 a
…
End Sub
```

语句 a=2 中的变量 a 是局部变量。如果仍然想在事件过程 Command1_Click 中访问模块变量 a，则应指出其所在的模块名，即写为 Form1.a。

定义全局变量相当于在内存中设置了公用数据区，程序中的各个过程都可以来访问这些全局变量，增加了一个过程之间交换数据的渠道。使用全局变量和模块变量来交换数据，减少了过程形参和实参的个数，提高了过程调用的效率，但是并不提倡使用全局变量和模块变量，其副作用主要有以下几点：

（1）降低过程的通用性。程序是由过程组成的，按照结构化程序设计的要求，模块的内聚度应该加强，而模块间的耦合度要减弱。所谓模块的内聚度要强，指的是模块彼此独立，模块实现的功能应该是单一的而且能够预测，模块内各个元素彼此结合则较为紧密；所谓模块间的耦合度要弱，指的是模块之间联系应该较为简单而且松散，尽量减少模块之间的相互影响。全局变量和模块变量的使用显然增加了过程之间联系的渠道，使得过程的独立性有所下降。

（2）全局变量在程序执行期间一直占据内存空间，增加了系统的开销和负担。

（3）降低了程序的清晰性。使用全局变量和模块变量，多个过程都可以修改它们的值，使得程序员需要时刻监视这些变量值的变化，稍不小心就会出错。

【例 7.14】模块变量的副作用。

```
Dim a As Integer                        '定义模块变量 a
Private Sub Form_Load()
a = 1                                   '变量初始化
End Sub
Private Sub Command1_Click()
a = fun1() + a                          '函数调用
Print "a="; a
End Sub
Private Sub Command2_Click()
End
End Sub
Private Function fun1() As Integer      '函数定义
a = a + 3
fun1 = a                                '确定函数的返回值
End Function
```

运行程序，结果如图 7-21 所示。

说明：这个例子很好地说明了使用模块变量的危险性。模块变量 a 在窗体载入时初始化为 1，读者可能认为程序应该输出 a=5。但是请注意，在相加和赋值之前，先进行了 fun1 函数的调用，模块变量 a 的值已变为 4，然后再取 a 的值相加，输出结果自然应该是 a=8。

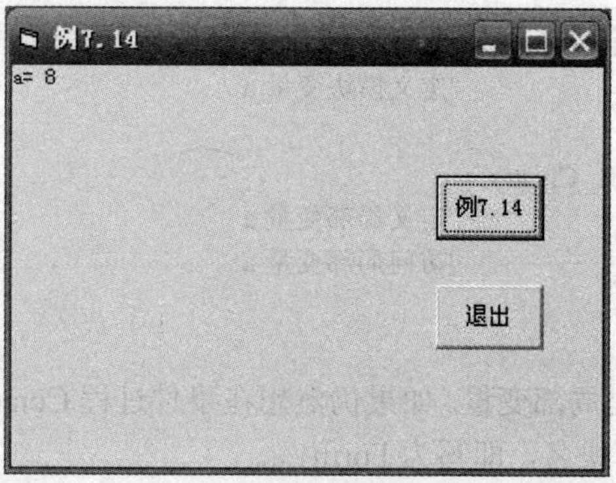

图 7-21　例 7.14 的运行结果

7.7.2　生存期

生存期是指实体在程序运行过程中的生命周期。如果实体的生命周期结束，则该实体将会消亡，并由系统自动回收其所占据的内存等资源。

1. 动态变量

动态变量是指在程序执行的某一时期，被动态地创建而又动态地撤消的一种变量。动态变量往往存在于一个程序的局部，创建和撤消都是由系统在程序执行期间自动完成的。局部变量是典型的动态变量，它存在于过程的内部，其命运与过程紧紧联系在一起。当发生过程调用时，系统才给定义在该过程内部的局部变量分配内存空间；在过程调用结束时，系统就会自动撤消分配给这些局部变量的存储空间。在程序中大量地采用动态变量，显然可以节省内存空间，提高内存的利用率。

【例 7.15】动态变量。

```
Private Sub Command1_Click()
Dim i As Integer                  '定义局部变量 i
For i = 1 To 3
 Call Sub1(i)
Next i
End Sub
Private Sub Command2_Click()
End
End Sub
Private Sub Sub1(m As Integer)    '子过程定义
Print "m="; m
End Sub
```

运行程序，结果如图 7-22 所示。

说明：子过程 Sub1 的形参 m 是局部变量，也是动态变量。在事件过程 Command1_Click 中连续发生三次对 Sub1 过程的调用，而 m 只有在过程调用时才存在。

第一次调用时，系统自动创建变量 m，为其分配存储空间，然后把实参值 1 传给形参 m，因此输出 m=1。过程返回时，m 被系统自动撤消。第二次调用时，m 再次被系统创建，把实参值 2 传给 m，此时输出 m=2。过程返回时，m 被系统再次撤消。同理第三次调用时，m 再次被系统创建，并接收实参值 3，输出 m=3。过程返回时，m 又一次被系统自动撤消。

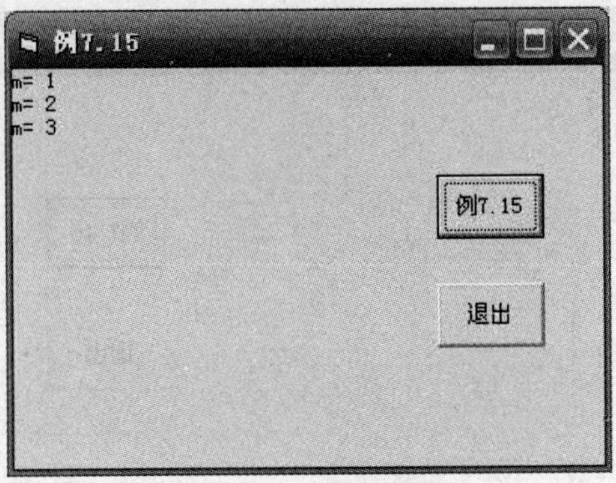

图 7-22 例 7.15 的运行结果

2. 静态变量

与动态变量相对应的是静态变量，它一般具有全局性质，存储空间在程序的整个运行期间是固定的。静态变量在程序编译时就为其分配存储空间，即程序开始执行时它已经存在，程序执行结束时才撤消其所占内存空间。因此静态变量的生命周期比动态变量长得多。

全局变量天生是静态变量。VB 语言允许定义静态模块变量和静态局部变量，其语法形式如下：

```
static 变量名 As 类型
```

说明：在过程内部定义的静态局部变量，它的作用域就在本过程，但生命周期却与程序执行的生命周期相同。静态局部变量的最大特点是：过程调用结束后，静态局部变量的值仍然保留。

【例 7.16】静态变量。

```
Private Sub Command1_Click()
Dim a As Integer, i As Integer          '定义局部变量
For i = 1 To 3
  a = fun1(i)                           '函数调用
  Print "a="; a
Next i
End Sub
Private Sub Command2_Click()
End
End Sub
Private Function fun1(m As Integer)    '函数定义
Static b As Integer                     '定义静态局部变量
b = b + m
fun1 = b                                '确定函数的返回值
End Function
```

运行程序，结果如图 7-23 所示。

说明：fun1 函数中有两个局部变量 m 和 b，其中 m 是动态变量，而 b 是静态变量。b 的值在程序编译时被初始化为 0，而且只被初始化一次。在事件过程 Command1_Click 中对 fun1 函数进行了三次调用，每次把实参 i 的值传递给形参 m，fun1 函数调用结束时返回 b 的值。

第一次调用时，m 的值是 1，b 的值是 0。函数调用结束时，b 的值是 1，返回值也是 1，因此输出 a=1。系统自动撤消 m，但是 b 仍然存在，其值予以保留。

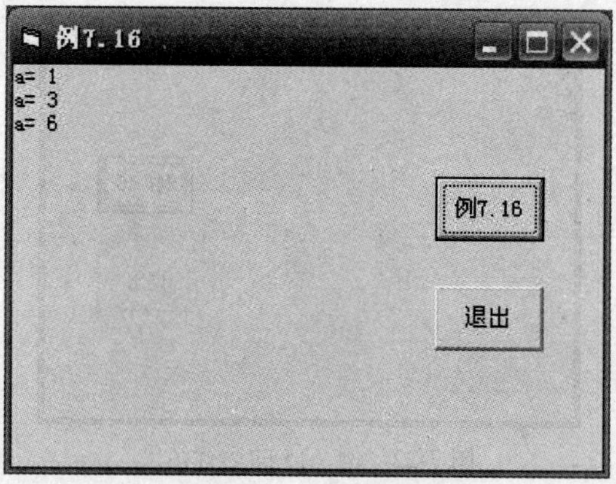

图 7-23　例 7.16 的运行结果

第二次调用时，m 重新被创建，实参 i 的值传给形参 m，m 的值是 2，b 的值是 1。因此 fun1 函数调用结束时，b 的值变为 3 并保留，而 m 被系统再次撤消。返回值也是 3，在事件过程中输出 a=3。

同理第三次对 fun1 函数的调用，导致在事件过程中输出 a=6。

如果在定义过程时，用 static 关键字加以声明，则称为静态过程。其语法形式如下：

```
static Sub|Function  过程名([形参列表])
    过程体
End Sub|Function
```

说明：在静态过程中定义的所有变量，将自动成为静态变量。

7.8　滚动条

滚动条（ScrollBar）控件通常用来直观地确定数据的位置，也可以作为模糊数据输入的工具。滚动条有水平滚动条（HScrollBar）和垂直滚动条（VScrollBar）两种形式，除了方向之外，这两种滚动条的结构和操作是完全相同的。在 VB 的工具箱中，滚动条控件的图标如图 7-24 所示。

图 7-24　滚动条图标

1. 属性

表 7-2 列出了滚动条控件的常用属性。

表 7-2　滚动条的常用属性

属性	作用
Name	设置滚动条的对象名
Max	设置滚动条所能表示的最大值
Min	设置滚动条所能表示的最小值
LargeChange	单击滚动条的空白处时，滑块移动的增量值
SmallChange	单击滚动条两端的箭头时，滑块移动的增量值
Value	滑块在滚动条所处位置表示的值

说明：

（1）程序第一个水平滚动条控件的默认对象名是 HScroll1，第 n 个水平滚动条控件的默认对象名是 HScrolln，依此类推。如果是垂直滚动条，则其第一个控件的默认对象名是 VScroll1。

（2）Max 和 Min 属性值的取值范围是-32768～32767。如果滑块位于水平滚动条的最左端，或者位于垂直滚动条的最上端，Value 的属性值就为最小值（Min）；如果滑块位于水平滚动条的最右端，或者位于垂直滚动条的最下端，Value 的属性值就为最大值（Max）。

（3）Value 的属性值显然应该在 Max 和 Min 的属性值之间。如果在程序中设置 Value 的属性值，则表示把滑块移动到滚动条的相应位置。

2. 事件

表 7-3 列出了滚动条控件的一些常用事件。

表 7-3　滚动条的常用事件

事件	来源
Change	滚动条的 Value 属性值发生改变
Scroll	拖动滚动条的滑块

说明：

（1）当用户改动了滑块在滚动条中的位置，就会自动触发 Change 事件。可以通过 Change 事件，得知滑块在滚动条中的当前位置。

（2）单击滚动条两端的箭头或者空白处时，并不会触发 Scroll 事件，但可以通过 Scroll 事件跟踪滑块在滚动条中的动态变化。

【例 7.17】用一组滚动条设计一个调色板。

分析：在窗体中创建 3 个水平滚动条，分别用于调整红色、绿色和蓝色 3 个颜色分量。再创建 6 个标签控件，前 3 个标签作为滚动条的标题，后 3 个标签分别用于显示 3 个颜色分量的当前值。最后创建一个文本框控件，用于展示调整颜色之后的实际效果。窗体和控件属性值的设置如表 7-4 所示。

表 7-4　例 7.17 中对象的属性设置

对象	属性	属性值	说明
Form1	Caption	例 7.17	窗体的标题
Label1	Caption	红	作为滚动条的标题
Label2	Caption	绿	作为滚动条的标题
Label3	Caption	蓝	作为滚动条的标题
Label4	Caption	""	文本内容为空
Label5	Caption	""	文本内容为空
Label6	Caption	""	文本内容为空
HScroll1	Max	255	滚动条的最大值
	Min	0	滚动条的最小值

续表

对象	属性	属性值	说明
HScroll2	Max	255	滚动条的最大值
	Min	0	滚动条的最小值
HScroll3	Max	255	滚动条的最大值
	Min	0	滚动条的最小值
Text1	Text	""	文本内容为空

为 3 个滚动条分别编写 Change 事件过程。在事件过程中，把该滚动条当前的 Value 属性值作为 RGB 函数的参数，调用 RGB 函数产生一种颜色，然后把该颜色作为文本框的背景色，从而看到调整颜色之后发生的变化。

```
Private Sub HScroll1_Change()
Text1.BackColor = RGB(HScroll1.Value, HScroll2.Value, HScroll3.Value)
Label4.Caption = HScroll1.Value
End Sub
Private Sub HScroll2_Change()
Text1.BackColor = RGB(HScroll1.Value, HScroll2.Value, HScroll3.Value)
Label5.Caption = HScroll2.Value
End Sub
Private Sub HScroll3_Change()
Text1.BackColor = RGB(HScroll1.Value, HScroll2.Value, HScroll3.Value)
Label6.Caption = HScroll3.Value
End Sub
```

运行程序，结果如图 7-25 所示。

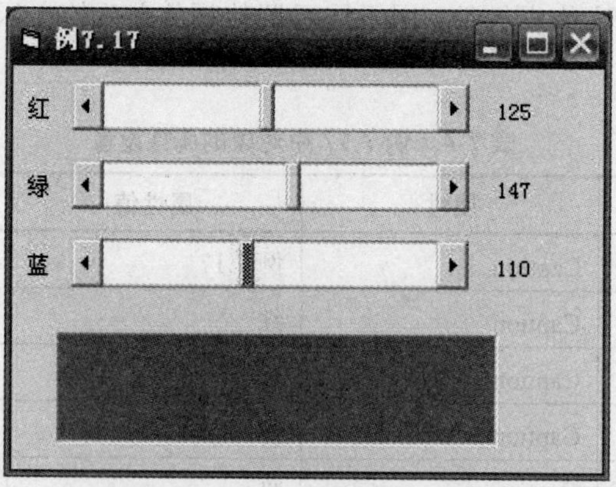

图 7-25　例 7.17 的运行结果

说明：程序运行时，用户只要调整任意一个滚动条中滑块的位置，就会引发该滚动条的 Change 事件，使得文本框的颜色发生变化。RGB 函数有 3 个参数，分别代表三原色中红色、绿色和蓝色的比例，它们的取值范围均为 0～255。RGB 函数的返回值表示由这 3 种原色的值组合而成的一种颜色，表 7-5 列出了一些常见的颜色。

表 7-5 常见颜色

颜色	红色值	绿色值	蓝色值
黑色	0	0	0
红色	255	0	0
绿色	0	255	0
蓝色	0	0	255
青色	0	255	255
洋红色	255	0	255
黄色	255	255	0
白色	255	255	255

请读者参考例 7.5，建立滚动条控件数组，为 3 个滚动条只编写一个 Change 事件过程，对例 7.17 的程序进行优化。

7.9 直线和形状

7.9.1 直线

直线（Line）控件用于在窗体上绘制直线，在 VB 的工具箱中，直线控件的图标如图 7-26 所示。

图 7-26 直线图标

属性

表 7-6 列出了直线控件的常用属性。

表 7-6 直线的常用属性

属性	作用
Name	设置直线的对象名
BorderColor	设置直线的颜色
BorderStyle	设置直线的类型
BorderWidth	设置直线的宽度，默认值是 1
X1	设置直线起点的横坐标
X2	设置直线终点的横坐标
Y1	设置直线起点的纵坐标
Y2	设置直线终点的纵坐标

说明：

（1）程序第一个直线控件的默认对象名是 Line1，第 n 个直线控件的默认对象名是 Linen，依此类推。

（2）BorderStyle 的属性值有 7 个，默认值是 1，如表 7-7 所示。

表 7-7　BorderStyle 属性值

常量	值	含义
Transparent	0	透明
Solid	1	实线
Dash	2	虚线
Dot	3	点线
Dash-Dot	4	点划线
Dash-Dot-Dot	5	双点划线
Inside Solid	6	内实线

（3）用直线控件绘制出的图形实际上是一条线段，其起点的坐标是(X1,Y1)，终点的坐标是(X2,Y2)。

7.9.2　形状

形状（Shape）控件用于在窗体上绘制简单的几何图形，它的初始状态是一个矩形。在 VB 的工具箱中，形状控件的图标如图 7-27 所示。

图 7-27　形状图标

属性

表 7-8 列出了形状控件的常用属性。

表 7-8　形状的常用属性

属性	作用
Name	设置形状的对象名
BackColor	设置形状的背景色
BackStyle	确定形状的背景是否透明，默认值是 0，表示透明
BorderColor	设置形状边框的颜色
BorderStyle	设置形状边框的类型，默认值是 1，表示实线
BorderWidth	设置形状边框的宽度，默认值是 1
FillColor	设置形状的填充颜色
FillStyle	设置形状的填充样式
Shape	设置形状的类型

说明：

（1）程序第一个形状控件的默认对象名是 Shape1，第 n 个形状控件的默认对象名是 Shapen，依此类推。

（2）Shape 是形状控件最重要的属性之一，用来确定具体的图形。Shape 的属性值有 6 个，默认值是 0，如表 7-9 所示。

（3）当 BackStyle 的属性值是 1 时，对 BackColor 属性的设置才有效。

表 7-9　Shape 属性值

常量	值	含义
Rectangle	0	矩形
Square	1	正方形
Oval	2	椭圆形
Circle	3	圆形
Rounded Rectangle	4	圆角矩形
Rounded Square	5	圆角正方形

（4）FillStyle 的属性值有 8 个，默认值是 1，如表 7-10 所示。

表 7-10　FillStyle 属性值

常量	值	含义
Solid	0	实心
Transparent	1	透明
Horizontal Line	2	水平线
Vertical Line	3	垂直线
Upward Diagonal	4	向上对角线
Downward Diagonal	5	向下对角线
Cross	6	十字交叉线
Diagonal Cross	7	对角交叉线

【例 7.18】设计一个能够定时变换颜色和形状的图形。

分析：在窗体上分别创建 1 个计时器、1 个形状和 3 个命令按钮，并设置属性值如表 7-11 所示。

表 7-11　例 7.18 中对象的属性设置

对象	属性	属性值	说明
Form1	Caption	例 7.18	窗体的标题
Timer1	Enabled	False	计时器失效
	Interval	1000	时间间隔为 1 秒
Shape1	BackStyle	1	形状的背景不透明
Command1	Caption	开始	命令按钮的标题
Command2	Caption	暂停	命令按钮的标题
Command3	Caption	退出	命令按钮的标题

定义一个整型的模块变量 k，用于计数。在 Command1 的单击事件过程中，把 Timer1 的

Enabled 属性值置为 True，启动计时器。在 Command2 的单击事件过程中，暂停计时器。在 Timer1 的 Timer 事件过程中，根据 k 的值设置图形的背景色和形状，然后 k 的值加 1。

```
Dim k As Integer                                '定义模块变量
Private Sub Command1_Click()
Timer1.Enabled = True
k = 0
End Sub
Private Sub Command2_Click()
Timer1.Enabled = False
End Sub
Private Sub Command3_Click()
End
End Sub
Private Sub Timer1_Timer()
If k = 0 Then
  Shape1.BackColor = vbRed                      '设置图形的背景色
ElseIf k = 1 Then
  Shape1.BackColor = vbGreen
Else
  Shape1.BackColor = vbYellow
End If
Shape1.Shape = k + 1                            '设置图形的形状
k = (k + 1) Mod 3
End Sub
```

运行程序，结果如图 7-28 所示。

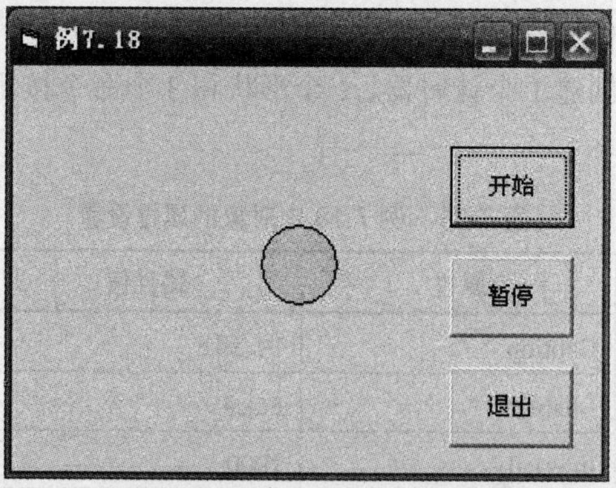

图 7-28　例 7.18 的运行结果

说明：程序运行时，图形 Shape1 有 3 种背景色和 3 种形状。当 k 等于 0 时，显示红色的正方形；当 k 等于 1 时，显示绿色的椭圆形；当 k 等于 2 时，显示黄色的圆形。单击“开始”命令按钮之后，每隔一秒，图形 Shape1 就变换一次颜色和形状。

语句 k=(k + 1)Mod 3 的作用是使 k 的值加 1，如果 k 等于 2，则加 1 并对 3 求余之后，k 的值是 0。这条语句保证了 k 的值在 0、1 和 2 之间周而复始，有规律地循环变化。

7.10　程序举例

【例 7.19】采用冒泡排序法对 n 个整数按升序排序。

分析：冒泡排序算法的基本思想是，数列中相邻的两个数不断地进行比较和交换。每一轮的排序都从数列的第一个数开始，如果左边的数大于右边的数，则将这两个数相互交换。右边的数再与下一个数进行比较和交换，重复此动作，直到本轮排序的结束。每一轮都重复着上述的排序操作，直至所有的数按升序排列。

例如有数列[5,3,4,2,1]，第一轮 5 首先与 3 比较，显然 5>3，于是 5 与 3 交换，此时数列变为[3,5,4,2,1]；然后 5 与 4 比较，发生交换，数列变为[3,4,5,2,1]；5 再与 2 比较，发生交换，数列变为[3,4,2,5,1]；该轮最后一次是比较 5 与 1，发生交换，数列变为[3,4,2,1,5]。经过第一轮排序，确保了最大数在数列的末尾。

第二轮排序数列缩小为[3,4,2,1]，3 与 4 比较，数列不变；然后 4 与 2 交换，数列变为[3,2,4,1]；4 再与 1 交换，数列变为[3,2,1,4]。经过第二轮排序，确保了次大数在数列的倒数第二个位置，整个数列变为[3,2,1,4,5]。

第三轮排序数列进一步缩小为[3,2,1]，经过比较和交换后，变为[2,1,3]，整个数列变为[2,1,3,4,5]。第四轮排序数列缩小为[2,1]，经过比较和交换后，变为[1,2]，整个数列变为[1,2,3,4,5]，排序结束。每一轮的排序都使得较大的数向后移动，而较小的数自然就向前移动，形似冒泡。如此循环往复，最终数列成为按升序排列的有序数列。

编程实现时，需要定义一个动态整型数组 a 存放数列。用二重循环来排序，外层控制排序的轮数，内层控制每轮的次数。n 个数的排序显然要进行 n-1 轮，因为经过 n-1 轮排序后，依次确定了从最大数到次小数的位置，而剩下的第一个数自然就是最小数。

那么每一轮中到底比较多少次呢？第一轮由于是 n 个数，其中相邻的两个数进行比较，显然应该比较 n-1 次；第二轮是 n-1 个数，其中相邻的数互相进行比较，应该比较 n-2 次；经过归纳可以得出，第 k 轮应该比较 n-k 次。这样可以用循环变量 i 控制外层循环，i 的初值是 1，一直到 n-1；j 则从 1 开始，一直到 n-i。在循环体中利用 If 语句和中间变量，完成 a(j)与 a(j+1)的比较和交换。

定义子过程 sort 完成冒泡排序，形参为动态整型数组，过程调用时把数组名作为实参传给形参。定义子过程 out 完成数列的输出，形参也是动态整型数组。在事件过程中先调用 out 过程，输出原数列；然后调用 sort 过程，进行冒泡排序；最后再次调用 out 过程，输出排好序的数列。

```
Private Sub Command1_Click()
Dim a() As Integer, n As Integer, i%
n = Val(Text1.Text)
ReDim a(1 To n)
For i = 1 To n
  a(i) = Val(InputBox("请输入第" & i & "个数"))
Next i
Picture1.Print "输出原数列"
Call out(a)                                   '调用子过程 out
Call sort(a)                                  '调用子过程 sort
```

```
Picture1.Print "输出排序之后的数列"
Call out(a)                                  '调用子过程 out
End Sub
Private Sub Command2_Click()
End
End Sub
Private Sub sort(a() As Integer)             '定义子过程 sort
Dim m As Integer, n As Integer, i%, j%, t%
m = LBound(a)
n = UBound(a)
For i = m To n - 1
 For j = m To n - i
  If a(j) > a(j + 1) Then
   t = a(j)                                  'a(j)与 a(j+1)交换
   a(j) = a(j + 1)
   a(j + 1) = t
  End If
 Next j
Next i
End Sub
Private Sub out(a() As Integer)              '定义子过程 out
Dim m As Integer, n As Integer, i%, j%
m = LBound(a)
n = UBound(a)
j = 0
For i = m To n
 Picture1.Print Tab(j * 6); a(i);
 j = j + 1
 If i Mod 5 = 0 Then
  Picture1.Print
  j = 0
 End If
Next i
End Sub
```

运行程序，结果如图 7-29 所示。

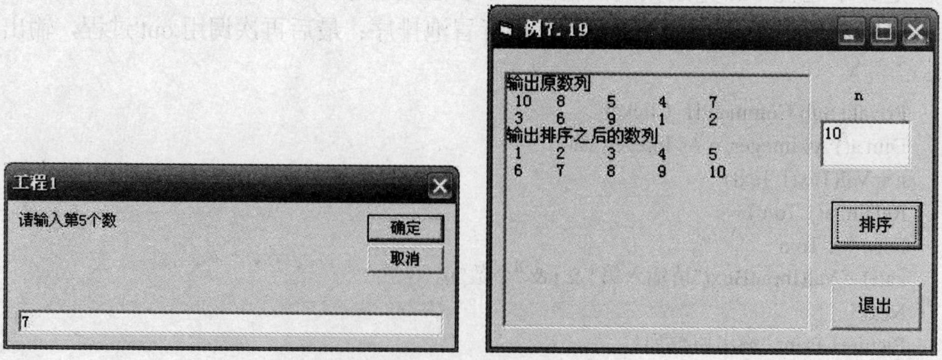

图 7-29　例 7.19 的运行结果

说明：从提高程序的运行效率来看，如果某一轮中并没有发生相邻两个数的交换，这说明数列已经按升序排列。因此就跳出循环结构，提前结束冒泡排序。定义 flag 作为判断是否发生交换的标志，于是循环语句变为：

```
For i = m To n - 1
  flag = False
  For j = m To n - i
    If a(j) > a(j + 1) Then
      t = a(j)            'a(j)与 a(j+1)交换
      a(j) = a(j + 1)
      a(j + 1) = t
      flag = True
    End If
  Next j
  If flag = False Then
    Exit For
  End If
Next i
```

思考：子过程 sort 的外层 For-Next 循环改为 For i = m+1 To n 可以吗？

【例 7.20】用二分法求方程 $x^3-8x^2+12x-30=0$ 在区间(6,8)的根。

分析：该方法首先利用了一个简单的原理，即如果 $f(x_1)$和 $f(x_2)$的符号相反，则方程 f(x)=0 在区间(x_1, x_2)内必有一个实根。

所谓二分法，就是先求出区间(x_1, x_2)的中点 x，$x=\frac{x_1+x_2}{2}$，再从 x 求出 f(x)。如果 f(x)与 $f(x_1)$异号，则表明方程的根必在区间(x_1, x)内，此时将 x 作为新的 x_2；如果 f(x)与 $f(x_2)$异号，则表明方程的根必在区间(x, x_2)内，此时将 x 作为新的 x_1。重复上述步骤，不断地找出区间的中点，而该区间每次都缩小一半，直到$|f(x)|<\varepsilon$为止。ε是一个很小的数，例如 10^{-5}，此时认为 $f(x)\approx 0$。

分别定义一些函数过程，实现各部分的功能。

（1）函数 f(x)，用来求 x 的函数值：$x^3-8x^2+12x-30$。

（2）函数 xmid(x1, x2)，用来计算区间的中点。

（3）函数 root(x1, x2)，用来求区间(x_1, x_2)内的根。

```
Private Sub Command1_Click()
Dim x1 As Single, x2 As Single, x As Single, i%, s$
Do
  x1 = Val(InputBox("请输入区间的左端点"))
  x2 = Val(InputBox("请输入区间的右端点"))
Loop While f(x1) * f(x2) >= 0
x = root(x1, x2)                                    '调用函数 root
s = "方程在区间(" & x1 & "," & x2 & ")的根是："
Picture1.Print s; Format(x, "##.##")
End Sub
Private Sub Command2_Click()
End
End Sub
```

```
Private Function root(ByVal x1 As Single, ByVal x2 As Single) As Single
Dim x As Single, y As Single, y1 As Single
Do
  x = xmid(x1, x2)             '调用函数 xmid
  y1 = f(x1)                   '调用函数 f
  y = f(x)                     '调用函数 f
  If y * y1 < 0 Then           'f(x)与 f(x1)异号
    x2 = x
  Else
    x1 = x
  End If
Loop While Abs(y) >= 0.00001
root = x                       '确定函数的返回值
End Function
Private Function xmid(x1 As Single, x2 As Single) As Single
Dim x As Single
x = (x1 + x2) / 2
xmid = x                       '确定函数的返回值
End Function
Private Function f(x As Single) As Single '定义函数 f
Dim y As Single
y = x ^ 3 - 8 * x ^ 2 + 12 * x - 30
f = y                          '确定函数的返回值
End Function
```

运行程序，结果如图 7-30 所示。

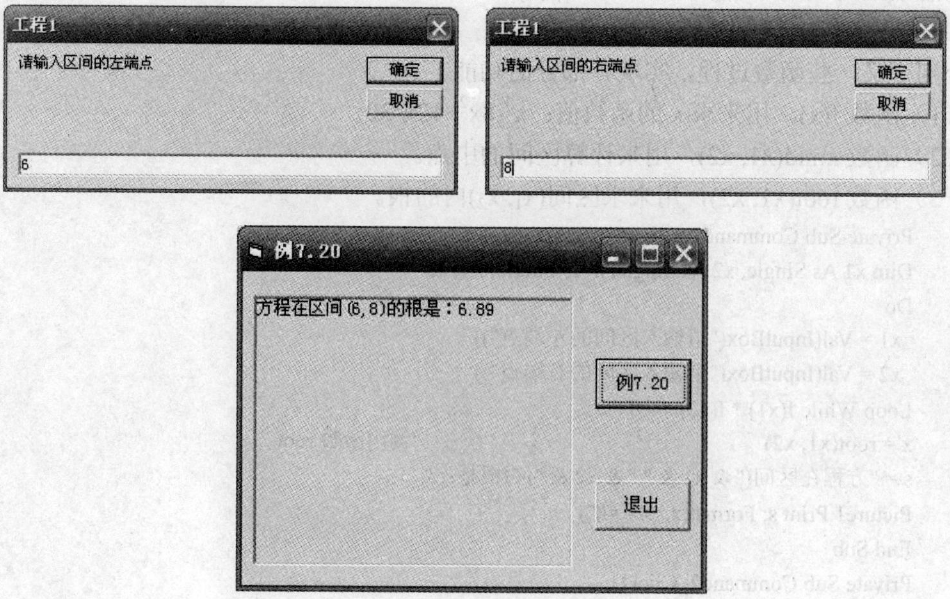

图 7-30　例 7.20 的运行结果

说明：事件过程 Command1_Click 中的 Do-Loop While 语句，其作用是确保区间(x1, x2)内必有一个实根。本例程序中出现了过程的嵌套调用，事件过程 Command1_Click 调用了 root 函数和 f 函数，root 函数调用了 f 函数和 xmid 函数。从这个例子发现，可以把较难实现的复杂功能层层拆分，最终分解成一些相对简单的子功能。每个子功能分别用通用过程实现，它们相互协作，共同完成原先较难实现的复杂功能。

这样做不仅使得程序结构显得清晰，代码可读性强，而且便于修改和扩充。例如当方程改变时，只需修改函数 f；求区间中点的算法改变时（例如把中点改为弦截点），只需要修改函数 xmid，其他地方几乎不需要做改动。

思考：能否将对 root 函数形参的 ByVal 声明去掉？

【例 7.21】对例 6.14 进行改进。采用递归调用的方式，判断用户输入的文本是否为回文。

分析：定义一个函数 fun，用来判断回文。它显然有一个字符型形参，用来接收文本；返回逻辑值，表示判断的结果。根据回文的特点，寻找递归公式和递归终止条件。

递归终止条件有两个，第一个条件是如果文本 s 的长度是 0 或 1，则 s 是回文；第二个条件是如果文本 s 的首字符和尾字符不相同，则 s 不是回文。

递归公式描述如下：如果文本 s 的首字符和尾字符相同，则先对 s 进行“掐头去尾”，即删除首字符和尾字符，得到文本 s1。s 是否为回文取决于对 s1 的判断结果，如果 s1 是回文，则 s 也是回文；如果 s1 不是回文，则 s 也不是回文。

```
Private Sub Command1_Click()
Dim s As String, flag As Boolean
s = Text1.Text
flag = fun(s)                              '函数调用
If flag = True Then
  s = s + "是回文"
Else
  s = s + "不是回文"
End If
Picture1.Print s
End Sub
Private Sub Command2_Click()
End
End Sub
Private Function fun(ByVal s As String) As Boolean
Dim k%, flag As Boolean
k = Len(s)
If k = 0 Or k = 1 Then
  flag = True
ElseIf left(s, 1) <> right(s, 1) Then
  flag = False
Else
  s = Mid(s, 2, k - 2)
```

```
    flag = fun(s)                    '递归调用
  End If
  fun = flag                         '确定函数的返回值
  End Function
```

运行程序，结果如图 7-31 所示。

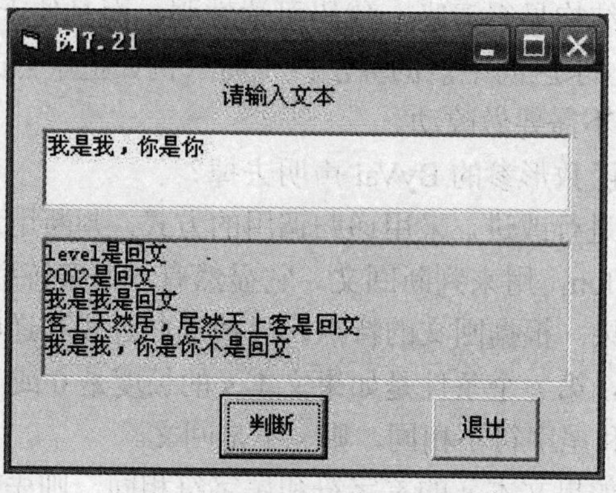

图 7-31　例 7.21 的运行结果

说明：Mid(s, 2, k-2)的作用是，从字符串 s 中生成一个子串。它的首字符是 s 的第二个字符，长度为 s 的长度减 2，这样就实现了对 s 的“掐头去尾”。

7.11　小结

本章主要讲解了过程。在 VB 程序中，设计和使用过程是实现结构化程序设计思想的重要方法。我们可以把一个较大的程序划分为若干个模块，每一个模块完成一个功能。模块由过程实现，过程则是功能的抽象。

VB 的过程分成两大类，一类是事件过程，另一类是通用过程。设计通用过程时，首先应该设计过程的接口即过程头部，要注意形参的设置。如果是函数过程，则还应指出其返回值的类型。具体的功能则是在过程体中完成的，在过程体中可以定义变量，并书写执行语句。在调用过程时，要注意给过程提供必要的实参。如果调用的是函数过程，还应安排接收函数返回的值。

主调过程和被调过程之间存在着参数传递的关系，传递方式主要有传值（ByVal）和传引用（ByRef），传数组方式可以认为是传引用的特例。传值方式的特点是形参不影响实参的值，传引用方式的特点是实参的值与形参同步发生变化。过程的定义不能嵌套，过程的调用可以嵌套。递归调用是嵌套调用的特例，它的实现需要递归公式和递归终止条件这两个要素。

VB 实体的作用域由小到大，可以划分为局部作用域、模块作用域和全局作用域三个层次。变量按照生存期来划分，则可以分为动态变量和静态变量。滚动条控件最重要的属性是 Value，其属性值与滑块在滚动条中的位置相对应。形状控件最重要的属性是 Shape，其属性值与具体的几何图形相对应。

习　题

本章所有习题都要求编制过程实现。

1．输入三角形的三条边，计算并输出三角形的面积。

2．编写程序，显示如图 7-32 所示的“数字金字塔”。

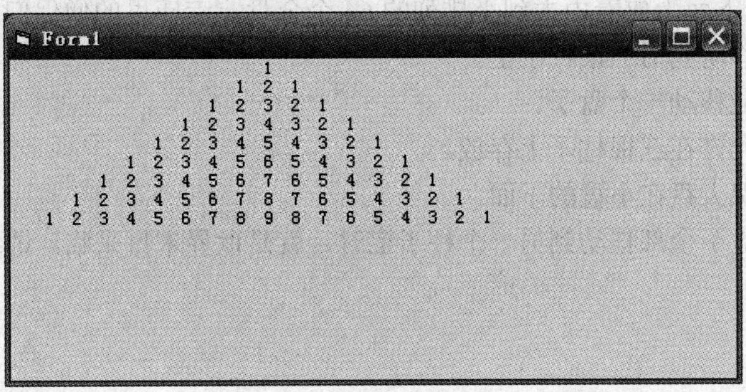

图 7-32　数字金字塔

3．计算组合的值。组合公式 $C_n^k = \dfrac{n!}{(n-k)!k!}$

4．计算一个自然数 n 的各位数字之和。例如 n=123，则结果为 1+2+3=6。

5．完成一个 4×4 矩阵的转置（即行列互换）。

6．用递归方式完成 Ackermann 函数的计算。对于 m≥0，n≥0，存在下列关系：

$$\begin{cases} ack(0,n) = n+1 \\ ack(m,0) = ack(m-1,1) \\ ack(m,n) = ack(m-1, ack(m,n-1)) \end{cases}$$

7．将一个十进制整数转换成一个十六进制数的字符串。例如 255 的转换结果是"FF"。

8．将一个字符串翻转，例如把字符串"abcd"翻转为"dcba"。

9．编写程序，用复化梯形公式计算定积分 $\int_0^1 \sin x dx$。复化梯形公式为：

$$I = \int_a^b f(x)dx \approx \frac{h}{2}\left[f(a) + f(b) + 2\sum_{i=1}^{n-1} f(x_i)\right],\ h = \frac{b-a}{n},\ x_i = a + ih$$

10．编写程序，实现用滚动条调整文本字体的大小。

11．验证歌德巴赫猜想：一个不小于 6 的偶数可以表示为两个质数之和。例如：8=3+5、12=5+7 等。

12．删除数组中指定位置的元素。

13．有 5 个人坐在一起，问第 5 个人的岁数，他说比第 4 个人大 3 岁。问第 4 个人的岁数，他说比第 3 个人大 3 岁。问第 3 个人的岁数，他说比第 2 个人大 3 岁。问第 2 个人的岁数，他说比第 1 个人大 3 岁。最后问第 1 个人的岁数，他说是 20 岁。编写程序，计算第 5 个人的年龄。

14．有一位糊涂人，他写了 n 封信和 n 个信封，但是在邮寄时把所有的信都装错了信封。请计算可能出错的种类数，假设 D_n 为 n 封信装错信封可能的种类数，存在下面的公式：

$$\begin{cases} D_n = (n-1)(D_{n-1} + D_{n-2}) \\ D_2 = 1 \\ D_1 = 0 \end{cases}$$

15．Hanoi 塔问题。传说在一个古老的寺庙中，有一块黄铜板，板上插着三根细柱子，在其中一根柱上，自下而上放着由大到小排列的 64 个金盘。寺庙里的僧侣们每天不停地按以下规则把 64 个盘子移动到另一根柱子上。

（1）一次只能移动一个盘子。

（2）盘子只允许在三根柱子上存放。

（3）始终确保大盘在小盘的下面。

据说当 64 个盘子全部移动到另一个柱子上时，就是世界末日来临。请编写程序，显示盘子的移动过程。

第 8 章　界面设计

界面是应用程序的一个重要组成部分，在程序运行时界面就是用户与计算机之间进行交互的可视化接口。界面设计是 VB 程序设计中一个十分重要的环节，VB 也提供了大量用于界面设计的工具和方法。前几章讲解了窗体以及标准控件的特点和使用方法，读者已经能够设计一些较为简单的界面。以此为基础，本章主要介绍界面设计的一些高级技术，包括对话框、菜单、多重窗体以及 ActiveX 控件。

8.1　对话框

对话框是实现 Windows 应用程序和用户之间交互的常用工具，它既可以向用户显示信息，也可以供用户输入应用程序所需要的数据。在第 3 章介绍了两个系统预定义的函数对话框，其中 MsgBox 用于输出数据，InputBox 则用于输入数据。VB 还提供了通用对话框，帮助用户完成一些常见操作。除此之外，用户也可以根据需要自定义对话框。

8.1.1　通用对话框

通用对话框（CommonDialog）控件提供了一组标准的系统对话框，便于用户完成打开文件、选择颜色、选择字体以及打印等操作。CommonDialog 控件并不是 VB 的标准控件，而是 ActiveX 控件，使用时需要添加到工具箱中。在“工程”菜单中选择“部件”命令，然后在“部件”对话框的“控件”选项卡中，选择 Microsoft Common Dialog Control 6.0，即可添加通用对话框控件。

添加到工具箱中之后，就可以像标准控件一样在窗体中创建通用对话框控件。与计时器类似，通用对话框控件也属于后台控件，程序运行时看不到。对 CommonDialog 控件的属性设置既可以在属性窗口中进行，也可以借助于“属性页”对话框。右击窗体上的 CommonDialog 控件，在弹出的快捷菜单中选择“属性”命令，即可打开“属性页”对话框，如图 8-1 所示。在“属性页”对话框的选项卡中，就可以对各种通用对话框的相关属性进行设置。

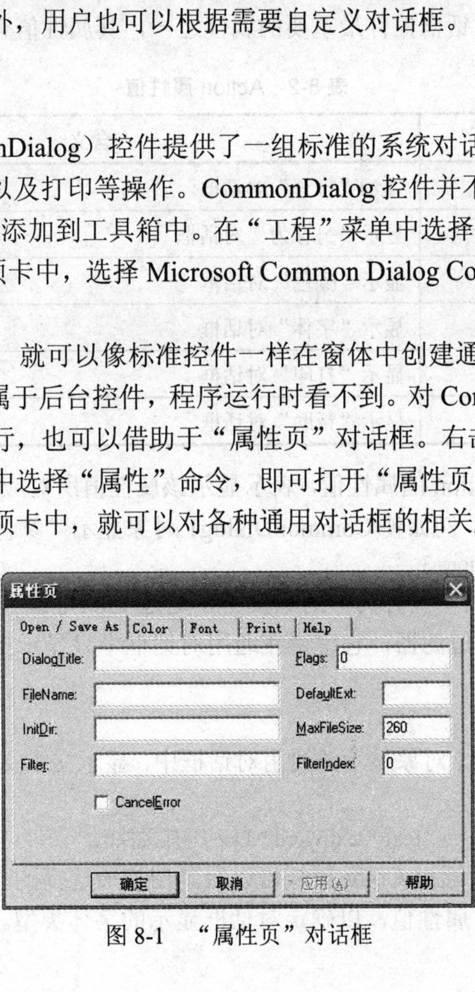

图 8-1　“属性页”对话框

1. 属性

表 8-1 列出了通用对话框控件的常用属性。

表 8-1 通用对话框的常用属性

属性	作用
Name	设置通用对话框的对象名
DialogTitle	设置通用对话框的标题
Action	设置显示哪一种类型的通用对话框
FileName	设置打开或者保存的文件名
Filter	设置在“打开”对话框或者“另存为”对话框中显示的文件的类型
Color	设置选定的颜色
Flags	设置通用对话框的默认操作

说明：

（1）程序第一个通用对话框控件的默认对象名是 CommonDialog1，第 n 个通用对话框控件的默认对象名是 CommonDialogn，依此类推。

（2）Action 是通用对话框控件最重要的属性之一，其属性值有 6 个，如表 8-2 所示。

表 8-2 Action 属性值

值	含义
1	显示“打开”对话框
2	显示“另存为”对话框
3	显示“颜色”对话框
4	显示“字体”对话框
5	显示“打印”对话框
6	显示“帮助”对话框

只能在程序中设置 Action 的属性值，表示显示该属性值所对应类型的通用对话框，图 8-2 是一些常见的通用对话框。例如使 CommonDialog1 对象显示“颜色”对话框，可以写为：

```
CommonDialog1.Action=3
```

在“打开”对话框或者“另存为”对话框中，通过 FileName 属性可以得到用户所选择的文件名。Filter 属性也称为过滤器，它使得在通用对话框中只显示指定类型的文件，其属性值的格式为：

```
文件描述|文件类型
```

例如在 CommonDialog1 对象显示的通用对话框中，显示文本文件、Word 文件或者所有文件，可以写为：

```
CommonDialog1.Filter = "Text|*.text|Word|*.Doc|所有文件|*.*"
```

在“颜色”对话框中，通过 Color 属性可以得到用户所选择的颜色。在显示“字体”对话框之前，需要先设置 Flags 属性值，以确定对话框显示的字体类型。

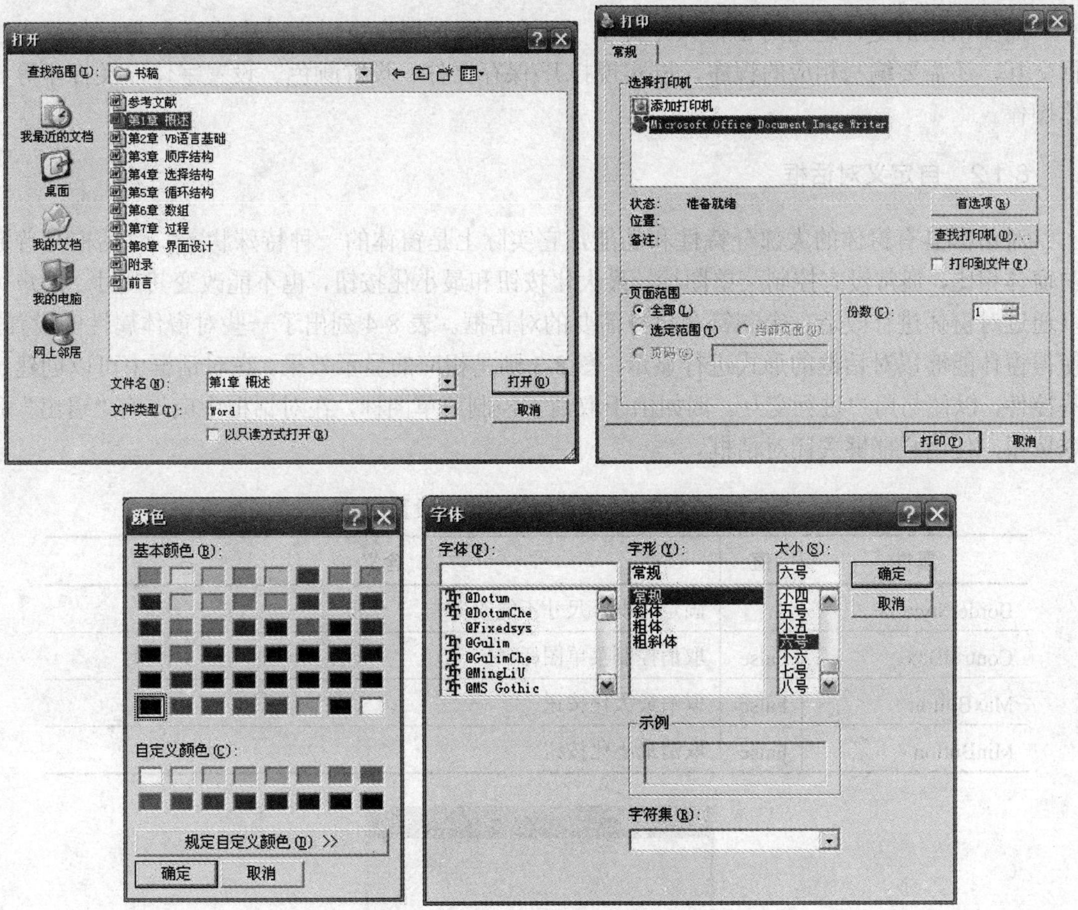

图 8-2　常见的通用对话框

2. 方法

通用对话框控件提供了一组用于显示对话框的方法，如表 8-3 所示。

表 8-3　显示通用对话框的方法

方法	功能
ShowOpen	显示“打开”对话框
ShowSave	显示“另存为”对话框
ShowColor	显示“颜色”对话框
ShowFont	显示“字体”对话框
ShowPrinter	显示“打印”对话框
ShowHelp	显示“帮助”对话框

说明：在程序中既可以给通用对话框对象的 Action 属性赋值，也可以调用通用对话框对象的方法，显示相应类型的通用对话框。例如使 CommonDialog1 对象显示“颜色”对话框，也可以写为：

```
CommonDialog1.ShowColor
```

需要指出的是，通用对话框只是提供了一个界面，用户可以在其中设置参数，与程序进行交互，还需要编写相应的程序，以实现打开/保存文件、设置颜色、设置字体以及打印等具体操作。

8.1.2 自定义对话框

对话框具有窗体的大部分特性和功能，它实际上是窗体的一种特殊状态。对话框与普通的窗体相比，通常没有控制菜单图标、最大化按钮和最小化按钮，也不能改变其尺寸。用户可以通过对窗体进行改造，定制符合自身需要的对话框。表 8-4 列出了一些对窗体属性的设置，使得窗体能够以对话框的形式进行显示，图 8-3 则是相应的显示效果。在对话框中可以创建一些控件，以便与用户进行交互。例如由于取消了控制菜单图标，在对话框中应该有“退出”命令按钮，使用户能够关闭对话框。

表 8-4 对话框窗体属性设置

属性	值	含义
BorderStyle	3	固定边框，尺寸不能改变
ControlBox	False	取消控制菜单图标
MaxButton	False	取消最大化按钮
MinButton	False	取消最小化按钮

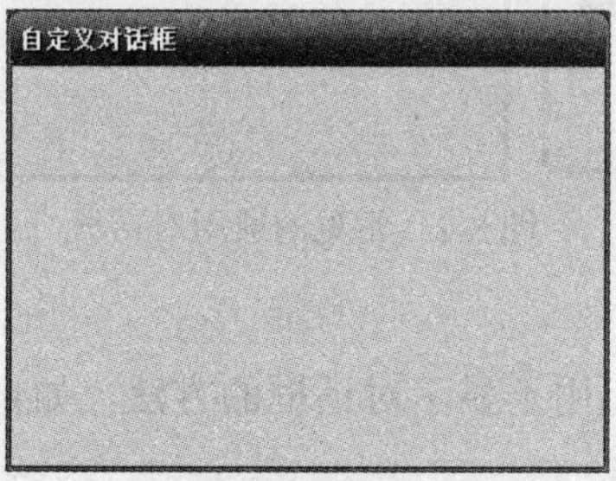

图 8-3 自定义对话框

8.2 菜单

菜单在 Windows 应用程序中经常出现，是用户界面中一个重要的元素。使用菜单可以对程序的功能进行分类，并形成一些命令组，供用户直观、方便地访问。应用程序的菜单一般分为两种类型，一种是下拉式菜单，另一种是弹出式菜单。

8.2.1 下拉式菜单

下拉式菜单一般位于窗体的顶部，平时只在菜单栏中显示菜单标题。当用户选中菜单标题之后，才会以下拉列表的形式显示其包含的菜单项。菜单项是菜单的主体，选中其中一个菜单项，就会执行一个命令，完成相应的功能。菜单项也可以成为子菜单，即自身又包含了一组菜单项。

VB 提供了一个菜单编辑器，不仅可以用于新建菜单和修改菜单，还可以删除已有的菜单。选择“工具”菜单的“菜单编辑器”菜单项，或者在窗体窗口中按下 Ctrl+E 组合键，都可以打开菜单编辑器，如图 8-4 所示。

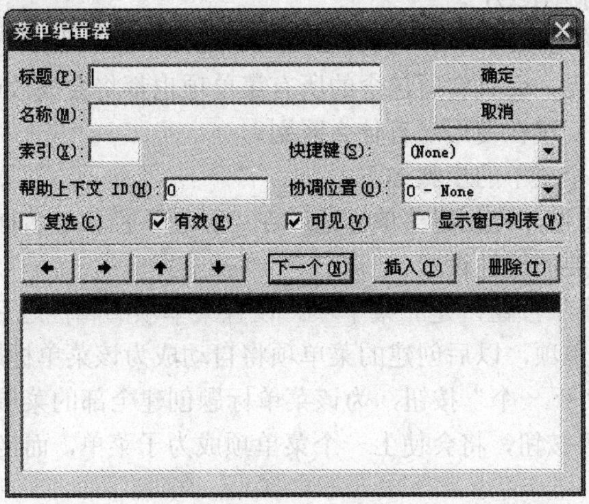

图 8-4　菜单编辑器

菜单编辑器的上部用来设置菜单项的标题、名称等属性，选定菜单项的快捷键，以及安排协调位置等。菜单编辑器的中部有 7 个命令按钮，其中“”和“”按钮用来调整当前菜单项在菜单中的位置，“”和“”按钮则用来调整当前菜单项在菜单中的层次。如果单击“”按钮，就会使当前菜单项向右缩进 4 格，表示其为子菜单的菜单项。“下一个”按钮用于移到下一个菜单项，“插入”按钮用于在当前菜单项之前插入一个菜单项，“删除”按钮用于删除当前菜单项。菜单编辑器的下部是一个列表框，用来显示当前窗体的所有菜单和菜单项。

菜单是 VB 程序的一个控件对象，每一个菜单项也都是一个控件对象。菜单项控件只能响应单击（Click）事件，表 8-5 列出了菜单项的常用属性。一般不需要编写菜单标题的单击事件过程，而仅仅使其显示下拉式菜单。

表 8-5　菜单项的常用属性

属性	作用
Name	设置菜单项的对象名
Caption	设置菜单项的标题
Enabled	确定菜单项是否有效，默认值是 True，表示有效
Visible	确定菜单项是否可见，默认值是 True，表示可见
Checked	确定菜单项是否有复选标记“ √ ”，默认值是 False，表示没有复选标记
Index	设置菜单项在控件数组中的下标

说明：

（1）系统并没有给出菜单项控件的默认对象名，习惯上用前缀 mnu 来命名。例如对于“退出”菜单项，可以命名为 mnuExit。

（2）设置 Caption 属性时，如果标题为“-”，就会在菜单中建立一条分隔线；如果在标题的某个字母前插入一个连接符（&），即可为菜单项设置访问键。打开下拉式菜单之后，当用户按下访问键时，便可执行该菜单项的功能。例如想为“打开”菜单项设置访问键 O，则其 Caption 属性值应为“打开(&O)”。

（3）菜单标题又称为顶级菜单，当其 Enabled 或者 Visible 属性值是 False 时，不仅菜单标题将会失效或者不可见，而且它所包含的所有菜单项也都将会失效或者不可见。

思考：快捷键与访问键在使用时有什么区别？

为某个窗体创建一个菜单的步骤如下：

（1）打开菜单编辑器，先创建菜单标题。在“标题”栏和“名称”栏分别输入标题信息和对象名，并做其他必要的属性设置。

（2）单击“下一个”按钮，建立菜单项。设置菜单项的属性之后，单击“→”按钮，使它成为菜单标题的菜单项，以后创建的菜单项将自动成为该菜单标题所包含的菜单项。

（3）不断地单击“下一个”按钮，为该菜单标题创建全部的菜单项。如果在创建某个菜单项时再次单击“→”按钮，将会使上一个菜单项成为子菜单，而当前菜单项则成为子菜单的菜单项。

重复上述步骤，并适当调整菜单项在菜单中的层次和位置，就可以创建窗体中的所有菜单。最后单击“确定”按钮，关闭菜单编辑器。

【例 8.1】设计一个能够打开通用对话框的菜单。

分析：在窗体上创建一个通用对话框控件和一个命令按钮控件。打开菜单编辑器，设计两个下拉式菜单，菜单设计情况如图 8-5 所示。一个菜单的菜单标题是“文件”，其中有“打开”和“另存为”两个菜单项；另一个菜单的菜单标题是“系统”，其中有“颜色”和“退出”两个菜单项。

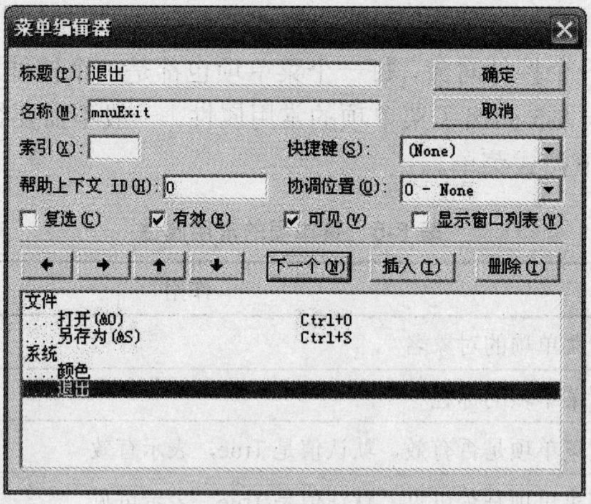

图 8-5 菜单设计

为各个菜单项控件编写单击事件过程，分别显示“打开”对话框、“另存为”对话框和“颜色”对话框。

```
Private Sub Command1_Click()
End
End Sub
```

```
Private Sub mnuOpen_Click()
CommonDialog1.Action = 1                    '显示“打开”对话框
MsgBox ("您打开了" & CommonDialog1.FileName & "文件！")
End Sub
Private Sub mnuSave_Click()
CommonDialog1.ShowSave                      '显示“另存为”对话框
MsgBox ("您保存了" & CommonDialog1.FileName & "文件！")
End Sub
Private Sub mnuColor_Click()
CommonDialog1.Action = 3                    '显示“颜色”对话框
Form1.BackColor = CommonDialog1.Color
End Sub
Private Sub mnuExit_Click()
Call Command1_Click
End Sub
```

运行程序，如图 8-6 所示。

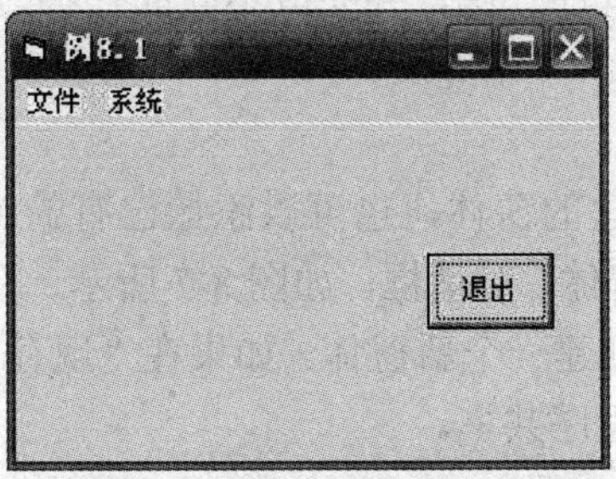

图 8-6 例 8.1 的运行结果

说明：语句 Form1.BackColor=CommonDialog1.Color 的作用是，将窗体的背景色设置为用户在“颜色”对话框中选择的颜色。在“退出”菜单项的 mnuExit_Click 事件过程中，调用了命令按钮的事件过程 Command1_Click，从而结束程序的执行。

8.2.2 弹出式菜单

弹出式菜单是独立于菜单栏而显示在窗体上的浮动菜单，又称为快捷菜单。在程序中至少含有一个菜单项的菜单都可以作为弹出式菜单，其在窗体上显示的位置可以变化，具有较大的灵活性。

与下拉式菜单一样，弹出式菜单也是使用菜单编辑器创建的。但是在设计时应把菜单的 Visible 属性值设置为 False，而菜单项的 Visible 属性值仍然设置为 True。程序运行时并不会自动显示弹出式菜单，而是需要调用 PopupMenu 方法，其格式如下：

[对象].PopupMenu 菜单名[,flags[,x[,y,…]]]

说明：菜单名是必选参数，其他参数均为可选项。如果省略了对象，则默认在定义菜单的窗体中显示。参数 flags 用于进一步确定弹出式菜单的位置和性能，参数 x 和 y 指定菜单显示的坐标，如果被省略则默认是鼠标指针的当前坐标。

人们习惯于按下鼠标右键之后，才显示弹出式菜单，因此一般在 MouseDown 事件过程中调用 PopupMenu 方法。例如，在例 8.1 中把“系统”菜单的 Visible 属性值设置为 False，并在窗体的 MouseDown 事件过程中添加以下代码：

```
Private Sub Form_MouseDown(Button As Integer, Shift As Integer, X As Single, Y As Single)
If Button = 2 Then
   PopupMenu mnuSystem
End If
End Sub
```

说明：参数 Button 用于指示鼠标按键，2 表示右键。在事件过程中进行判断，如果发现用户按下了鼠标右键，则调用 PopupMenu 方法显示“系统”菜单。程序运行时只要用户在窗体中按下鼠标右键，就会显示弹出式菜单。

8.3 多重窗体

我们之前介绍的形形色色的 VB 程序都只有一个窗体，在程序运行时会自动显示。但是实际的 Windows 应用程序一般都较为复杂，往往有多个窗体。在拥有多重窗体的 VB 程序中，每一个窗体都有自己的界面和程序代码，并完成不同的任务。

8.3.1 窗体添加和启动

在程序中既可以添加新创建的窗体，也可以添加已有的窗体。选择“工程”菜单的“添加窗体”菜单项，打开“添加窗体”对话框，如图 8-7 所示。在“添加窗体”对话框的“新建”选项卡中选择窗体类型，即可创建一个新窗体。如果在“现存”选项卡中进行选择，将会添加一个已存在的窗体，与其他的程序共享。

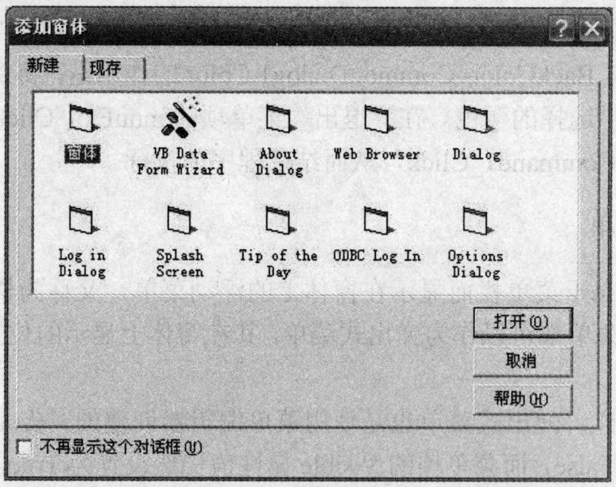

图 8-7 “添加窗体”对话框

多窗体程序运行时，首先被执行的窗体称为启动窗体。系统默认第一个建立的窗体（Form1）是启动窗体，也可以根据需要设置启动窗体或者启动过程。选择“工程”菜单的“工程属性”菜单项，打开“工程属性”对话框，如图 8-8 所示。在“工程属性”对话框的“通用”选项卡中，打开“启动对象”下拉列表框，选择一个窗体名或者“Sub Main”，即可设置启动对象。

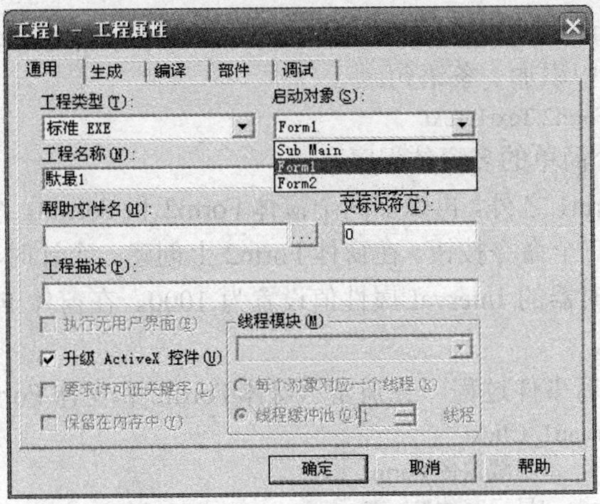

图 8-8 “工程属性”对话框

如果选择了“Sub Main”，就表示设置子过程 Main 为启动过程。程序运行时将首先执行 Main 过程，然后在该过程中根据情况加载某些窗体。需要指出的是，子过程 Main 必须定义在标准模块中。

8.3.2 窗体操作

多窗体程序运行时，启动窗体会被自动加载并显示，而其他的窗体就需要使用 Load 语句进行加载，其格式如下：

```
Load 窗体名
```

说明：Load 语句的作用是把窗体装入内存，首次装入时会引发 Load 事件。

虽然在装入窗体之后可以引用它的控件及各种属性，但是并没有显示窗体。这时需要调用 Show 方法，该方法兼有加载和显示窗体的功能。调用 Hide 方法可以隐藏一个窗体，但是窗体仍在内存中。使用 Unload 语句可以卸载一个窗体，其格式如下：

```
Unload 窗体名
```

说明：Unload 语句的作用是关闭窗体，把它从内存中删除，并释放其占用的资源。卸载一个窗体时，会引发 Unload 事件。

多窗体程序在运行时，某一时刻只有一个窗体处于活动状态，因此经常需要从某个窗体切换到另一个窗体。例如从窗体 Form1 切换到窗体 Form2，可以在窗体 Form1 的程序代码中添加以下语句：

```
Unload Form1
Form2.Show
```

上面第一条语句的作用是关闭并卸载窗体 Form1，第二条语句的作用是加载并显示窗体 Form2。语句 Unload Form1 也可以写为 Unload Me，表示关闭窗体自身，Me 代表当前窗体即 Unload 语句所在的窗体。为了提高程序运行的效率，也可以把语句 Unload Form1 改为 Form1.Hide，即隐藏该窗体。

思考：窗体加载和窗体显示有什么区别？

窗体之间如何共享数据？可以通过全局（Public）变量。在一个窗体中如何访问另一个窗体中某个控件的属性？其访问的一般形式如下：

```
窗体名.控件名.属性
```

例如，把窗体 Form2 中文本框 Text1 的文本显示在窗体 Form1 的标签 Label1 中，可以在窗体 Form1 的程序代码中添加一条语句：

```
Label1.Caption=Form2.Text1.Text
```

【例 8.2】设计一个简单的多窗体程序。

分析：除了窗体 Form1 之外，再添加两个窗体 Form2 和 Form3。在窗体 Form1 上创建“时钟”“诗词”和“退出”三个命令按钮。在窗体 Form2 上创建一个计时器、一个标签和一个“返回”命令按钮，其中计时器的 Interval 属性值设置为 1000。在窗体 Form3 上创建一个标签和一个“返回”命令按钮。

在窗体 Form1 中编写事件过程，分别显示窗体 Form2 和窗体 Form3。

```
Private Sub Command1_Click()
Form1.Hide              '隐藏窗体 Form1
Form2.Show              '显示窗体 Form2
End Sub
Private Sub Command2_Click()
Form1.Hide              '隐藏窗体 Form1
Form3.Show              '显示窗体 Form3
End Sub
Private Sub Command3_Click()
End
End Sub
```

在窗体 Form2 中编写事件过程。在 Timer1_Timer 事件过程中，每一秒钟显示一次时间。在 Command1_Click 事件过程中，隐藏窗体 Form2，并显示窗体 Form1。

```
Private Sub Timer1_Timer()
Label1.FontSize = 24
Label1.Caption = Time         '显示当前时间
End Sub
Private Sub Command1_Click()
Me.Hide                       '隐藏窗体 Form2
Form1.Show                    '显示窗体 Form1
End Sub
```

在窗体 Form3 中编写事件过程。在 Form_Click 事件过程中，显示一首唐诗。在 Command1_Click 事件过程中，隐藏窗体 Form3，并显示窗体 Form1。

```
Private Sub Form_Click()
Dim s As String
s = "登鹳雀楼" & vbCr
s = s & "白日依山尽" & vbCr
s = s & "黄河入海流" & vbCr
s = s & "欲穷千里目" & vbCr
s = s & "更上一层楼"
Label1.FontSize = 24
Label1.Caption = s
End Sub
Private Sub Command1_Click()
Me.Hide                       '隐藏窗体 Form3
```

```
Form1.Show                    '显示窗体 Form1
Label1.Caption = "请单击窗体"
End Sub
```

运行程序，结果如图 8-9 所示。

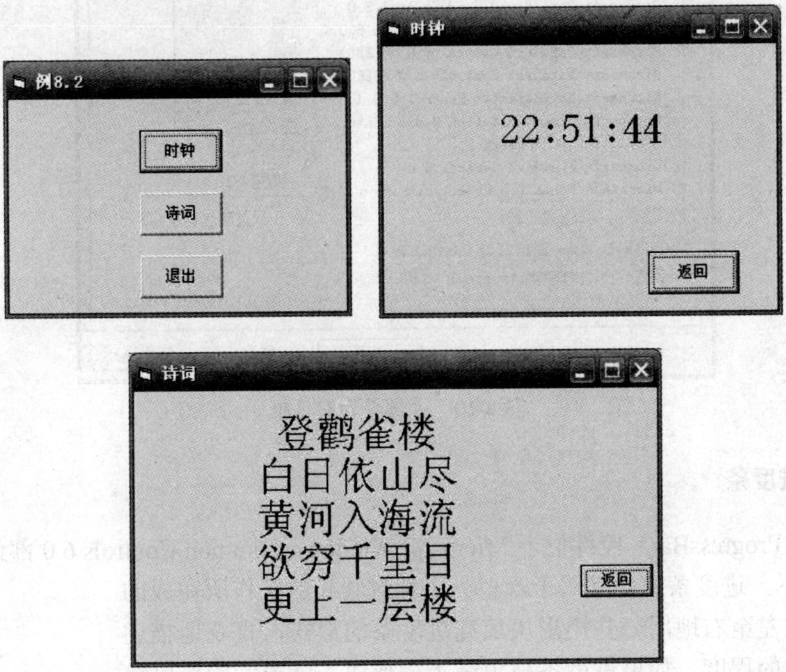

图 8-9　例 8.2 的运行结果

说明：程序运行时，用户可以在主窗口中进行选择。如果单击“时钟”按钮，就会打开“时钟”窗口，显示不断更新的时间。如果单击“诗词”按钮，就会打开“诗词”窗口，单击窗体，则显示一首唐诗。只要在“时钟”或者“诗词”窗口中单击“返回”按钮，就会回到主窗口。

8.4　ActiveX 控件

VB 的工具箱提供了一些标准控件，程序员可以使用它们来设计一些简单的界面。但是如果需要设计工具栏、状态栏以及选项卡等较为复杂的界面，仅仅依靠标准控件是不够的。VB 和一些第三方软件开发商提供了很多 ActiveX 控件，作为对标准控件的补充和扩展。ActiveX 控件是一段可以重复使用的程序代码和数据，其中封装了很多常用的功能，例如通用对话框、进度条和选项卡等。

ActiveX 控件以文件的形式存在，其文件扩展名是 ocx，一般存放在 Windows 系统的 system 或者 system32 目录中，使用时需要添加到工具箱中。在“工程”菜单中选择“部件”命令，打开“部件”对话框，如图 8-10 所示。然后在 “控件”选项卡中，选择要添加的控件所在的部件，单击“确定”按钮，即可在工具箱中添加相应的 ActiveX 控件。一旦把 ActiveX 控件添加到工具箱中，就可以在程序中像标准控件一样使用它们。

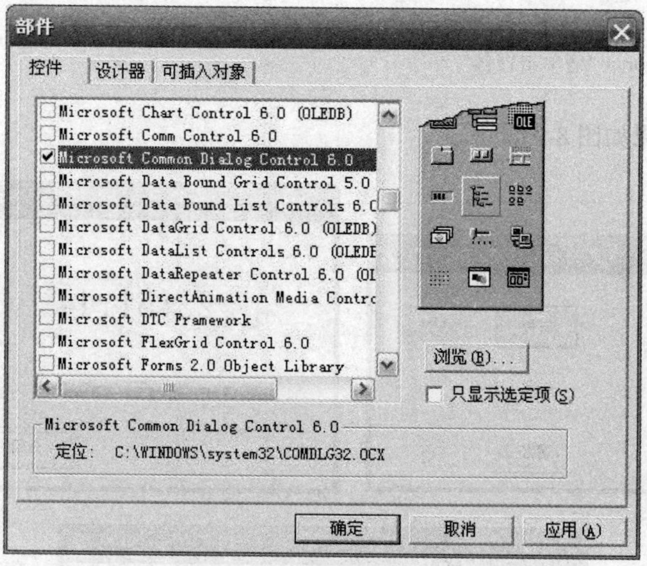

图 8-10 “部件”对话框

8.4.1 进度条

进度条（ProgressBar）控件位于 Microsoft Windows Common Controls 6.0 部件中，其图标如图 8-11 所示。进度条控件常用于观察一个耗时较长的操作所完成的进度，通过从左至右地用一些矩形块填充进度条的形式，直观地描述当前操作完成的程度。如果进度条被填满了矩形块，就表示操作已经完成。

图 8-11 进度条图标

虽然也可以像标准控件那样，在属性窗口中设置 ActiveX 控件的属性，但是一般还是习惯于在属性页中完成对 ActiveX 控件的属性设置。右击在窗体上的 ActiveX 控件，然后在弹出式菜单中选择“属性”命令，即可打开“属性页”对话框。进度条控件的属性页如图 8-12 所示。

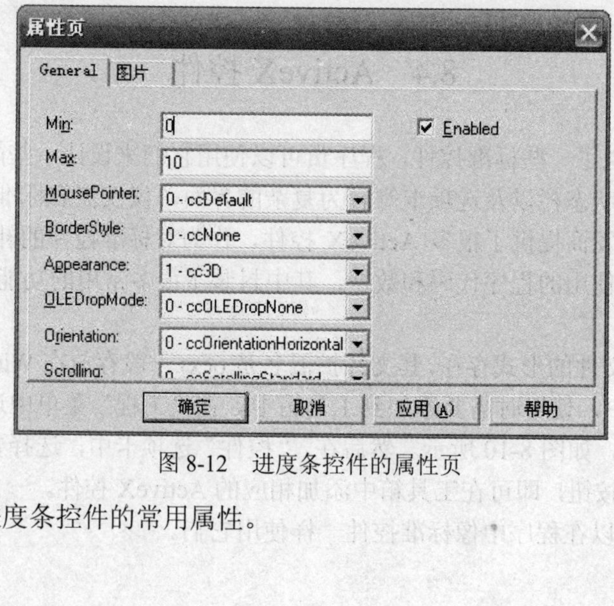

图 8-12 进度条控件的属性页

表 8-6 列出了进度条控件的常用属性。

表 8-6　进度条的常用属性

属性	作用
Name	设置进度条的对象名，程序第一个进度条控件的默认对象名是 ProgressBar1
Max	设置进度条的上界
Min	设置进度条的下界
Value	设置进度条的当前值

说明：Value 属性值在 Min 和 Max 之间波动，表示当前操作的进展程度。在程序运行时，Value 属性值通常是逐渐地递增，直至达到了 Max 属性所规定的最大值，这时就表示操作已经完成。

【例 8.3】设计一个进度条，能够观察程序结束的进度。

分析：在窗体上分别创建 1 个标签、1 个进度条、1 个计时器和 1 个命令按钮，并设置属性值如表 8-7 所示。

表 8-7　例 8.3 中对象的属性设置

对象	属性	属性值	说明
Form1	Caption	例 8.3	窗体的标题
Label1	Caption	""	
ProgressBar1	Min	0	进度条的下界
	Max	10	进度条的上界
Timer1	Enabled	False	计时器失效
	Interval	1000	时间间隔为 1 秒
Command1	Caption	开始	命令按钮的标题

在 Command1 的单击事件过程中，把 Timer1 的 Enabled 属性值置为 True，启动计时器。在 Timer1_Timer 事件过程中，进度条 ProgressBar1 的 Value 属性值加 1，然后判断是否等于 Max。如果相等就结束程序的执行，否则显示程序即将结束的时间。

```
Private Sub Command1_Click()
Timer1.Enabled = True
ProgressBar1.Value = ProgressBar1.Min
Label1.FontSize = 20
Command1.Enabled = False
Label1.Caption = ProgressBar1.Max & "秒之后将自动结束！"
End Sub
Private Sub Timer1_Timer()
Dim i As Integer
ProgressBar1.Value = ProgressBar1.Value + 1
If ProgressBar1.Value = ProgressBar1.Max Then
  End
Else
  i = ProgressBar1.Max - ProgressBar1.Value
```

```
    Label1.Caption = i & "秒之后将自动结束！"
  End If
  End Sub
```

运行程序，结果如图 8-13 所示。

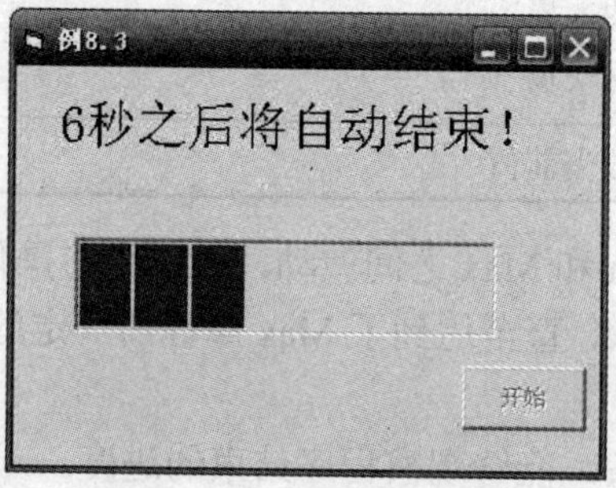

图 8-13 例 8.3 的运行结果

说明：程序运行时用户如果单击“开始”命令按钮，则每隔一秒钟窗体上就会提示程序还有多长时间结束。进度条也在一格一格地填充，指示程序结束的进度。

8.4.2 选项卡

选项卡（SSTab）控件位于 Microsoft Tabbed Dialog Control 6.0 部件中，其图标如图 8-14 所示。SSTab 控件拥有多个选项卡，每一个选项卡都可以像框架一样，作为其他控件的容器。某一时刻只有一个选项卡处于活动状态并显示，其余的选项卡则被隐藏。

图 8-14 选项卡图标

选项卡控件的属性页如图 8-15 所示，表 8-8 列出了选项卡控件的常用属性。

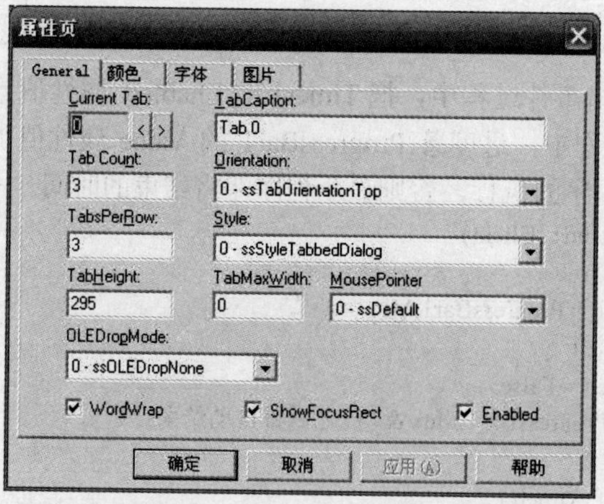

图 8-15 选项卡控件的属性页

说明：如果 Tab 属性值是 0，则表示第一个选项卡当前处于活动状态。

例如为便于分类录入学生的信息，在窗体上设置一个有 3 个选项卡的 SSTab 控件。其中第一个选项卡负责输入学生的基本信息，第二个选项卡负责输入学生的课程成绩，第三个选项卡则负责输入学生的奖惩情况。该选项卡的显示效果如图 8-16 所示。

表 8-8　选项卡的常用属性

属性	作用
Name	设置选项卡的对象名，程序第一个选项卡控件的默认对象名是 SSTab1
Caption	设置选项卡的标题
Tab	设置当前活动的选项卡
Tabs	设置选项卡的总数
TabsPerRow	设置每一行选项卡的数目
Rows	确定选项卡的总行数

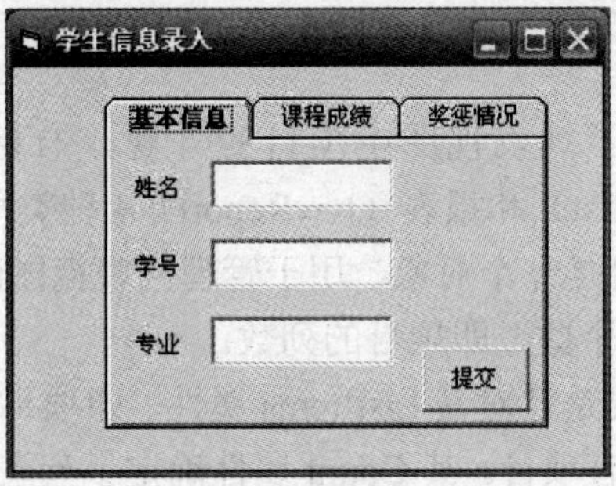

图 8-16　选项卡的显示效果

8.4.3　列表视图

列表视图（ListView）控件位于 Microsoft Windows Common Controls 6.0 部件中，其图标如图 8-17 所示。列表视图能够以列表的形式，直观地显示一组项目。与列表框控件相比，列表视图控件所显示的项目不仅可以有多列，而且每一列都能够拥有自己的列标题。

图 8-17　列表视图图标

列表视图控件的属性页如图 8-18 所示，表 8-9 列出了列表视图控件的常用属性。

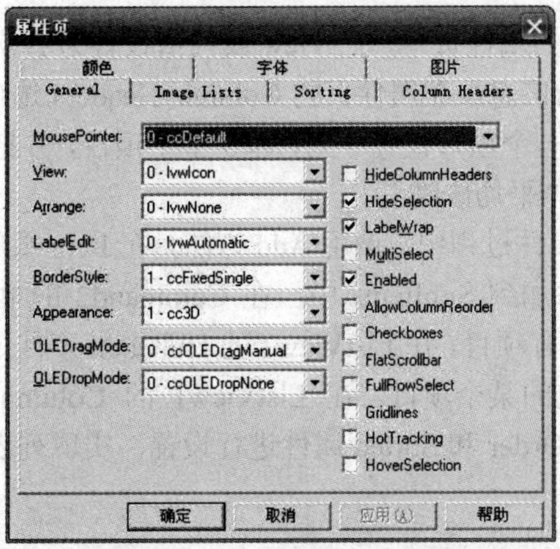

图 8-18　列表视图控件的属性页

表 8-9　列表视图的常用属性

属性	作用
Name	设置列表视图的对象名，程序第一个列表视图控件的默认对象名是 ListView1
Sorted	确定项目是否自动排序
SortKey	确定项目依据哪一列进行排序
SortOrder	确定项目是以升序还是降序进行排序，默认值是 lvwAscending，表示升序
View	设置列表视图的类型
ColumnHeaders	获得列表视图中的列标题对象
ListItems	获得列表视图中的项目对象

说明：

（1）View 属性值确定了列表视图中项目的外观，有标准图标（lvwIcon）、小图标（lvwSmallIcon）、列表（lvwList）和报表（lvwReport）4 种类型。

（2）ColumnHeaders 本身是一个对象，用于管理列表视图的所有列标题。其 Count 属性则确定了列表视图中列标题的个数，即项目的列数。

（3）列表视图的操作主要是针对其 ListItems 属性，即项目对象。ListItems 本身也是一个对象，用于管理视图列表的所有项目。其 Count 属性确定了列表视图中项目的行数，即项目的个数。Item 是 ListItems 的重要属性，其属性值是一个数组，每一个元素存放视图列表的一个项目。Item 数组的元素又是一个对象，其 SubItems 属性值则是一个字符串数组，每一个元素依次存放相应项目的一个子项目。

ListItems 的重要方法是 Add、Remove 和 Clear。Add 方法的功能是创建一个新项目，Remove 方法的功能是删除某个指定的项目，Clear 方法的功能则是清除视图列表中的所有项目。

【例 8.4】设计一个列表视图，能够列出学生的各科成绩和平均成绩。

分析：在窗体的上端分别创建 1 个框架、4 个标签和 4 个文本框，用于输入学生的姓名和各科成绩。在窗体的中部创建 1 个列表视图控件，用于列出所有学生的姓名、各科成绩和平均成绩。在窗体的下端创建 3 个命令按钮，分别用于添加某个学生的信息、清除所有学生的信息以及退出程序的执行。

在列表视图 ListView1 的属性页中，把 View 属性值设置为 lvwReport，使得在视图列表中以报表形式显示所有学生的信息。在属性页的 Column Headers 选项卡中，不断地单击“插入列”按钮，为列表视图的每一个项目设置 5 列，即 5 个子项目，并把列标题依次设置为“姓名”“数学”“英语”“VB”和“平均成绩”。

在 Command1 的单击事件过程中，调用 Add 方法，在 Item 数组中创建一个新项目，并把该项目每一列的数据依次添加到 SubItems 中。在 Command2 的单击事件过程中，调用 Clear 方法，清除视图列表中的所有项目。在 ListView1 的 DblClick 事件过程中，调用 Remove 方法，删除用户在列表视图中选定的某个项目。在 ListView1 的 ColumnClick 事件过程中，分别对 ListView1 的 SortKey、SortOrder 和 Sorted 属性进行设置，实现列表视图中项目的自动排序。

```
Dim i As Integer
Private Sub Form_Load()
i = 1
```

```
ListView1.ListItems.Clear
End Sub
Private Sub Command1_Click()
Dim sum As Integer
If Text1.Text = "" Then
 MsgBox ("必须输入学生的姓名！")
 Text1.SetFocus
 Exit Sub
End If
ListView1.ListItems.Add(i) = Text1.Text                    '添加一个项目
ListView1.ListItems.Item(i).SubItems(1) = Text2.Text
ListView1.ListItems.Item(i).SubItems(2) = Text3.Text
ListView1.ListItems.Item(i).SubItems(3) = Text4.Text
sum = Val(Text2.Text) + Val(Text3.Text) + Val(Text4.Text)
ListView1.ListItems.Item(i).SubItems(4) = Format(sum / 3, "##.#")
i = i + 1
Text1.Text = ""
Text2.Text = ""
Text3.Text = ""
Text4.Text = ""
End Sub
Private Sub Command2_Click()
ListView1.ListItems.Clear
i = 1
End Sub
Private Sub Command3_Click()
End
End Sub
Private Sub ListView1_DblClick()
If ListView1.ListItems.Count >= 1 Then
 ListView1.ListItems.Remove (ListView1.SelectedItem.Index)
 i = i - 1
End If
End Sub
Private Sub ListView1_ColumnClick(ByVal ColumnHeader
As MSComctlLib.ColumnHeader)
ListView1.SortKey = ColumnHeader.Index - 1
If ListView1.SortOrder = lvwAscending Then
 ListView1.SortOrder = lvwDescending
Else
 ListView1.SortOrder = lvwAscending
End If
ListView1.Sorted = True                                     '自动排序
End Sub
```

运行程序，结果如图 8-19 所示。

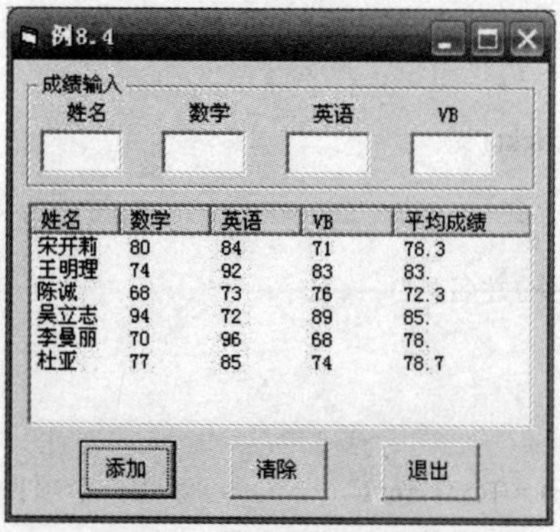

图 8-19 例 8.4 的运行结果

说明：程序运行时用户先在文本框中输入学生的姓名和各科成绩，然后单击“添加”命令按钮，即可在列表视图中显示该位学生的信息。如果用户双击了列表视图中的某一行，则会删除相应学生的信息。如果用户单击了列表视图中某一列的标题，就会以该列为基准，对所有学生的信息进行自动排序。

8.4.4 树形视图

树形视图（TreeView）控件位于 Microsoft Windows Common Controls 6.0 部件中，其图标如图 8-20 所示。树形视图能够以树形结构，组织类似文件目录这样的一些具有层次关系的节点对象（Node），并且以树形方式直观地显示节点对象的分层列表。

图 8-20 树形视图图标

树形视图控件的属性页如图 8-21 所示，表 8-10 列出了树形视图控件的常用属性。

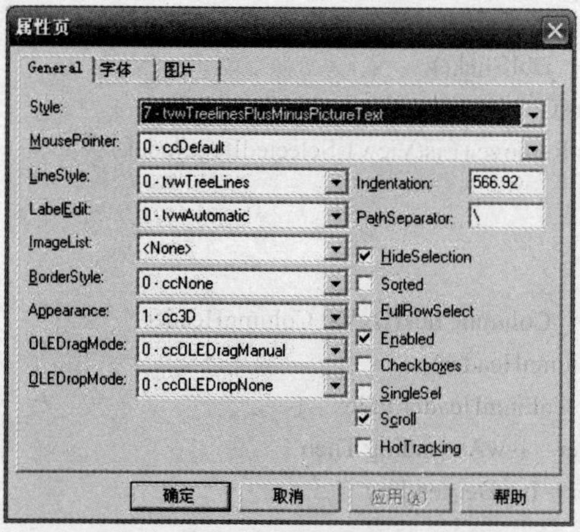

图 8-21 树形视图控件的属性页

树形视图的操作主要是针对其 Nodes 属性，即节点对象。Nodes 本身也是一个对象，它的重要属性是 Expanded，如果该属性的值为 True，表示将节点展开。Nodes 的重要方法是 Add 和 Remove，Add 方法的功能是为某个节点对象创建子节点，Remove 方法的功能是删除某个节点对象。

表 8-10　树形视图的常用属性

属性	作用
Name	设置树形视图的对象名，程序第一个树形视图控件的默认对象名是 TreeView1
Style	设置树形视图的样式
Nodes	获得树形视图中的节点对象
LineStyle	设置节点之间连线的样式
Sorted	确定节点是否自动排序

例如用树形视图建立一个描述计算机组成结构的分层列表，“计算机”是根节点，它有“硬件”和“软件”两个子节点。“硬件”节点有“CPU”“存储器”和“外部设备”三个子节点，“软件”节点有“系统软件”和“应用软件”两个子节点，“外部设备”节点有“输入设备”和“输出设备”两个子节点。在窗体的 Load 事件过程中，调用树形视图 TreeView1 的 Nodes 属性的 Add 方法，逐步添加节点对象，并确立节点之间的层次关系。然后在 For-Next 循环结构中，将所有的节点展开。

```
Private Sub Form_Load()
Dim Node1 As Node, i As Integer
Set Node1=TreeView1.Nodes.Add(, , "计算机", "计算机")
Set Node1=TreeView1.Nodes.Add("计算机", tvwChild, "硬件", "硬件")
Set Node1=TreeView1.Nodes.Add("计算机", tvwChild, "软件", "软件")
Set Node1=TreeView1.Nodes.Add("硬件", tvwChild, "CPU", "CPU")
Set Node1=TreeView1.Nodes.Add("硬件", tvwChild, "存储器", "存储器")
Set Node1=TreeView1.Nodes.Add("硬件", tvwChild, "外部设备", "外部设备")
Set Node1=TreeView1.Nodes.Add("软件", tvwChild, "系统软件", "系统软件")
Set Node1=TreeView1.Nodes.Add("软件", tvwChild, "应用软件", "应用软件")
Set Node1=TreeView1.Nodes.Add("外部设备", tvwChild, "输入设备", "输入设备")
Set Node1=TreeView1.Nodes.Add("外部设备", tvwChild, "输出设备", "输出设备")
For i = 1 To TreeView1.Nodes.Count
  TreeView1.Nodes(i).Expanded = True
Next i
End Sub
```

该树形视图的显示效果如图 8-22 所示。

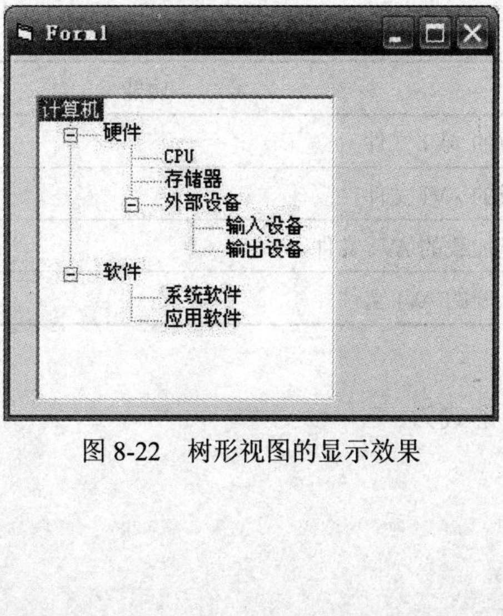

图 8-22　树形视图的显示效果

8.4.5 Animation 控件

Animation 控件位于 Microsoft Windows Common Controls-2 6.0 部件中，其图标如图 8-23 所示。Animation 控件能够显示无声的 AVI 视频文件，它属于后台控件，程序运行时看不到。Animation 控件一般用于播放无声的 AVI 动画，AVI 动画是由若干帧位图组成的，其结构与电影类似。

图 8-23 Animation 控件图标

Animation 控件的属性页如图 8-24 所示，表 8-11 列出了 Animation 控件的常用属性。

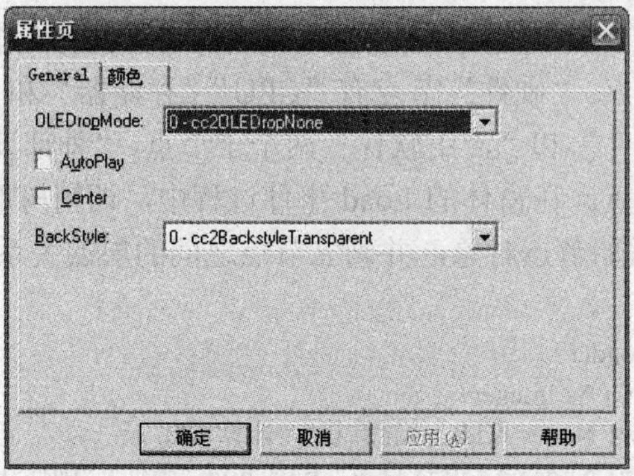

图 8-24 Animation 控件的属性页

表 8-11 Animation 控件的常用属性

属性	作用
Name	设置 Animation 控件的对象名，程序第一个 Animation 控件的默认对象名是 Animation1
AutoPlay	确定 Animation 控件能否自动播放加载的 AVI 文件，默认值是 False，表示不能自动播放
BackStyle	设置 Animation 控件播放动画的背景
Center	确定 Animation 控件中的 AVI 文件是否居中显示，默认值是 False，表示不居中显示，而是在控件的左上角显示

Animation 控件的常用方法有 Open、Play、Stop 和 Close，如表 8-12 所示。

表 8-12 Animation 控件的常用方法

方法	功能
Open	打开要播放的 AVI 文件
Play	播放已加载的 AVI 文件
Stop	停止播放已加载的 AVI 文件
Close	关闭当前打开的 AVI 文件

说明：

（1）Open 方法的调用形式为：

对象.Open Filename

参数 Filename 表示在 Animation 控件中被打开文件的文件名，该文件的扩展名必须是 avi。

（2）Play 方法的调用形式为：

对象.Play [RepeatCount,StartFrame,EndFrame]

参数 RepeatCount 表示动画重复播放的次数，其默认值是-1，表示可以连续重复地播放。参数 StartFrame 表示动画播放的开始帧，其默认值是 0，表示从第一帧开始播放。参数 EndFrame 表示动画播放的结束帧，其默认值是-1，表示一直播放到最后一帧才结束。例如在控件 Animation1 中播放动画，从第 7 帧开始，到第 23 帧结束，一共重复 3 次，可以写为：

Animation1.Play 3, 7, 23

【例 8.5】设计一个简单的 AVI 动画播放器。

分析：在窗体上分别创建 1 个框架控件、1 个通用对话框控件、1 个 Animation 控件和 4 个命令按钮控件。把 Animation 控件放入框架中，使得动画在播放时具有边框。

在 Form_Load 事件过程中，对通用对话框 CommonDialog1 的 Filter 属性进行设置，使得在通用对话框中只显示 AVI 类型的文件。在 Command1 的单击事件过程中，首先调用 ShowOpen 方法，显示“打开”对话框。通过 CommonDialog1 的 FileName 属性，得到用户选中的 AVI 文件的文件名，然后调用 Open 方法，在 Animation1 控件中打开相应的文件。在 Command2 的单击事件过程中，调用 Play 方法，开始播放动画。在 Command3 的单击事件过程中，调用 Stop 方法，停止播放动画。在 Command4 的单击事件过程中，调用 Close 方法，关闭已经打开的 AVI 文件，然后结束程序的执行。

```
Private Sub Form_Load()
CommonDialog1.Filter = "AVI 文件(*.avi)|*.avi"
Command2.Enabled = False
Command3.Enabled = False
End Sub
Private Sub Command1_Click()
Dim s As String
CommonDialog1.ShowOpen
s = CommonDialog1.FileName
Animation1.Open s
Command2.Enabled = True
End Sub
Private Sub Command2_Click()
Animation1.Play
Command2.Enabled = False
Command3.Enabled = True
End Sub
Private Sub Command3_Click()
Animation1.Stop
Command2.Enabled = True
Command3.Enabled = False
End Sub
Private Sub Command4_Click()
Animation1.Close
End
End Sub
```

运行程序，结果如图 8-25 所示。

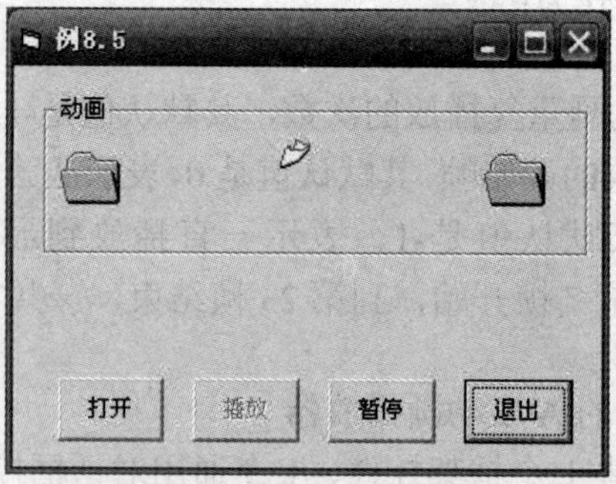

图 8-25　例 8.5 的运行结果

说明：程序运行时用户应首先单击“打开”命令按钮，选择相应的 AVI 文件并打开。如果单击“播放”命令按钮，则在窗体上就会重复地播放动画。此时“播放”命令按钮失效，而“暂停”命令按钮从失效变为有效。如果单击“暂停”命令按钮，就会暂停播放动画。此时“暂停”命令按钮失效，而“播放”命令按钮从失效变为有效。

8.5　小结

本章主要讲解了一些常用的界面设计技术。在程序中对通用对话框对象的 Action 属性进行设置，或者调用通用对话框对象的各种 Show 方法，能够打开不同类型的通用对话框。菜单主要分为下拉式菜单和弹出式菜单，使用菜单编辑器能够较为快捷地设计各种菜单。在程序中一般需要为菜单项控件编写单击事件过程，程序运行时用户只要单击菜单项，就可以执行相应的操作。

多窗体程序运行时，启动窗体最先显示。一般通过 Show 方法、Hide 方法和 Unload 语句，实现窗体之间的切换。ActiveX 控件是对标准控件的补充和扩展，其使用方法与标准控件类似。ActiveX 控件具有自己的属性和方法，能够实现很多常用的功能。

习　题

1．如何把 ActiveX 控件添加到工具箱中？

2．如何在程序中显示“颜色”对话框？如何在“打开”对话框中过滤指定的文件类型？

3．如何在程序中显示弹出式菜单？

4．如何在程序中关闭一个窗体，显示另一个窗体？

5．如何确定当前活动的选项卡？

6．设计一个多窗体程序，在“输入成绩”窗体中输入高等数学、英语和 VB 课程的成绩，在“统计成绩”窗体中显示总分和平均成绩。

第 9 章　文件

前面介绍的在程序中进行数据的输入和输出，其操作都是针对标准输入输出设备进行的。在程序运行时，从键盘输入数据，经过处理之后，再将运行结果输出到显示器的屏幕上。数据在内存中存储的时间是短暂的，而在实际应用时常常希望数据能够长期保存。这时可以把数据保存在磁盘的文件中，以后需要再次使用这些数据时，就可以打开文件并进行相应的操作。本章介绍文件的概念以及在 VB 程序中进行文件操作的方法，主要讲解 VB 语言的文件操作语句和函数，此外还介绍了文件系统控件。

9.1　概述

文件（file）是指具有文件名的相关数据的集合，一般把它保存在外部存储介质中（例如磁盘）。VB 文件由记录组成，记录由字段组成，字段则由字符组成。例如在学生信息文件中存放了若干个学生记录，每一个学生记录由学号、姓名和年龄等字段组成，而每一个字段由若干个字符组成，其长度取决于字段的数据类型。

VB 语言提供了一些语句和函数，专门用来完成文件的输入输出等操作。文件的输入是指把数据从磁盘上的文件读到内存中，而文件的输出是指把数据从内存写入磁盘的文件中。按照文件的存取方式进行分类，VB 文件一般可以分为顺序文件、随机文件和二进制文件。

1. 顺序文件

顺序文件一般是普通的文本文件，其所有数据都以字符串的形式存储。顺序文件的一行数据就是一条记录，记录的长度不固定，记录之间以换行符予以分隔。顺序文件的记录是顺序存储的，而且只提供第一条记录的存储位置。顺序文件的访问应采取顺序存取方式，例如查找某一个数据只能从文件的头部开始，一条一条地顺序读取记录，直至找到所要查找的记录为止。

2. 随机文件

随机文件由相同长度的记录集合组成，每一条记录有一个唯一的记录号。随机文件的访问可以采取随机存取方式，直接读取某一条记录。只要指定记录号，就能够快速找到该条记录在文件中的位置，然后进行相应的操作。

3. 二进制文件

二进制文件按二进制的形式存储数据，这正是数据在内存中存储的原始形式。二进制文件与随机文件很相似，只是没有数据类型和记录长度这些说明信息。二进制文件的访问同样可以采取随机存取方式，直接读取某一个字节。二进制文件允许程序按照所需的任何方式组织数据，并且适用于存取任意结构的数据。

9.2　文件打开与关闭

对磁盘文件的操作，主要有打开、读、写、关闭和删除等。对文件操作时，必须遵循“先打开，后读写，最后关闭”的原则。

9.2.1 文件打开

文件打开操作是在读写文件之前，做一些必要的准备工作。例如确定文件的操作方式，以及分配缓冲区等。VB 语言为文件打开提供 Open 语句，其格式如下：

```
Open 文件名[For 模式][Access 存取类型][锁定]As[#]文件号[Len=记录长度]
```

说明：

（1）文件名是一个字符串，该参数是必选项，用来指定需要打开的文件。如果该文件不在当前目录中，则在文件名中必须包含路径名，例如 d:\wxd\test\test01.txt。

（2）模式位于关键字 For 之后，用来指定文件的操作方式。一共有 5 种方式，其中默认方式是 Random，如表 9-1 所示。表中前 3 种方式针对顺序文件，Random 方式针对随机文件，Binary 方式则针对二进制文件。

表 9-1 VB 文件的模式

模式	含义
Input	顺序输入
Output	顺序输出
Append	在文件尾部顺序输出
Random	随机存取
Binary	二进制方式

用 Input 方式打开的文件必须已经存在，而且只能从该文件读入数据。用 Output 方式打开的文件只能用于向该文件写入数据，如果文件不存在，则新建立一个以指定名字命名的文件；如果文件已经存在，则文件中的原内容将被清除。Append 方式也用于向文件写入数据，它与 Output 方式的区别是，Append 方式是从文件的尾部追加数据，而 Output 方式是从文件的头部添加数据。

（3）存取类型位于关键字 Access 之后，用来指定所访问文件的类型。

（4）锁定只在网络或者多任务环境中使用，其作用是限制其他用户或者进程对已打开的文件进行读写操作。

（5）文件号是一个整型表达式，该参数是必选项，取值范围在 1～511 之间。在执行 Open 语句时，系统自动为打开的文件和文件号之间建立关联。此后文件号就代表打开的文件，在程序中对文件的操作都要借助于文件号。在程序中文件号是唯一的，直到打开的文件被关闭之后，该文件号才能够被其他文件使用。

（6）记录长度是一个整型表达式，其取值不能超过 32767。对于顺序文件，该参数是指缓冲区的字符数，默认值是 512；对于随机文件，该参数是指记录的长度，默认值是 128。

思考：如果以 Append 方式打开文件，该文件的原内容是否会被清除？

例如，以读方式打开一个顺序文件 test01.txt，文件号为 1，可以写为：

```
Open "test01.txt" For Input As #1
```

例如，打开一个随机文件“test02.dat”，文件号为 2，记录长度为 26 字节，可以写为：

```
Open "test02.dat" For Random As #2 Len=26
```

9.2.2 文件关闭

在程序中对文件的读写操作完成之后，必须关闭文件。这是因为需要及时释放文件所占用的内存空间等资源，另外文件缓冲区的内容也需要由系统写回到文件中，否则可能导致信息的丢失。VB 语言为文件关闭提供 Close 语句，其格式如下：

```
Close[[#]文件号][,[#]文件号…]
```

说明：如果省略文件号，则系统会将程序中所有已经打开的文件全部关闭。

例如，关闭 1 号文件和 2 号文件，可以写为：

```
Close #1,#2
```

9.3 文件读写

对于不同类型的数据文件，VB 分别提供了不同的读写方法。其中二进制文件的读写方法与随机文件十分相似，只不过二进制文件的存取单位是字节，而随机文件的存取单位是记录。

9.3.1 顺序文件

顺序文件的写操作可以用 Print 语句和 Write 语句实现，顺序文件的读操作可以用 Input 语句、Line Input 语句和 Input 函数实现。

1. Print 语句

Print 语句用于将格式化的数据写入顺序文件，其格式如下：

```
Print #文件号,[表达式列表][;|,]
```

说明：

（1）Print 语句的格式与 Print 方法十分相似，其差别在于 Print 语句增加了一个文件号参数。Print 语句输出的对象是文件，而 Print 方法输出的对象则是窗体、图片框和打印机。

（2）表达式列表列出向文件写入的信息，它的用法与 Print 方法相同。该参数是可选项，如果被省略，例如写为：

```
Print #1,
```

则表示向文件写入一个空行。

（3）如果用分号（;）分隔表达式列表中的数据项，按照紧凑格式写入数据；如果用逗号（,）分隔数据项，按照标准格式写入数据。

（4）对于字符串数据，如果其中含有逗号、分号、空格或换行符，则应该先给字符串加上双引号（""），然后写入文件。例如：

```
Dim a1 As String, a2 As String
a1 = "VB 语言"
a2 = "Visual Basic"
Print #1,Chr(34);a1;Chr(34);Chr(34);a2;Chr(34)
```

Chr(34)表示调用 Chr 函数，获得 ASCII 码为 34 的字符即双引号。执行该程序段之后，写入 1 号文件的数据是：

```
"VB 语言" "Visual Basic"
```

【例 9.1】输入一些学生的信息，并把这些信息写入到文件 test01.txt 中。

分析：在窗体中创建一个文本框，用于接收学生的人数。在命令按钮 Command1 的单击事件过程中，使用 Open 语句以 Output 方式打开指定的文件。在循环结构中先调用 InputBox 函数，从键盘输入学生的信息，然后使用 Print 语句把它写入到文件中。写操作结束之后，使用 Close 语句关闭文件。

```
Private Sub Command1_Click()
Dim n As Integer, i As Integer, name As String, age%
n = Val(Text1.Text)
Open "d:\test01.txt" For Output As #1                '打开文件
For i = 1 To n
  name = InputBox("请输入第" & i & "个学生的姓名")
  age = InputBox("请输入第" & i & "个学生的年龄")
  Print #1, name; age                                '向文件写入学生的姓名和年龄
Next i
Close #1                                             '关闭文件
End Sub
Private Sub Command2_Click()
End
End Sub
```

在程序运行时输入 3 个学生的信息，运行结束之后用记事本打开文件 test01.txt，其内容如图 9-1 所示。

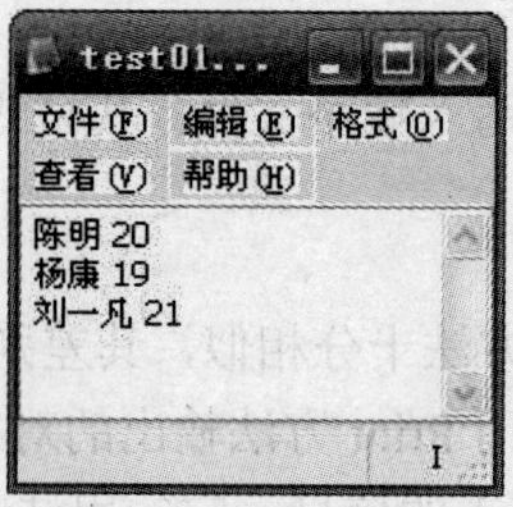

图 9-1　文件 test01.txt 的内容

2. Write 语句

Write 语句也能够将数据写入顺序文件，其格式如下：

```
Write #文件号,[输出列表]
```

说明：

（1）输出列表列出向文件写入的信息，其中的各个数据项之间用逗号（,）分隔。

（2）Write 语句的功能与 Print 语句基本相同。其差别在于 Write 语句写入的数据在文件中按照紧凑格式存放，而且自动在数据之间插入逗号（,），并给字符串加上双引号。例如：

```
Dim a1 As Integer, a2 As String, a3 As Single
a1 = 5
a2 = "China"
a3 = 3.6
Write #1,a1,a2,a3
```

Write 语句把变量 a1、a2 和 a3 中的数据依次写入 1 号文件。执行该程序段之后，1 号文件中存放的数据是：

```
5,"China",3.6
```

【例 9.2】在例 9.1 的基础上再输入一些学生的信息，并把这些信息追加到文件 test01.txt 中。

分析：界面设计部分与例 9.1 基本相同。在命令按钮 Command1 的单击事件过程中，使用 Open 语句以 Append 方式打开指定的文件。在循环结构中使用 Write 语句，把输入的学生信息写入到文件中。写操作结束之后，使用 Close 语句关闭文件。

```
Private Sub Command1_Click()
Dim n As Integer, i As Integer, name As String, age%
n = Val(Text1.Text)
Open "d:\test01.txt" For Append As #1                      '打开文件
For i = 1 To n
  name = InputBox("请输入第" & i & "个学生的姓名")
  age = InputBox("请输入第" & i & "个学生的年龄")
  Write #1, name, age                                      '向文件写入学生的姓名和年龄
Next i
Close #1                                                   '关闭文件
End Sub
Private Sub Command2_Click()
End
End Sub
```

在程序运行时输入 3 个学生的信息，运行结束之后用记事本打开文件 test01.txt，其内容如图 9-2 所示。

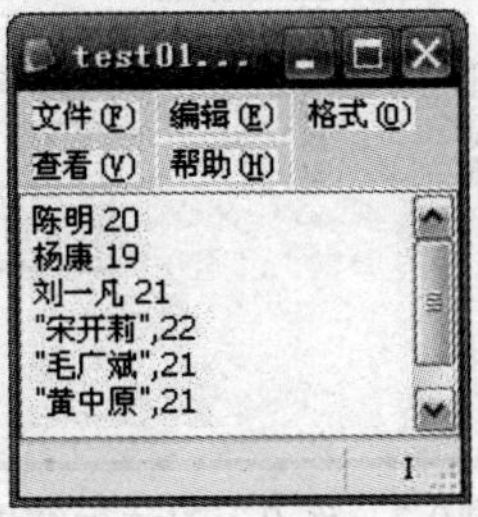

图 9-2　追加信息之后文件 test01.txt 的内容

说明：从图 9-2 中可以发现，前 3 条记录是用 Print 语句写入的，而后 3 条记录则是用 Write 语句写入的。请读者自行观察 Print 语句和 Write 语句在写入数据时的差别。

思考：在本例中能否以 Output 方式打开文件 test01.txt？

3. Input 语句

Input 语句用于从顺序文件读取数据，并把这些数据赋给相应的变量。其格式如下：

```
Input #文件号,变量列表
```

说明：

（1）变量列表列出的变量用于接收从文件读出的信息，各个变量之间用逗号（,）分隔。如：

```
Dim a1 As Integer, a2 As String, a3 As Single
Input #1,a1,a2,a3
```

Input 语句从 1 号文件读出 3 个数据，并依次赋给变量 a1、a2 和 a3。

（2）变量的类型应该与文件中数据的类型相匹配。为了确保能够将文件中的数据正确地读出，Input 语句应该与 Write 语句配合使用。

【例 9.3】把文件 test01.txt 中的学生信息读出，并把这些信息显示在图片框中。

分析：在窗体中创建一个图片框，用于显示所有从文件中读出的学生信息。在命令按钮 Command1 的单击事件过程中，使用 Open 语句以 Input 方式打开指定的文件。在循环结构中先使用 Input 语句，从文件中读出学生的信息，然后显示在图片框中。读操作结束之后，使用 Close 语句关闭文件。循环条件显然是操作未到文件的尾部，那么如果判断文件的尾部呢？可以调用 EOF 函数，检测当前操作是否到达文件的尾部。

```
Private Sub Command1_Click()
Dim name As String, age%
Open "d:\test01.txt" For Input As #1                '打开文件
Do While Not EOF(1)
  Input #1, name, age                               '从文件读出学生的姓名和年龄
  Picture1.Print name, age
Loop
Close #1                                            '关闭文件
End Sub
Private Sub Command2_Click()
End
End Sub
```

运行程序，结果如图 9-3 所示。

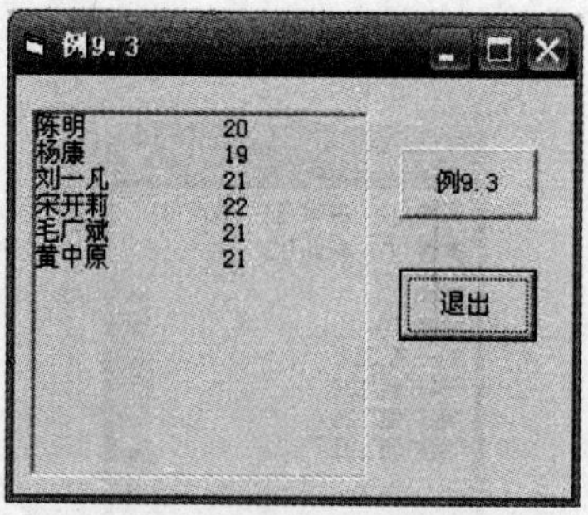

图 9-3　例 9.3 的运行结果

说明：如果当前操作到达了文件的尾部，则 EOF 函数的返回值是 True。循环条件 Not EOF(1) 的值是 False，从而循环结束。为了使 Input 语句能够正确地读出文件中的数据，在程序运行之前先用记事本打开了文件 test01.txt，并将其中前 3 条记录的格式改成与后 3 条记录的格式一致，即统一采用 Write 语句写入数据的格式。

4．Line Input 语句

Line Input 语句用于从顺序文件读取一行数据，并把它赋给一个字符串变量。其格式如下：

Line Input #文件号,字符串变量

说明：Line Input 语句能够一次读出文件中的一行数据即一条记录，其中不包含换行符。Line Input 语句一般与 Print 语句配合使用。

【例 9.4】用 Line Input 语句改写例 9.3。

分析：界面设计部分与例 9.3 基本相同。在命令按钮 Command1 的单击事件过程中，使用 Open 语句以 Input 方式打开指定的文件。在循环结构中使用 Line Input 语句，从文件中读出一条学生信息，并赋给字符串变量 s，然后显示在图片框中。读操作结束之后，使用 Close 语句关闭文件。

```
Private Sub Command1_Click()
Dim s As String
Open "d:\test01.txt" For Input As #1                    '打开文件
Do While Not EOF(1)
 Line Input #1, s                                       '从文件读出学生的姓名和年龄
 Picture1.Print s
Loop
Close #1                                                '关闭文件
End Sub
Private Sub Command2_Click()
End
End Sub
```

运行程序，结果如图 9-4 所示。

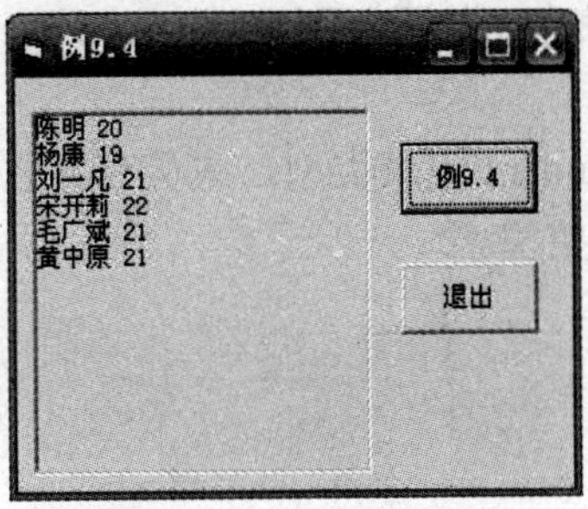

图 9-4　例 9.4 的运行结果

说明：为了使 Line Input 语句不读出字符串的双引号和数据之间的逗号，在程序运行之前先用记事本打开了文件 test01.txt，并将其中所有记录的格式统一改成 Print 语句写入数据的格式，即去掉了字符串的双引号和数据之间的逗号。

5. Input 函数

Input 函数用于从文件中读取指定数量的字符，并把它赋给一个字符串变量。其格式如下：

```
Input(n,#文件号)
```

说明：Input 函数通常出现在赋值语句中，参数 n 指定了读取字符的数量。例如：

```
Dim a As String
a=Input(20,#1)
```

Input 函数从 1 号文件读出 20 个字符，并赋给字符串变量 a。

9.3.2 随机文件

随机文件由一组相同长度的记录组成，以记录为单位进行文件的读写操作。在程序中打开一个随机文件之前，应先定义一个记录类型，与该文件所包含的记录结构相对应。在打开随机文件之后，既可以进行写操作，也可以进行读操作，而且能够直接定位在任意一条记录上。

随机文件的写操作可以用 Put 语句实现，随机文件的读操作可以用 Get 语句实现。

1. Put 语句

Put 语句用于将记录变量中的数据，写入到随机文件中指定的记录位置。其格式如下：

```
Put #文件号,[记录号],变量
```

说明：记录号是一个自然数，表示写入的是第几条记录。如果省略了记录号，例如写为：

```
Put #1,,stu
```

则表示把变量中的记录写入到文件的下一个记录位置。

2. Get 语句

Get 语句用于从随机文件读取指定位置的记录，并把它赋给一个记录变量。其格式如下：

```
Get #文件号,[记录号],变量
```

说明：Get 语句的格式与 Put 语句基本相同，其作用则正好相反。例如要修改 1 号文件的第 3 条记录，可以先使用 Get 语句读出这条记录，修改其内容之后，再使用 Put 语句写回该记录在文件中的原位置。

```
Get #1,3,stu
……
Put #1,3,stu
```

【例 9.5】输入一些学生的信息，并写入到文件 test02.dat 中，然后从文件读取所有的学生信息，显示在图片框中。

分析：在标准模块中定义 Student 记录类型，成员有姓名、专业和成绩。其中姓名和专业的类型为字符串，成绩的类型为整型。

```
Type Student
    name As String
    spec As String
    score As Integer
End Type
```

在窗体中创建一个文本框，用于接收学生的人数。在命令按钮 Command1 的单击事件过程中，使用 Open 语句以 Random 方式打开指定的文件。在循环结构中先调用 InputBox 函数，从键盘输入学生的信息，然后使用 Put 语句把它写入文件中。写操作结束之后，使用 Close 语句关闭文件。在命令按钮 Command2 的单击事件过程中，使用 Open 语句以 Random 方式打开指定的文件。在循环结构中使用 Get 语句，从文件读出学生的信息，然后显示在图片框中。读操作结束之后，使用 Close 语句关闭文件。

```
Dim n As Integer
Private Sub Command1_Click()
Dim i As Integer, stu As Student
n = Val(Text1.Text)
Open "d:\test02.dat" For Random As #1          '打开文件
For i = 1 To n
 stu.name = InputBox("请输入第" & i & "个学生的姓名")
 stu.spec = InputBox("请输入第" & i & "个学生的专业")
 stu.score = InputBox("请输入第" & i & "个学生的成绩")
 Put #1, , stu                                 '向文件写入学生的信息
Next i
Close #1                                       '关闭文件
End Sub
Private Sub Command2_Click()
Dim i As Integer, stu As Student
Open "d:\test02.dat" For Random As #1          '打开文件
For i = 1 To n
```

```
    Get #1, , stu                              '从文件读取学生的信息
    Picture1.Print stu.name, stu.spec, stu.score
  Next i
  Close #1                                     '关闭文件
  End Sub
  Private Sub Command3_Click()
  End
  End Sub
```

运行程序，结果如图 9-5 所示。

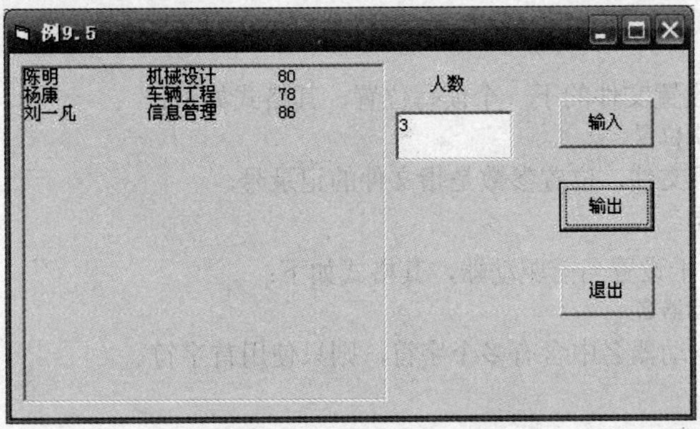

图 9-5　例 9.5 的运行结果

说明：在程序中打开文件 test02.dat 时，文件的记录长度为默认值。如果要精确地设置记录长度，则记录类型中的字符型成员应该定义为定长字符串。语句"Get #1, , stu"的作用是，读取文件的下一个记录，并把它赋给记录变量 stu。

9.4　文件操作

读写操作是文件操作的重要组成部分，它针对的是文件内容。除此之外，文件操作还有删除、复制和重命名等，这些操作主要是针对文件整体。VB 提供了一组语句和函数，使得程序员可以对文件或目录进行一些维护性操作。

9.4.1　文件操作语句

1. FileCopy 语句

FileCopy 语句用于将源文件复制到指定的目标文件，其格式如下：

FileCopy　源文件名,目标文件名

说明：不能使用 FileCopy 语句复制一个已经打开的文件。

2. Kill 语句

Kill 语句用于删除指定的文件，其格式如下：

Kill　文件名

说明：使用 Kill 语句删除文件时，文件名中可以含有通配符“*”和“?”。例如要删除 D 盘中所有的文本（txt）文件，可以写为：

```
Kill "d:\*.txt"
```

如果先使用 FileCopy 语句复制文件，然后使用 Kill 语句删除源文件，就可以实现文件的移动操作。例如：

```
FileCopy "d:\tmp\test01.txt","d:\wxd\test02.txt"
Kill "d:\tmp\test01.txt"
```

3. Name 语句

Name 语句用于对文件重命名，其格式如下：

```
Name 原文件名 As 新文件名
```

说明：使用 Name 语句也可以实现文件的移动操作，但是移动之后的文件必然留在原驱动器上。

4. Seek 语句

Seek 语句用于设置文件的下一个读写位置，其格式如下：

```
Seek #文件号,位置
```

说明：对于随机文件，位置参数是指文件的记录号。

5. ChDrive 语句

ChDrive 语句用于设置当前驱动器，其格式如下：

```
ChDrive 驱动器名
```

说明：如果在驱动器名中含有多个字符，则只使用首字符。

6. MkDir 语句

MkDir 语句用于创建一个新目录，其格式如下：

```
MkDir 目录名
```

7. ChDir 语句

ChDir 语句用于设置当前目录，其格式如下：

```
ChDir 目录名
```

例如：

```
ChDir "d:\program"
```

8. RmDir 语句

RmDir 语句用于删除指定的目录，其格式如下：

```
RmDir 目录名
```

说明：如果被删除的目录中有文件，则应先使用 Kill 语句删除目录中的所有文件，然后再使用 RmDir 语句删除该目录。

9.4.2 文件操作函数

1. FreeFile 函数

FreeFile 函数的格式如下：

```
FreeFile[(n)]
```

该函数的作用是，返回一个在程序中尚未使用的文件号。如果参数 n 的值是 0，返回一个 1～255 之间的文件号；如果参数 n 的值是 1，则返回一个 256～511 之间的文件号。如果未指定参数 n，则为默认值 0。

2. LOF 函数

LOF 函数的格式如下：

```
LOF(文件号)
```

该函数的作用是，返回指定文件的长度（字节数）。

3. EOF 函数

EOF 函数的格式如下：

```
EOF(文件号)
```

该函数的作用是，检测当前操作是否到达文件的尾部。如果到达了文件的尾部，则函数的返回值是 True，否则返回 False。

4. Seek 函数

Seek 函数的格式如下：

```
Seek(文件号)
```

该函数的作用是，返回文件的当前读写位置。

5. CurDir 函数

CurDir 函数的格式如下：

```
CurDir[(驱动器名)]
```

该函数的作用是，返回指定驱动器的当前目录。如果省略参数“驱动器名”，则函数返回当前驱动器的当前目录。

6. Shell 函数

Shell 函数的格式如下：

```
Shell(文件名[,窗口类型])
```

该函数的作用是，调用并运行指定的可执行文件。这些可执行文件是能够在 Windows 环境中运行的应用程序，其扩展名可以是 exe、com 和 bat。参数“窗口类型”表示执行应用程序的窗口状态，其可取的值有 6 个，默认值是 2，如表 9-2 所示。

表 9-2　参数窗口类型的取值

常量	值	含义
VbHide	0	窗口被隐藏
VbNormalFocus	1	正常窗口，有焦点
VbMinimizedFocus	2	最小化窗口，有焦点
VbMaximizedFocus	3	最大化窗口，有焦点
VbNormalNoFocus	4	正常窗口，无焦点
VbMinimizedNoFocus	5	最小化窗口，无焦点

例如，在程序中打开 Windows 系统的计算器，可以写为：

```
Shell("c:\windows\system32\calc.exe")
```

9.5　文件系统控件

在 Windows 应用程序中打开或者保存文件时，通常需要打开一个对话框。在对话框中查看系统的驱动器、目录和文件等信息，然后指定相应的文件。除了通用对话框之外，VB 还提供了文件系统控件，它包括驱动器列表框控件、目录列表框控件和文件列表框控件。文件系统控件是标准控件，程序员可以使用它创建自定义对话框，编写文件管理程序。

9.5.1 驱动器列表框

驱动器列表框（DriveListBox）控件用来列出系统中全部有效的驱动器，默认情况下显示系统当前的驱动器，用户也可以从下拉式列表框中选择所需的驱动器。在 VB 的工具箱中，驱动器列表框控件的图标如图 9-6 所示。

图 9-6 驱动器列表框图标

1. 属性

表 9-3 列出了驱动器列表框控件的常用属性。

表 9-3 驱动器列表框的常用属性

属性	作用
Name	设置驱动器列表框的对象名，程序第一个驱动器列表框控件的默认对象名是 Drive1
Drive	设置所选择的驱动器名
List	确定驱动器列表框所显示的驱动器列表
ListCount	确定驱动器列表框中驱动器的总数

说明：

（1）Drive 是驱动器列表框控件最重要的属性，其属性值只能通过程序代码设置。例如：

```
Drive1.Drive = "d"
```

（2）List 是一个字符串数组，其中每一个元素都存放了一个有效的驱动器名和卷标。

2. 事件

Change 事件是驱动器列表框控件最重要的事件。一旦用户选择了一个新的驱动器，导致 Drive 属性值被改变，就会引发 Change 事件。

9.5.2 目录列表框

目录列表框（DirListBox）控件用来显示系统当前驱动器上的目录结构，初始状态下只显示当前驱动器的根目录和当前目录。程序运行时如果用户双击某个子目录，就可以使它成为当前目录。在 VB 的工具箱中，目录列表框控件的图标如图 9-7 所示。

图 9-7 目录列表框图标

1. 属性

表 9-4 列出了目录列表框控件的常用属性。

表 9-4 目录列表框的常用属性

属性	作用
Name	设置目录列表框的对象名，程序第一个目录列表框控件的默认对象名是 Dir1
Path	设置当前目录
List	确定当前目录下的子目录列表
ListCount	确定当前目录下的子目录的总数
ListIndex	确定当前目录在目录列表中的索引

说明：

（1）Path 是目录列表框控件最重要的属性，其属性值只能通过程序代码设置。目录列表框只能显示当前驱动器上的目录，如果要显示其他驱动器上的目录，则必须修改 Path 属性，从而改变路径。例如：

```
Dir1.Path = "e:\jsff"
```

（2）List 是一个字符串数组，其中每一个元素都存放了当前目录下的一个子目录名。

（3）当前目录的 ListIndex 属性值是-1。如果当前目录包含子目录，则每一个子目录的 ListIndex 属性值依次从 0 到 ListCount-1；如果当前目录有父目录，则父目录的 ListIndex 属性值是-2，依此类推。

2. 事件

Change 事件是目录列表框控件最重要的事件。一旦用户选择了一个新的目录，导致 Path 属性值被改变，就会引发 Change 事件。

9.5.3 文件列表框

文件列表框（FileListBox）控件用来显示指定目录下的所有文件，初始状态下显示当前目录下的文件。在 VB 的工具箱中，文件列表框控件的图标如图 9-8 所示。

图 9-8 文件列表框图标

1. 属性

表 9-5 列出了文件列表框控件的常用属性。

表 9-5 文件列表框的常用属性

属性	作用
Name	设置文件列表框的对象名，程序第一个文件列表框控件的默认对象名是 File1
FileName	确定所选中的文件名
Path	设置显示的文件所在目录
Pattern	设置所显示文件的类型
MultiSelect	确定是否允许选择多个文件，默认值是 0，表示不允许多选
ListCount	确定所显示文件的总数

说明：

（1）文件列表框只显示当前目录下的文件，如果要显示其他目录下的文件，就必须在程序代码中修改 Path 属性，从而改变路径。

（2）Pattern 是一个字符串，默认值是“*.*”。可以为文件列表框所显示的文件设置多种类型，类型之间用分号（;）进行分隔。例如在文件列表框中只显示 VB 程序的标准模块文件和窗体文件，可以写为：

```
File1.Pattern = "*.bas;*.frm"
```

2. 事件

表 9-6 列出了文件列表框控件的一些常用事件。

表 9-6 文件列表框的常用事件

事件	来源
PathChange	文件列表框的 Path 属性值发生改变
PatternChange	文件列表框的 Pattern 属性值发生改变
Click	单击文件列表框中的一个文件名
DblClick	双击文件列表框中的一个文件名

说明：在 Click 事件和 DblClick 事件发生时，往往改变了文件列表框的 FileName 属性值，此时其属性值正是用户在文件列表框中单击或双击的文件名。通常在文件列表框的 DblClick 事件过程中，打开或者执行 FileName 所对应的文件。

在实际编程时，这 3 个文件系统控件通常会同时出现，以构成一个文件管理系统。在不同的文件系统控件之间应该实现同步，一旦改变了驱动器列表框中的驱动器名，目录列表框中的目录也要随之改变为该驱动器上的目录，同时文件列表框中显示的文件也要改变为该目录下的文件。在程序中可以编写两个事件过程，来实现这种同步关系。

```
Private Sub Drive1_Change()          '改变了驱动器名
Dir1.Path = Drive1.Drive
End Sub
Private Sub Dir1_Change()            '改变了目录
File1.Path = Dir1.Path
End Sub
```

【例 9.6】设计一个简单的图片浏览器。

分析：在窗体上分别创建 1 个驱动器列表框、1 个目录列表框、1 个文件列表框和 1 个图像框。图像框的 Stretch 属性值设置为 True，BorderStyle 属性值设置为 1，使得图像框具有边框，而且所显示的图片可以根据图像框自动调整尺寸。

在 Form_Load 事件过程中，设置 File1 的 Pattern 属性值为"*.bmp;*.gif;*.jpg"，使得文件列表框只显示扩展名为 bmp、gif 和 jpg 的图片文件。在 Drive1_Change 和 Dir1_Change 事件过程中，实现 3 个文件系统控件之间的同步。在 File1_DblClick 事件过程中，调用 LoadPicture 函数，向图像框加载在文件列表框中选择的图片文件。

```
Private Sub Form_Load()
File1.Pattern = "*.bmp;*.gif;*.jpg"
End Sub
Private Sub Drive1_Change()
Dir1.Path = Drive1.Drive
End Sub
Private Sub Dir1_Change()
File1.Path = Dir1.Path
End Sub
Private Sub File1_DblClick()
Image1.Picture = LoadPicture(File1.Path & "\" & File1.FileName)
End Sub
```

运行程序，结果如图 9-9 所示。

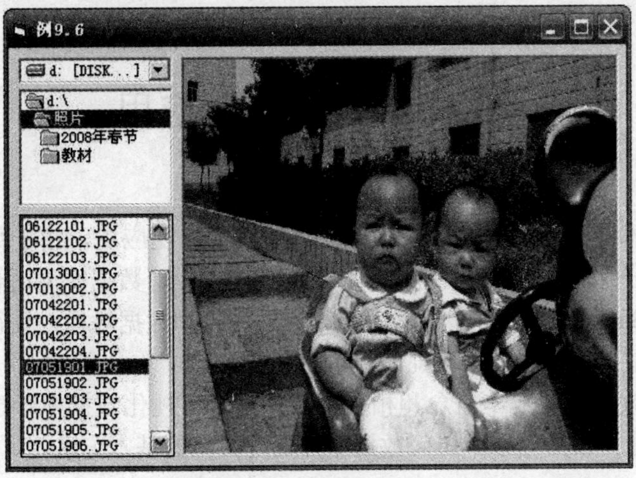

图 9-9　例 9.6 的运行结果

说明：程序运行时在驱动器列表框中选择驱动器，在目录列表框中选择目录，在文件列表框中选择图片文件。然后双击选中的文件名，即可看到相应的图片。LoadPicture 函数的参数是图片文件的路径名，它由文件所在的目录（File1.Path）、“\”和文件名（File1.FileName）组成。

9.6　小结

VB 的文件按照存取方式进行分类，一般可以分为顺序文件、随机文件和二进制文件。VB 语言提供了许多语句和函数，用于对文件的操作。使用文件应遵循“先打开，后读写，最后关闭”的原则，在程序中对文件的操作方式主要取决于打开文件时设置的模式。文件系统控件包括驱动器列表框控件、目录列表框控件和文件列表框控件，在程序中应编写相应的代码，以实现三者之间的同步。

习　题

1．按照存取方式进行分类，VB 的文件分为哪几种类型？

2．使用 Open 语句打开文件时，可以设置哪些模式？

3．Print 语句和 Write 语句的区别是什么？

4．顺序文件和随机文件的读写操作有什么不同？

5．如何实现文件的移动操作？

6．打开文件时，如何确保得到一个在程序中尚未使用的文件号？

7．文件列表框的 FileName 属性值是否包含文件的路径？如何限制文件列表框所显示文件的类型？

8．统计顺序文件 data01.txt 中数字、字母以及其他字符的个数。

9．建立一个随机文件 data02.dat 存放职工记录，其中每个记录由工号、姓名、性别和工资组成。编写程序，实现添加记录、浏览全部记录、查找记录等功能。

10．设计一个简单的文本编辑器。

第 10 章　数据库应用

随着数据库技术的不断发展，以及信息处理系统的广泛应用，基于数据库的应用程序开发已经成为一项十分重要的计算机应用技术。相对文件而言，数据库更适合于组织和管理大批量的数据。Visual Basic 提供了许多风格各异的数据控件和数据对象，使得程序员只需编写少量的代码即可访问数据库，从而实现对数据的各种操作。

本章主要介绍数据库的基本概念和相关基础知识，可视化数据库管理器的使用方法，以及利用 VB 数据控件和数据对象，访问数据库并处理数据的基本方法。

10.1　概述

数据库是以一定的组织形式长期存储在计算机中的相关数据集合。数据库不仅仅是存储数据的容器，还包含数据之间的联系。数据库中的数据按照一定的数据模型进行描述和组织，并以特定的格式存储。数据库具有较小的冗余度、较高的数据独立性和可扩展性，数据库中的数据能够被多个用户共享使用。

数据库系统主要由数据库和数据库管理系统（DBMS）组成。数据库管理系统是数据库系统的核心，它负责统一管理和控制数据库中的数据，并实现数据库系统的各种功能。常见的数据库系统有 SQL Server、Oracle、Access、Sybase、DB2、FoxPro 和 Paradox 等。Visual Basic 支持多种数据库，其中默认的数据库是 Access。为便于讲解，本章的程序中所使用的数据库均为 Access。

数据库按照所采用的数据模型进行分类，可以分为层次数据库、网状数据库和关系数据库。目前应用最广泛的是关系数据库，它不仅功能强大，而且支持结构化查询语言（SQL）。Access、SQL Server、Oracle 和 FoxPro 等都是典型的关系数据库，下面简要介绍一下关系数据库的相关概念。

10.1.1　关系数据库

关系数据库以关系来描述数据库所涉及的实体和实体之间的联系，把数据表示成一些表的集合，通过建立各个表之间的关系来定义数据库的结构。简单地说，一个关系就是一张二维的表格，关系数据库则由一个或者多个二维表格构成。数据库以文件的形式存储于磁盘中，由包含了数据表的一个或者多个数据库文件组成。对于有些数据库例如 FoxPro，其一个数据库文件只包含一个数据表；而对于另一些数据库例如 Access，其一个数据库文件则可以包含多个数据表。

1. 表

表是最重要的数据库对象，它是由若干行和列组成的逻辑结构，又称为二维表，用于存储和操作数据库中的数据。每个表都有表名，以标识该表。表中的每一列都有标题，以标识该列，并描述实体的某一个属性。表中的每一行都表示了一个完整的数据，这些数据就共同构成了一个表的值。

表通常用来描述一个实体。例如学生基本信息表描述了学生实体，用于存储学生的相关信息。该表有 6 列，每一列的标题分别是学号、姓名、性别、出生日期、籍贯和专业；表中一共有 5 行数据，分别登记了 5 位学生的基本信息，如表 10-1 所示。

表 10-1 学生基本信息表

学号	姓名	性别	出生日期	籍贯	专业
20080130102	黄光谱	男	1989-05-11	湖北	机械设计
20080230521	林友助	男	1989-10-03	广西	软件工程
20080330309	吴清霞	女	1988-08-24	山西	材料工程
20080430135	杨婷婷	女	1987-12-07	安徽	车辆工程
20080530211	陈俊豪	男	1988-02-19	海南	财务管理

课程基本信息表描述了课程实体，用于存储课程的相关信息。该表有 5 列，每一列的标题分别是课程号、课程名、学时、学分和开课学期；表中一共有 4 行数据，分别登记了 4 门课程的基本信息，如表 10-2 所示。

表 10-2 课程基本信息表

课程号	课程名	学时	学分	开课学期
000101	高等数学（一）	64	4	1
020421	Visual Basic 程序设计	48	3	2
090205	大学英语（二）	48	3	2
020680	数据库原理与应用	64	4	5

表也可以用来描述多个实体之间的联系。例如学生课程成绩表描述了学生实体与课程实体之间的联系，该表有 4 列，每一列的标题分别是学号、课程号、课程名和成绩；表中一共有 5 行数据，如表 10-3 所示。

表 10-3 学生课程成绩表

学号	课程号	课程名	成绩
20080130102	000101	高等数学（一）	87
20080230521	090205	大学英语（二）	91
20080230521	020680	数据库原理与应用	95
20080330309	020421	Visual Basic 程序设计	78
20080430135	020421	Visual Basic 程序设计	82

2. 字段

表中的每一列称为一个字段，它对应表中的一个数据项，反映实体的某一个属性。每一列的标题称为字段名，例如表 10-1 中的学号、姓名、性别和籍贯等都是字段名。字段有特定的数据类型，例如姓名字段的数据类型是文本型，出生日期字段的数据类型是日期型。字段的取值范围称为域，例如性别字段的域是（男，女），成绩字段的域是（0～100）。

3. 记录

表中的每一行称为一个记录，它由各个字段组成。记录是真正的数据主体，每一个记录都是由多个字段值构成的，例如表 10-1 中姓名为林友助的记录是（20080230521，林友助，男，1989-10-03，广西，软件工程）。

4. 关键字

如果表中的某一个字段或者字段组合能够唯一地标识一个记录，则称该字段或者字段组合为候选关键字。一个表有可能存在多个候选关键字，这时可以从中选定一个作为主关键字。例如学生基本信息表的主关键字是学号字段，课程基本信息表的主关键字是课程号字段，而学生课程成绩表的主关键字则是学号字段和课程号字段的组合。

对于表中的每一条记录而言，其主关键字的值必须是唯一的，且不能是空值，以确保表中不存在重复的记录。还可以通过关键字建立表与表之间的联系，例如学生基本信息表与学生课程成绩表之间使用学号相互关联，课程基本信息表与学生课程成绩表之间则使用课程号相互关联。

5. 索引

索引是根据表中的一个字段或者多个字段，按照一定顺序建立的字段值与记录之间的对应关系表。在查阅图书的某一章节时，如果首先查看该书的目录，可以加快查阅的速度。索引的作用与目录类似，它可以加快查询表中记录的速度。

6. 视图

视图是从一个或者多个表导出的虚表，它能够简化用户的操作，便于数据共享。数据库只存储视图的定义，在对视图的数据进行操作时，系统会根据视图的定义自动操作与视图相关联的表。

10.1.2 记录集

Visual Basic 不允许直接访问数据库中的表，只能通过记录集对表中的记录进行操作。记录集有表（Table）、动态集（Dynaset）和快照（Snapshot）三种类型。表类型的记录集对象是数据库真实的表，它的处理速度较快，但是只能针对一个表。动态集类型的记录集对象是对一个或者多个表中记录的引用，它可以实现与相关联的表之间同步的更新。快照类型的记录集对象用于静态地显示数据，它所包含的数据是固定的，反映了在产生快照的一瞬间数据库的状态。

10.1.3 数据访问接口

Visual Basic 的数据库应用程序通常由用户界面、数据访问接口和数据库组成。用户界面包括显示数据或者更新数据的窗体，并提供查询记录、添加记录和删除记录等数据库操作。Visual Basic 可以通过 DAO、RDO 和 ADO 三种数据访问接口，与目前流行的各种数据库进行连接。

1. 数据访问对象（DAO）

DAO 通过 Visual Basic 内置的 Jet 数据库引擎，可访问 Access 等小型数据库。Jet 数据库引擎负责把应用程序的请求转换为对数据库的物理操作，它被包含在一组动态链接库（DLL）

文件中，在程序运行时与应用程序进行链接。

2. 远程数据对象（RDO）

RDO 利用开放数据库连接（ODBC）技术，可以与 SQL Server、Oracle 等大型数据库进行远程连接和访问。ODBC 是一种通用的数据库引擎，通过它能够访问各种类型的数据库，尤其适合采用了客户端/服务器（C/S）结构的系统。

3. ActiveX 数据对象（ADO）

ADO 是 Microsoft 最新推出的数据访问接口，它融合并扩展了 DAO 和 RDO。ADO 是为 OLE DB 技术而设计的，OLE DB 为所有数据源都提供了高性能的访问方法，这些数据源甚至包括非关系数据库、电子邮件和图像文件等。

10.2 数据管理器

数据管理器是 Visual Basic 提供的一个用于数据库操作的实用工具，它所对应的应用程序是位于 VB 安装目录中的 VisData.exe。数据管理器既可以在 VB 集成开发环境中启动，也可以独立运行。使用数据管理器能够较为方便地建立数据库和表，并对表中的记录进行添加、查询、修改和删除等操作。下面以创建一个学生信息数据库为例，介绍数据管理器的使用方法。

10.2.1 创建数据库

选择“外接程序”菜单的“可视化数据管理器”菜单项，即可打开数据管理器，如图 10-1 所示。在数据管理器窗口中首先选择“文件”菜单的“新建”菜单项，再从其中选择 Microsoft Access 的 Version 7.0 MDB 选项，打开“选择要创建的 Microsoft Access 数据库”对话框。在该对话框中选择数据库的路径和库文件名，例如将数据库文件命名为 student.mdb，并单击“保存”按钮，则会出现数据库窗口，如图 10-2 所示。此时在数据库窗口中仅仅列出了新建数据库的一些属性，还没有实际的内容。

图 10-1　数据管理器

10.2.2 创建表

创建数据库之后，就可以向该数据库中添加表了。在数据库窗口中右击，然后在弹出的快捷菜单中选择“新建表”命令，即可打开“表结构”对话框，如图 10-3 所示。首先在“表名称”文本框中输入 xsxx，作为学生基本信息表的名称；接着单击“添加字段”按钮，弹出“添加字段”对话框，为学生基本信息表定义字段，如图 10-4 所示。在“添加字段”对话框中输入字段名、类型和大小等信息，然后单击“确定”按钮，就完成了一个字段的创建。此时对话框中的内容会被清空，接下来可以继续添加该表中的其他字段。按照如表 10-4 所示的内容定义各个字段，当所有字段添加完毕之后，单击“添加字段”对话框的“关闭”按钮，退出该对话框。此时在“表结构”对话框中将会列出表 xsxx 的所有字段以及字段的详细信息，单击“生成表”按钮，就创建了表 xsxx。

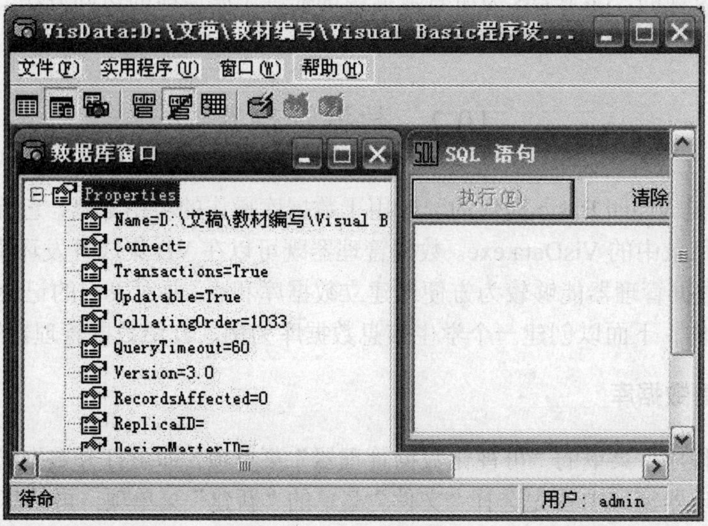

图 10-2 数据库窗口

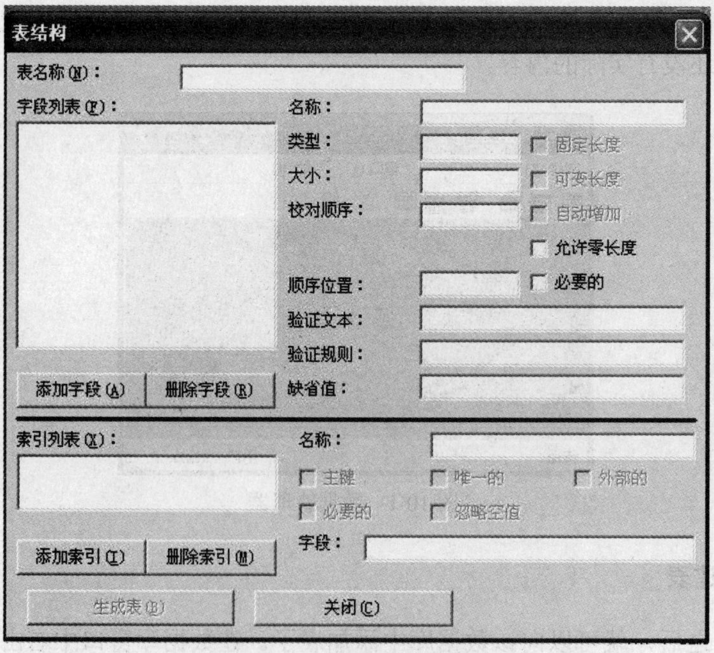

图 10-3 “表结构”对话框

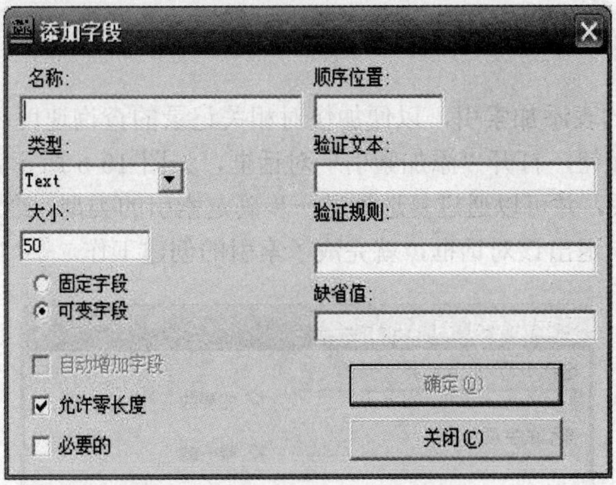

图 10-4　“添加字段”对话框

表 10-4　表 xsxx 的结构

字段名	类型	字段长度
学号	Text	20
姓名	Text	20
性别	Text	4
出生日期	Date/Time	8
籍贯	Text	50
专业	Text	20

采用同样的方法分别创建课程基本信息表(表名为 kcxx)和学生课程成绩表(表名为 kccj)，数据库 student 就拥有了 3 个表，其结构如图 10-5 所示。如果要对已创建的表的结构进行修改，则可以在数据库窗口中右击相关的表名，然后在弹出的快捷菜单中选择“设计”命令，即可打开“表结构”对话框，在该对话框中能够实现修改表名或者字段名、添加或者删除字段等操作。

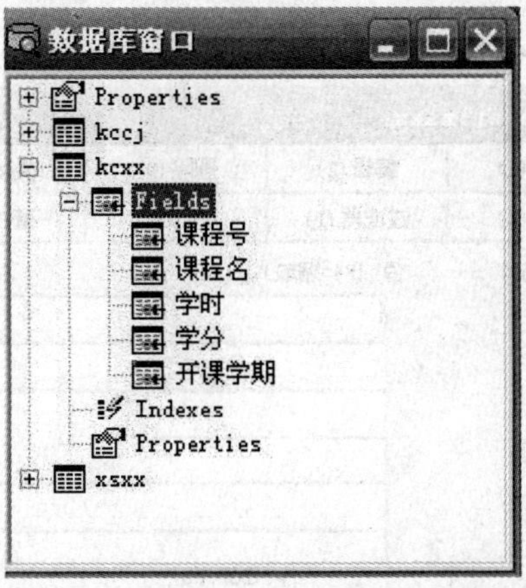

图 10-5　数据库 student 的结构

10.2.3 创建索引

还可以为所创建的表添加索引，以便加快对相关记录的查询速度。在“表结构”对话框中单击“添加索引”按钮，打开“添加索引”对话框，如图 10-6 所示。在该对话框中输入索引名，选中相应的字段，并可以通过复选框进一步确定索引的类型。最后单击“添加索引”对话框的“关闭”按钮，退出该对话框，就完成了索引的创建工作。

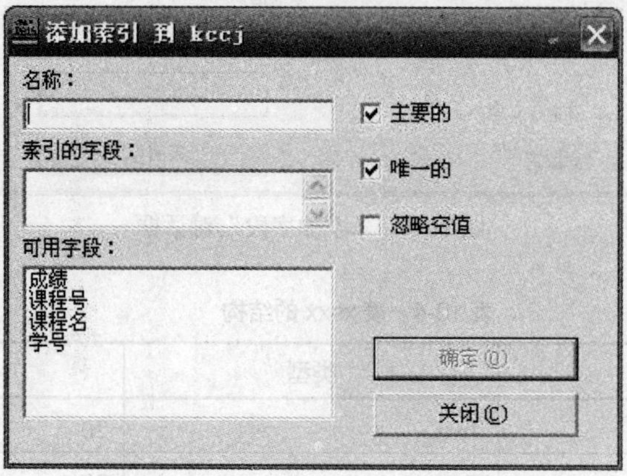

图 10-6 “添加索引”对话框

10.2.4 输入记录

创建了数据库的表之后，就可以向表中添加记录。在数据库窗口中右击相关的表名，然后在弹出的快捷菜单中选择“打开”命令，或者直接双击表名，即可打开记录处理窗口，如图 10-7 所示。在该窗口的上部有 8 个按钮，用于记录的添加、编辑和删除等操作。如果要添加记录，则可以单击“添加”按钮，打开记录添加窗口，如图 10-8 所示。在该窗口的各个文本框中分别输入相应字段的值，当一个记录输入完毕之后，单击“更新”按钮保存该条记录，即可返回记录处理窗口。如果要添加下一条记录，则可以再一次单击“添加”按钮，打开记录添加窗口。依次类推，最后单击“关闭”按钮，关闭记录处理窗口，就能够完成所有记录的添加工作。

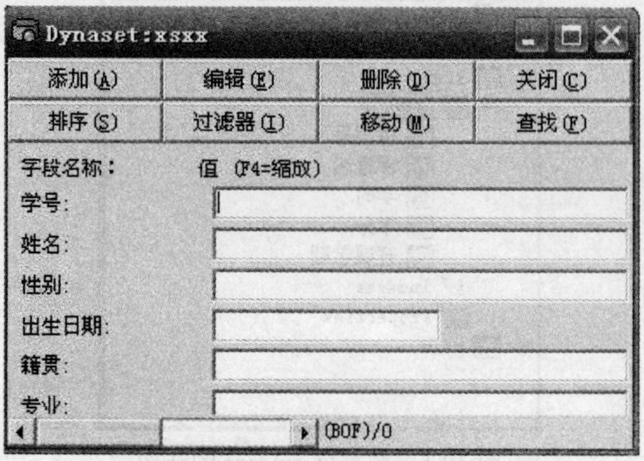

图 10-7 记录处理窗口

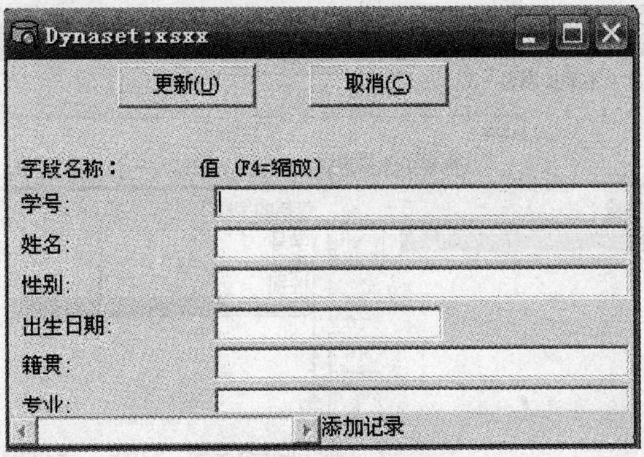

图 10-8 记录添加窗口

10.2.5 数据窗体设计器

数据窗体设计器是数据管理器提供的一个用于快速创建数据窗体的实用工具，程序员借助于数据窗体设计器，无需编程就能够针对数据库中的表生成一个窗体，并把它添加到工程中，在数据窗体中可以较为方便地对表中的记录进行浏览、查询和修改等操作。

【例 10.1】为学生信息数据库创建一个数据窗体，可以对学生基本信息表中的记录进行各种常见的操作。

分析：新建一个工程，并启动数据管理器。在数据管理器窗口中首先选择“文件”菜单的“打开数据库”菜单项，再从中选择 Microsoft Access 选项，打开 student 数据库。然后选择“实用程序”菜单中的“数据窗体设计器”菜单项，即可打开数据窗体设计器，如图 10-9 所示。

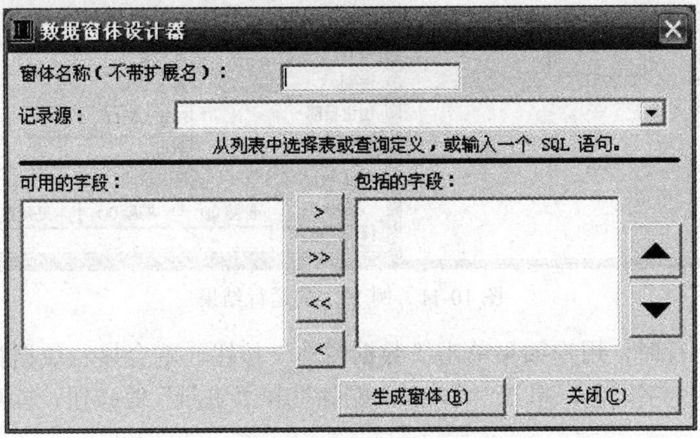

图 10-9 数据窗体设计器

在“窗体名称”文本框中输入数据窗体的名称 frmdata1，并从“记录源”组合框中选择表 xsxx，此时在左侧的“可用的字段”列表框中将会列出学生基本信息表的所有字段。选中所需的字段，然后单击“ > ”按钮，即可将所选字段移至右侧的“包括的字段”列表框中，如图 10-10 所示。单击“▲”按钮或者“▼”按钮，可以调整字段在数据窗体中出现的次序。最后单击“生成窗体”按钮，在工程中就添加了一个数据窗体 frmdata1。

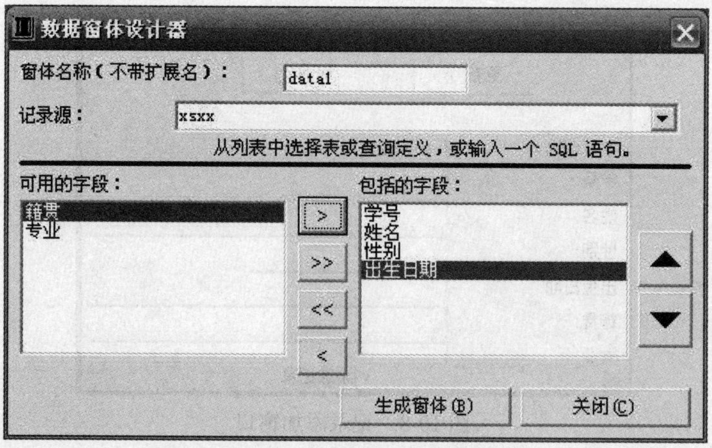

图 10-10　选择并移动字段

在窗体 Form1 中创建“数据窗体”和“退出”两个命令按钮，并编写事件过程，显示数据窗体。

```
Private Sub Command1_Click()
frmdata1.Show
End Sub
Private Sub Command2_Click()
End
End Sub
```

运行程序，如图 10-11 所示。

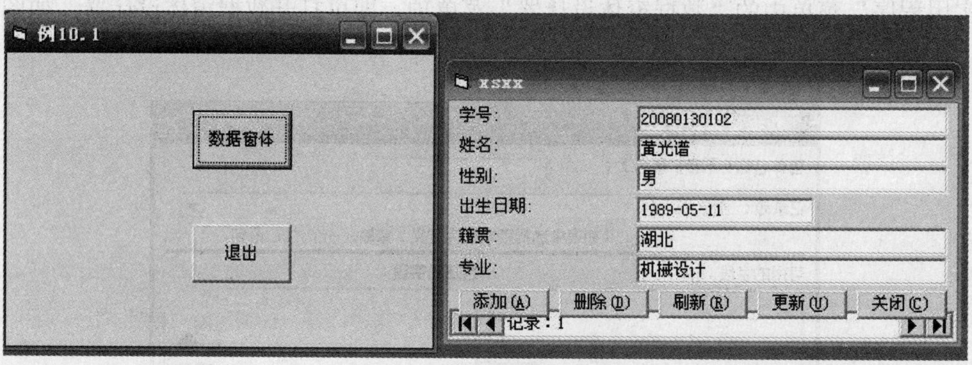

图 10-11　例 10.1 的运行结果

说明：程序运行时，用户如果单击“数据窗体”按钮，就会显示数据窗体。在数据窗体中列出了记录的各个字段值，单击“添加”“删除”和“更新”等按钮，即可实现对记录的各种常见的操作。

10.3　ADO 控件

ActiveX 数据对象（ActiveX Data Object）即 ADO，是一种访问各种数据类型的连接机制。ADO 可以通过它的内部属性和方法，提供统一的数据访问接口，经过简单编程，实现与各种类型的数据库进行连接。以下对 ADO 的应用做了简单的介绍。

10.3.1　ADO 的对象与集合

ADO 有 7 个对象，它们分别是：

Connection：应用程序通过连接访问数据源。

Command：从连接到的数据源获取所需数据的命令信息。

Parameter：与命令对象有关的参数。

Recordset：获得的一组记录组成的记录集。

Field：包含在记录集中某个字段的信息。

Property：ADO 控件属性信息。

Errors：访问数据时，从数据源返回的错误信息。

ADO 的 4 个集合为 Fields、Properties、Parameters、Errors，ADO 的核心是 Connection、Recordset 和 Command 对象。具体应用时先将 Connection 对象与服务器建立连接，再用 Command 对象执行命令，接下来用 Recordset 对象操作和查看结果。

10.3.2　添加 ADO

ADO 是作为可选项集成在 VB 开发环境中的，在使用 ADO 之前必须首先完成 ADO 的添加。选择“工程/引用”命令，在“引用”对话框选中 Microsoft ActiveX Data Objects 2.6 Library，单击“确定”按钮，就为项目完成了 ADO 的添加，如图 10-12 所示。

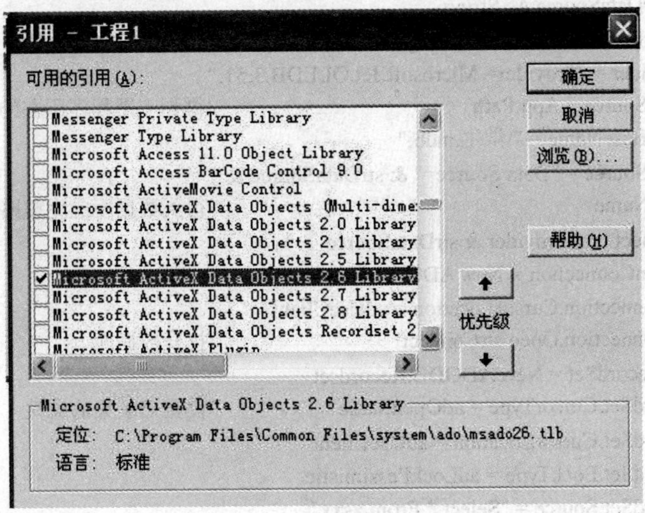

图 10-12　“引用”对话框

10.3.3　ADO 应用

使用 ADO 控件可以快速创建一个到数据库的连接，打开一个指定的数据库表，定义一个 SQL 查询，或定义存储过程以及视图的记录集合，从而实现对数据的操作。

【例 10.2】创建学生信息表，并对该表进行添加、删除等操作。

启动 Access 2003，创建名为“学生.mdb”的数据库作为数据源。在该库中建立名为 xsxx（学生信息）的表，含有学号、姓名、性别、班级、联系方式、家庭所在地等字段。首先新建一个工程，完成 ADO 的添加；接着在窗体中放置如图 10-13 所示的各控件，完成代码书写并运行。运行结果如图 10-14 所示。

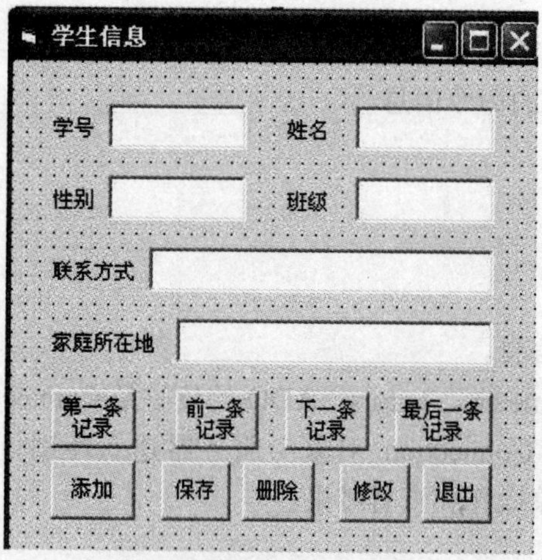

图 10-13　ADO 应用窗体布局

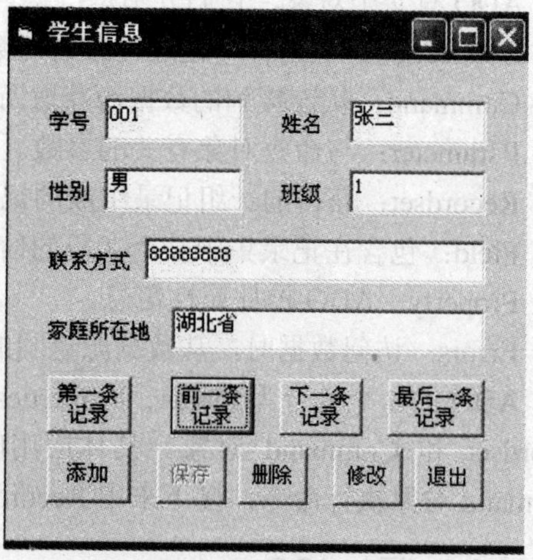

图 10-14　ADO 应用运行界面

```
Private Sub Form_Load()                                   '窗体初始化
    Dim strConnect As String
    Dim a As Integer
    Dim strProvider As String
    Dim strDataSource As String
    Dim strDataBaseName As String
    strProvider = "Provider= Microsoft.Jet.OLEDB.3.51;"
    strDataSource = App.Path                              '得到应用程序所在的路径
    strDataBaseName = "\学生.mdb;"
    strDataSource = "Data Source=" & strDataSource & _
strDataBaseName                                           '得到数据库的完整路径
    strConnect = strProvider & strDataSource
    Set connConnection = New ADODB.Connection
    connConnection.CursorLocation = adUseClient
    connConnection.Open strConnect                        '打开数据库
    Set rsRecordSet = New ADODB.Recordset
    rsRecordSet.CursorType = adOpenStatic                 '设置记录集的属性
    rsRecordSet.CursorLocation = adUseClient
    rsRecordSet.LockType = adLockPessimistic
    rsRecordSet.Source = "Select * From xsxx"
    rsRecordSet.ActiveConnection = connConnection
    rsRecordSet.Open                                      '打开记录集
    LoadDataInControls
End Sub
Private Sub cmdFirst_Click()            '单击窗体中“第一条记录”按钮触发 cmdFirst_Click()事件
    If rsRecordSet.BOF = False Then
        rsRecordSet.MoveFirst
    ElseIf rsRecordSet.BOF = True _
        And rsRecordSet.EOF = True Then
```

```
            MsgBox "There is no data in the record set!", , "Oops"
        End If
        LoadDataInControls
    End Sub
    Private Sub cmdLast_Click()             '单击窗体中“最后一条记录”按钮触发 cmdLast_Click()事件
        If rsRecordSet.EOF = False Then
            rsRecordSet.MoveLast
        ElseIf rsRecordSet.BOF = True _
            And rsRecordSet.EOF = True Then
            MsgBox "There is no data in the record set!", , "Oops"
        End If
        LoadDataInControls
    End Sub
    Private Sub ClearControls()             '清空文本框，等待用户输入
        Text1.Text = ""
        Text2.Text = ""
        Text3.Text = ""
        Text4.Text = ""
        Text5.Text = ""
        Text6.Text = ""
    End Sub
    Private Sub LoadDataInControls()        '完成记录集中相应字段和文本框的绑定，显示相应的信息
        If rsRecordSet.BOF = True Or rsRecordSet.EOF = True Then
            Exit Sub
        End If
        Text1.Text = rsRecordSet.Fields("学号").Value & " "
        Text2.Text = rsRecordSet.Fields("姓名").Value & " "
        Text3.Text = rsRecordSet("性别").Value & " "
        Text4.Text = rsRecordSet("班级").Value & " "
        Text5.Text = rsRecordSet!联系方式 & " "
        Text6.Text = rsRecordSet!家庭所在地 & " "
    End Sub
```

10.4　数据控件

数据控件使用户不需要编写很多代码，就可以访问数据库中的记录。数据控件分为提供数据的数据源控件和使用数据的数据识别/绑定控件，数据绑定控件为数据输入、数据编辑、数据查看创建相关界面。将此两种控件结合，就可以完成数据的显示和处理。本节主要对 Data 控件和数据绑定控件作一介绍。

10.4.1 Data 控件

Data 控件是 Visual Basic 内置的控件，也是访问数据库的重要控件。通过对其属性进行设置，可以将数据控件与不同结构的数据库及其数据表建立联系，从而对表中记录进行读、写、查询等操作。Data 控件在 Visual Basic 6.0 工具箱中的图标如图 10-15 所示，在窗体中放置的 Data 控件如图 10-16 所示。Data 控件的箭头从左至右，表示依次显示被绑定控件绑定的记录。

要使 Data 控件显示数据库中的数据，就必须和数据绑定控件结合使用。同一个窗体中可以放置多个 Data 控件，但一个 Data 控件只能访问一个数据库。要为 Data 控件指定相应的数据库，因为在程序运行期间无法更改数据源。

图 10-15　工具箱中的 Data 控件按钮

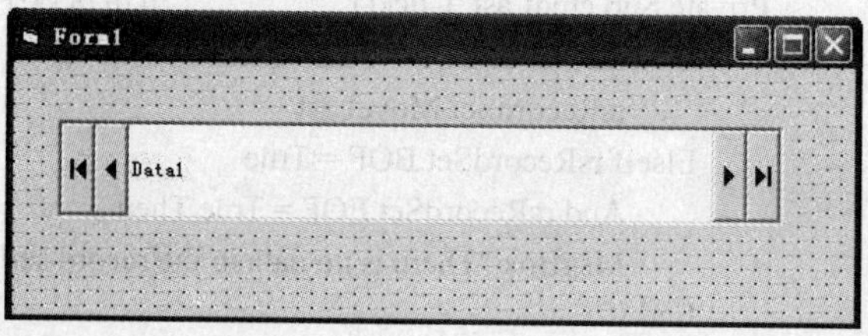

图 10-16　窗体中的 Data 控件

Data 控件的属性窗口如图 10-17 所示，主要属性有：

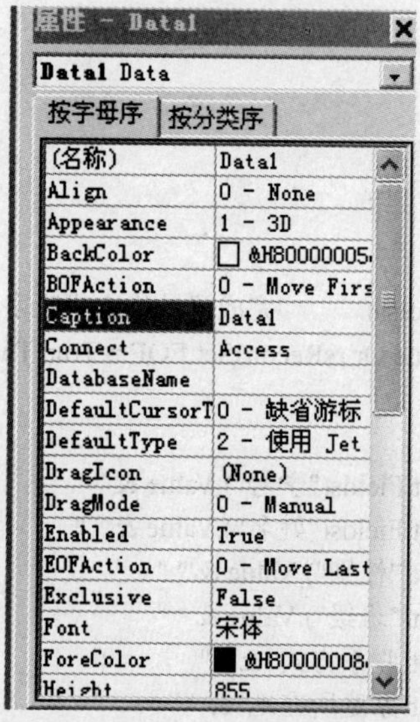

图 10-17　Data 控件的属性窗口

（1）Connect。该属性用于定义控件所要连接的数据库的类型。它可以连接的数据库类型有：Access、dBASE、FoxPro、Paradox 等，另外该控件还可以访问 Excel、标准的 ASCII 文本文件以及远程的 ODBC 开放式数据库。例如连接 Access 数据库（默认的）：

Connect ="Access"

（2）DatabaseName。该属性用于确定数据控件所使用的数据库。例如连接 Access 的一个数据库：

DatabaseName ="D:\stu.mdb"

（3）RecordSource。该属性用于确定所要访问的数据表的名称。例如指定访问 stu.mdb 中的 stutable：

RecordSource ="stutable"

如果要选择表中所有女生的数据，则为：

RecordSource ="Select * From stutable Where 性别='女'"

“Select * From stutable Where 性别='女'” 是一条 SQL 语句，SQL 是结构化查询语言

（Structured Query Language）的简称，主要用于关系型数据库管理系统的数据查询与更新。“Select *”表示查询并选择符合条件的学生记录的全部字段，“From stutable”表示数据来自表 stutable，“Where 性别='女'”表示查询条件。

10.4.2　通用数据绑定控件

Data 控件是将 VB 与数据库联系起来的纽带，数据绑定控件则是 Data 控件与用户界面的桥梁。Data 控件可以操作表，但本身无法显示数据库中的相关数据。为此需将能显示数据的控件与 Data 控件相关联，从而使它们成为 Data 控件的数据绑定控件。如果数据识别/绑定控件没有数据源，就无法自动实现数据的显示和处理工作。

【例 10.3】设置数据绑定控件，对学生信息表进行添加、删除等操作。

在窗体上添加各个控件，如图 10-18 所示。设置各控件的属性值，将 Text 控件的 Text 属性值设置为空，Data 控件的 Caption 属性值设置为空，DatabaseName 属性值为所选数据库及其路径。完成添加记录、删除记录、保存记录等操作，运行结果如图 10-19 所示。

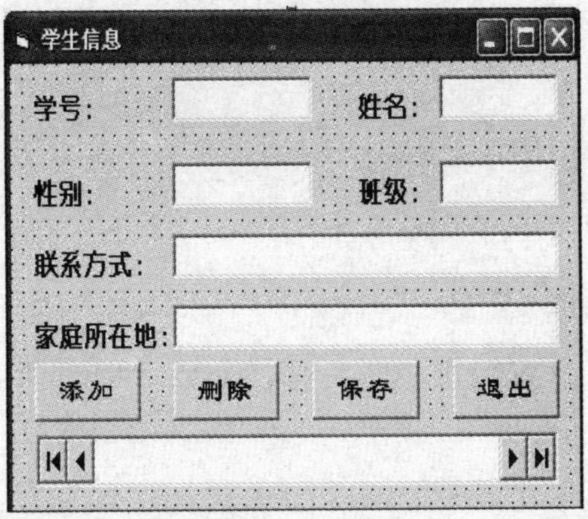

图 10-18　窗体布局

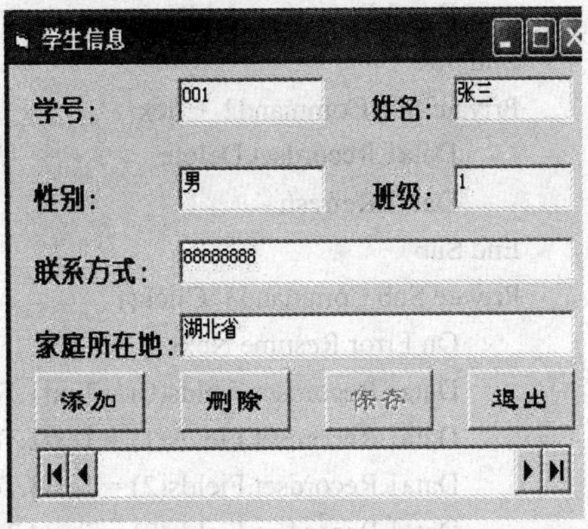

图 10-19　窗体运行界面

```
Private Sub Form_Load()
    Set AB = DBEngine.Workspaces(0).OpenDatabase(App.Path &
              "\xueshengxinxi.MDB", False, False)
    Data1.DatabaseName = App.Path & "\xueshengxinxi.mdb"
    Set Data1.Recordset = AB.OpenRecordset("xsxx", dbOpenDynaset)
    Text1.Text = Data1.Recordset.Fields(0)
    Text2.Text = Data1.Recordset.Fields(1)
    Text3.Text = Data1.Recordset.Fields(2)
    Text4.Text = Data1.Recordset.Fields(3)
    Text5.Text = Data1.Recordset.Fields(4)
    Text6.Text = Data1.Recordset.Fields(5)
    Data1.Refresh
    Command3.Enabled = False
End Sub
Private Sub Data1_Reposition()
    On Error Resume Next
    Text1.Text = Data1.Recordset.Fields(0)
```

```
        Text2.Text = Data1.Recordset.Fields(1)
        Text3.Text = Data1.Recordset.Fields(2)
        Text4.Text = Data1.Recordset.Fields(3)
        Text5.Text = Data1.Recordset.Fields(4)
        Text6.Text = Data1.Recordset.Fields(5)
    End Sub
    Private Sub Command1_Click()
        Command1.Enabled = False
        Command3.Enabled = True
        Command2.Enabled = False
        Text1.Text = ""
        Text2.Text = ""
        Text3.Text = ""
        Text4.Text = ""
        Text5.Text = ""
        Text6.Text = ""
        Data1.Recordset.AddNew
    End Sub
    Private Sub Command2_Click()
        Data1.Recordset.Delete                  '删除
        Data1.Refresh
    End Sub
    Private Sub Command3_Click()
        On Error Resume Next
        Data1.Recordset.Fields(0) = Text1.Text
        Data1.Recordset.Fields(1) = Text2.Text
        Data1.Recordset.Fields(2) = Text3.Text
        Data1.Recordset.Fields(3) = Text4.Text
        Data1.Recordset.Fields(4) = Text5.Text
        Data1.Recordset.Fields(5) = Text6.Text
        Data1.Recordset.Update
        Data1.Recordset.MoveLast
        Command1.Enabled = True
        Command2.Enabled = True
        Command3.Enabled = False
    End Sub
    Private Sub Command4_Click()
        Data1.Recordset.Close
        End
    End Sub
```

10.4.3 专用数据绑定控件

VB 提供了一些专门的数据绑定控件，它们都具有 DataSource 和 DataField 属性，目的在于指明所使用的数据源及相应字段。这类控件有 DataGrid、DataList、DataCombo、Hierarchical FlexGrid 等，使用之前需要用户选择“工程/部件”命令，在出现的“部件”对话框中选择 Microsoft

ADO Data Control 6.0(OLEDB)。为方便使用，同时将 Microsoft DataList Control 6.0(OLEDB)、Microsoft DataGrid Control 6.0(OLEDB)、Microsoft Chart Control 6.0(OLEDB)等选项也一并选中。单击“确定”按钮，在工具箱中就会出现相应的图标。

1. ADODC 控件

选择“工程/部件”命令，选中 Microsoft ADO Data Control 6.0(SP6)，单击“确定”按钮，将 ADODC 控件添加进工具箱。之后在窗体中放置 ADODC 控件，采用默认属性，如图 10-20 所示。运行界面如图 10-21 所示。

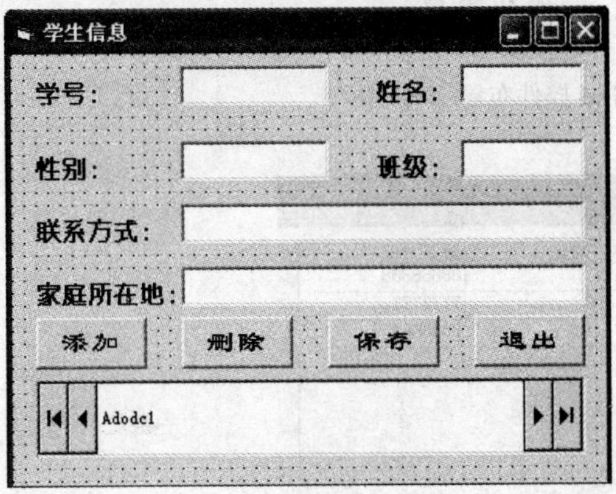

图 10-20　控件布局

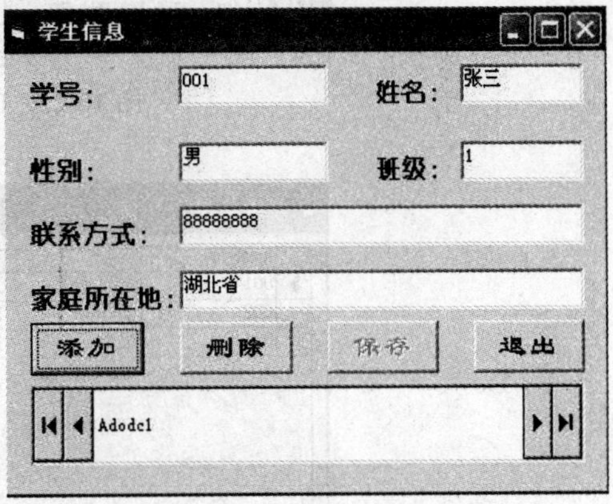

图 10-21　窗体运行界面

常用属性：

（1）ConnectionString。例如：

Adodc1.ConnectionString = "Provider=Microsoft.Jet.OLEDB.3.51; Persist Security Info=False; Data Source=" & App.Path & "\xueshengxinxi.mdb"

（2）RecordSource。包含一条语句或一个表格名称，返回一个记录集的查询。例如：

Adodc1.RecordSource = "Select * From xsxx"

“Select * From xsxx”是一条 SQL 语句，它的作用是选择表 xsxx 中所有学生的数据。

（3）Recordset。返回对 ADO Recordset 对象的引用。例如：

Text1.Text = Adodc1.Recordset.Fields("学号").Value

（4）BOF。指示当前记录位于 Recordset 对象的第一个记录之前。

（5）EOF。指示当前记录位于 Recordset 对象的最后一个记录之后。

2. DBGrid 控件（数据网格控件）

DBGrid 控件即数据网格控件，用来以表格形式显示数据库表中的数据。

【例 10.4】设置 DBGrid 控件，对学生信息表进行添加、删除等操作。

新建一个工程，选择“工程/部件”命令，选中 Microsoft DBGrid Control 6.0(SP6)(OLEDB)，单击“确定”按钮，将 DBGrid 控件添加进工具箱。之后在窗体中放置 DBGrid 控件，如图 10-22 所示。运行结果如图 10-23 所示。

在运行界面中没有显示 ADODC 控件，是因为将其 Visible 属性值设置为 False。单击“读取数据”按钮，出现显示数据的界面，可显示在 DBGrid 控件中选定的任一记录内容，如图 10-24 所示。

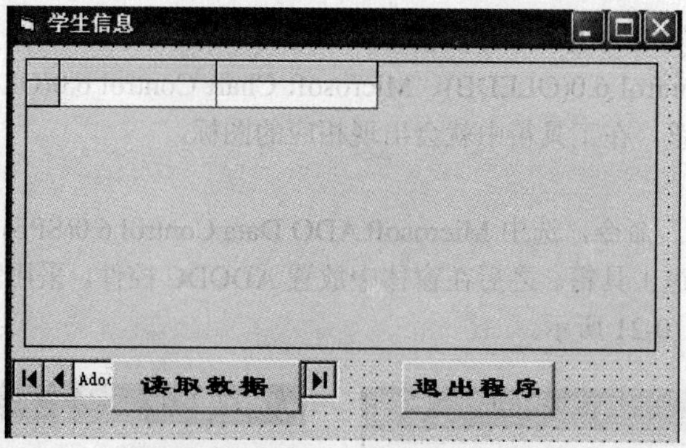

图 10-22　DBGrid 控件布局

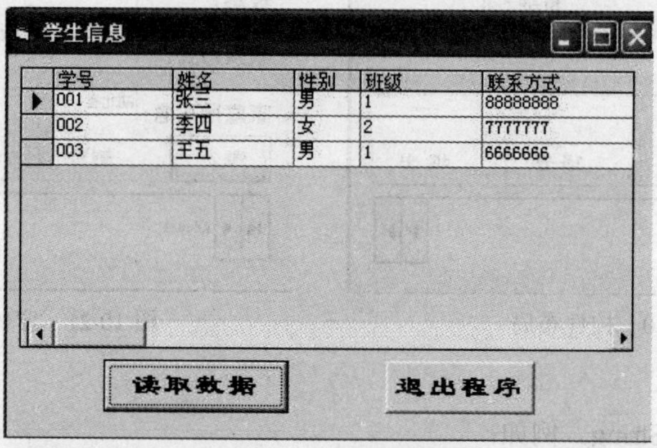

图 10-23　运行界面

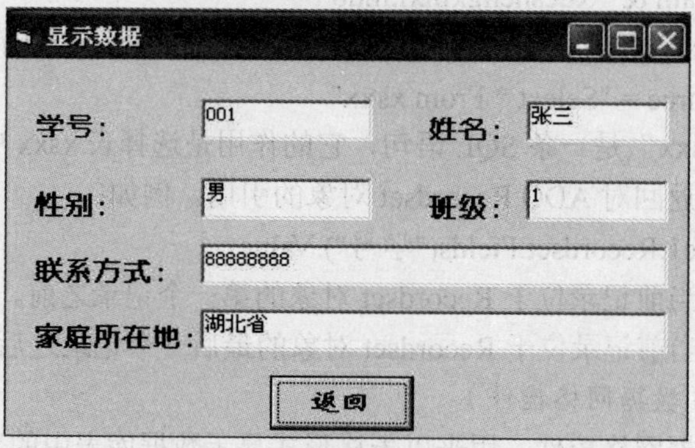

图 10-24　“显示数据”界面

常用属性：

（1）DataSource。可以将该属性值设置为一个 ADO 控件，以便将其所连接的数据源中的数据自动填充至 DBGrid 的表格中。

（2）AllowAddNew。设置或者返回一个值，表明用户能否向与 DBGrid 控件连接的 Recordset 对象中添加新记录。

（3）AllowArrows。设置或返回一个值，决定控件是否能用箭头键对网格定位。

（4）AllowDelete。设置或返回一个值，指出用户能否从与 DBGrid 控件连接的 Recordset 对象中删除记录。

（5）AllowUpdate。设置或返回一个值，提示用户能否修改 DBGrid 控件中的数据。

3. DBCombo 控件和 DBList 控件

数据组合框控件（DBCombo）和数据列表框控件（DBList）都是数据绑定控件，不但可以自动从附加数据源中的字段填充数据，而且可以选择性地更新另一个数据源中相关表的字段。这两个控件功能相同，但 DBCombo 控件是组合框。

【例 10.5】设置 DBCombo 控件和 DBList 控件，对学生信息表进行添加、删除等操作。

新建一个工程，选择“工程/部件”命令，选中 Microsoft DataList Control 6.0(SP3)(OLEDB)，单击“确定”按钮，即将 DBCombo 控件和 DBList 控件添加进工具箱。之后在窗体中放置控件，如图 10-25 所示。设置 ADODC 控件的 Visible 属性值为 False，运行界面如图 10-26 所示，可分别查询各班学生的名单。

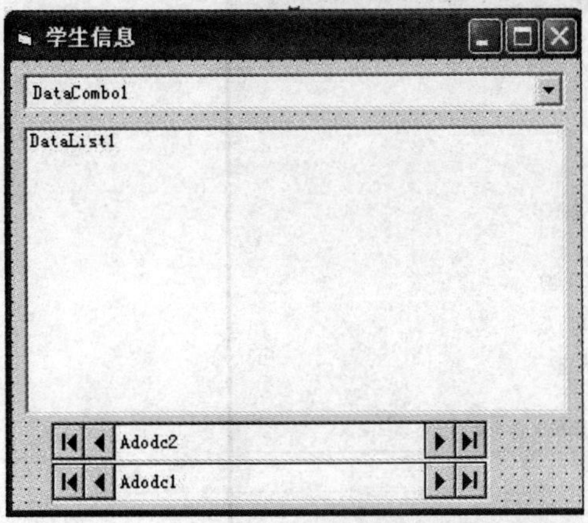

图 10-25 窗体控件布局

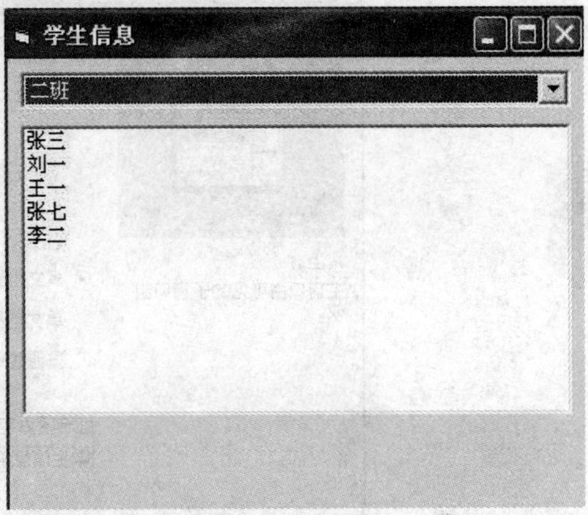

图 10-26 窗体运行界面

DBCombo 控件的常用属性：

（1）RowSource。例如取值为 Adodc1，表示将 Adodc1 与 DBCombo 控件绑定。

（2）Style。例如取值为 2-dbcDropdownList，表示设置组合框类型，不允许用户输入。

（3）ListField。取值为所列字段名称。

DBList 控件的常用属性：

（1）RowSource。例如取值为 Adodc2，表示将 Adodc2 与 DBList 控件绑定。

（2）ListField。取值为所列字段名称。

10.5 程序举例

【例 10.6】设计学生信息管理系统，对学生的学籍信息、相关课程信息、成绩信息等进行有效的管理。

1. 建立数据库

创建名为 stu.mdb 的数据库。可以直接在 Access 中创建数据库，或者用 VB 提供的可视化数据管理器建立数据库，或以其他方式建立该数据库。本例采用数据管理器创建数据库，该数据库由三张表组成，其名称分别为 stutable、stukecheng、stuchengji，对应存储学生的学籍信息、课程信息、成绩信息。各表包含字段有：

stutable（学号、姓名、性别、班级、联系方式、家庭所在地），其中“学号”为主键。

stukecheng（课程编号、课程名称、学分），其中“课程编号”为主键。

stuchengji（学号、课程编号、高数、英语、大学语文、总成绩），其中“学号、课程编号”为外键。

2. 创建应用程序

选择“文件/新建工程/VB 应用程序向导”，按向导提示依次单击“下一步”按钮，直至如图 10-27 所示的界面。选择“多文档界面”选项，并为应用程序命名为“学生信息管理系统”。之后单击“下一步”按钮，至如图 10-28 所示的界面，选中三个选项。然后继续单击“下一步”按钮，直至应用程序向导任务完成。一共创建了 5 个窗体文件和 1 个模块文件，如图 10-29 所示。

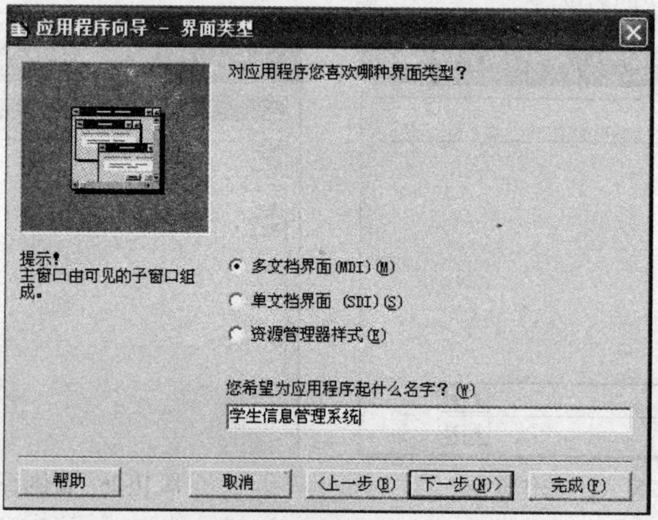

图 10-27 “应用程序向导—界面类型”窗口

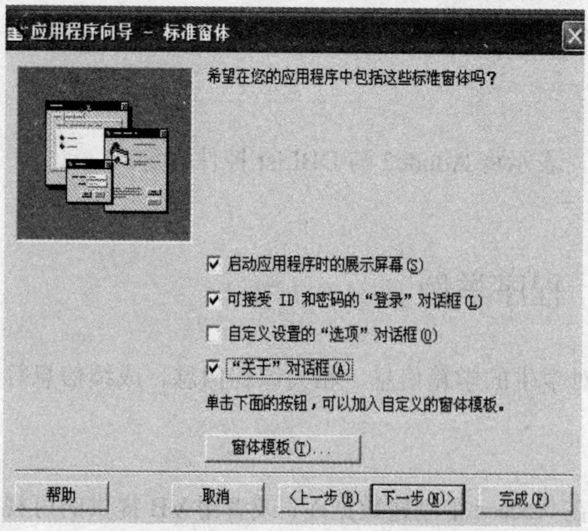

图 10-28 应用程序向导—标准窗体

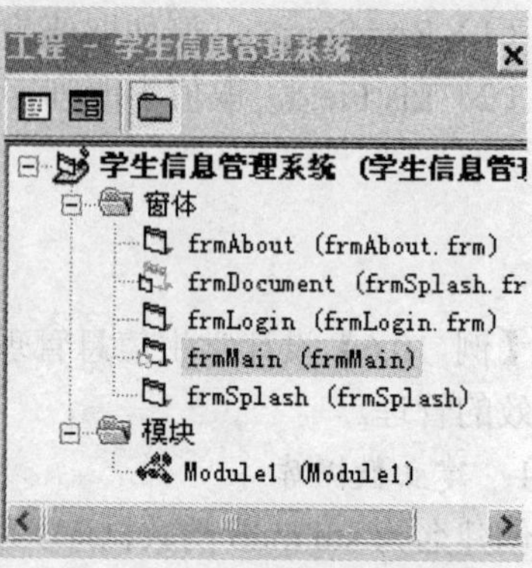

图 10-29 程序的窗体和模块

在如图 10-30 所示的环境中右击，选择“菜单编辑器”。对菜单进行编辑，生成学生信息管理系统界面，如图 10-31 所示。从图中可见该系统具有学籍管理信息、课程管理信息、成绩管理信息、报表、帮助、退出系统等六项功能。

图 10-30　应用程序向导生成的系统界面

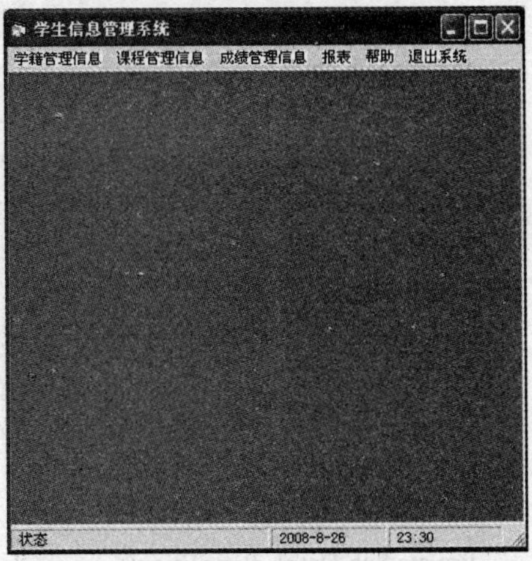

图 10-31　应用菜单生成器修改后的系统界面

学籍信息管理界面如图 10-32 所示。在此界面中可以完成学生学籍记录的添加、删除、修改等操作，主要采用了 Data 控件与 DataGrid 控件的绑定。

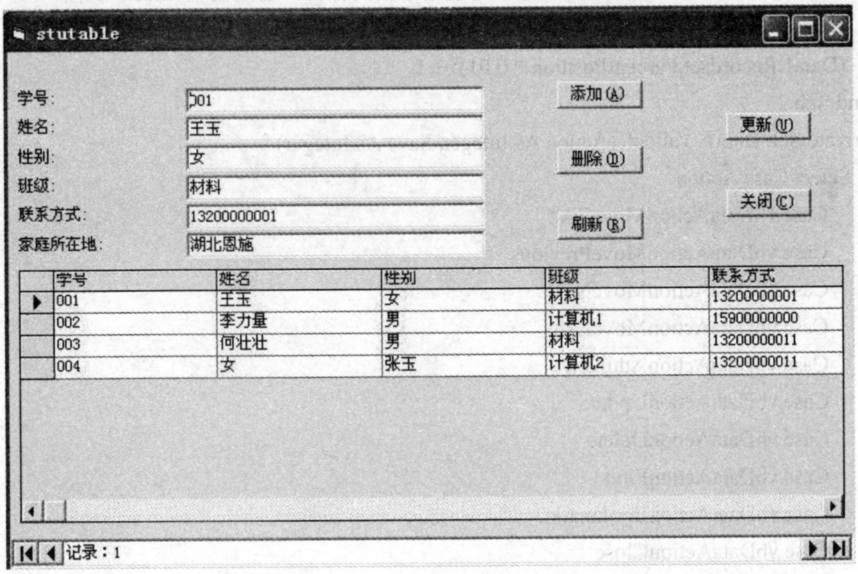

图 10-32　学生学籍信息界面

实现上述功能的代码如下：

```
Private Sub cmdAdd_Click()
   Data1.Recordset.AddNew
End Sub
Private Sub cmdDelete_Click()
   Data1.Recordset.Delete
```

```
    Data1.Recordset.MoveNext
End Sub
Private Sub cmdRefresh_Click()
    Data1.Refresh
End Sub
Private Sub cmdUpdate_Click()
    Data1.UpdateRecord
    Data1.Recordset.Bookmark = Data1.Recordset.LastModified
End Sub
Private Sub cmdClose_Click()
    Unload Me
End Sub
Private Sub Data1_Error(DataErr As Integer, Response As Integer)
    MsgBox "数据错误事件命中错误：" & Error$(DataErr)
    Response = 0                                '忽略错误
End Sub
Private Sub Data1_Reposition()
    Screen.MousePointer = vbDefault
    On Error Resume Next
    Data1.Caption = "记录：" & (Data1.Recordset.AbsolutePosition + 1)
    '对于 Table 对象，当记录集创建后并使用下面的行时，必须设置 Index 属性
    'Data1.Caption = "记录：" & (Data1.Recordset.RecordCount *
    '(Data1.Recordset.PercentPosition * 0.01)) + 1
End Sub
Private Sub Data1_Validate(Action As Integer, Save As Integer)
    Select Case Action
        Case vbDataActionMoveFirst
        Case vbDataActionMovePrevious
        Case vbDataActionMoveNext
        Case vbDataActionMoveLast
        Case vbDataActionAddNew
        Case vbDataActionUpdate
        Case vbDataActionDelete
        Case vbDataActionFind
        Case vbDataActionBookmark
        Case vbDataActionClose
    End Select
    Screen.MousePointer = vbHourglass
End Sub
Private Sub DBGrid1_Click()
End Sub
```

课程信息管理界面如图 10-33 所示，学生成绩信息管理界面如图 10-34 所示。它们的实现方式与学籍信息管理界面相似，在此不再一一叙述。

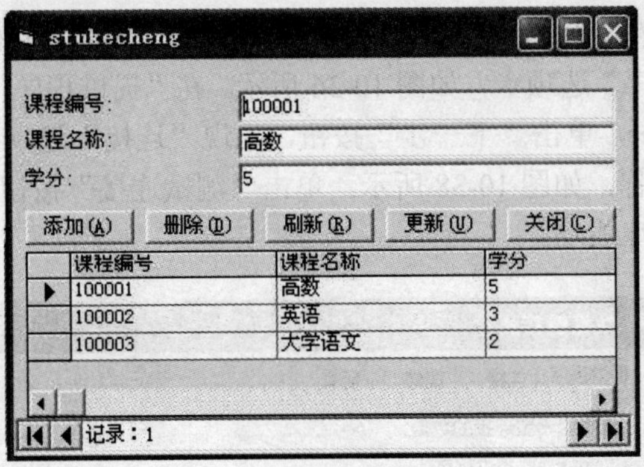

图 10-33　课程信息界面

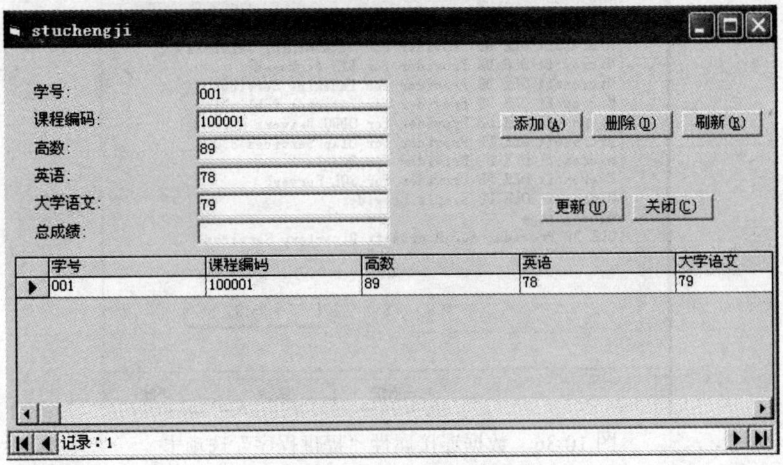

图 10-34　学生成绩信息界面

3. 报表制作

为方便阅读和使用数据，往往需要将数据以报表的形式输出。为此 VB 提供了数据环境设计器和数据报表设计器，使得报表的设计变得简单易行。数据环境设计器是一个交互式的工作环境，它的作用是为数据报表设计器提供数据。以下为我们所创建的工程添加一个数据环境设计器，并设置报表输出数据。具体完成步骤如下：

（1）选择“工程/添加 Data Environment”命令，数据环境设计器就出现在工程资源管理器窗口中，如图 10-35 所示。

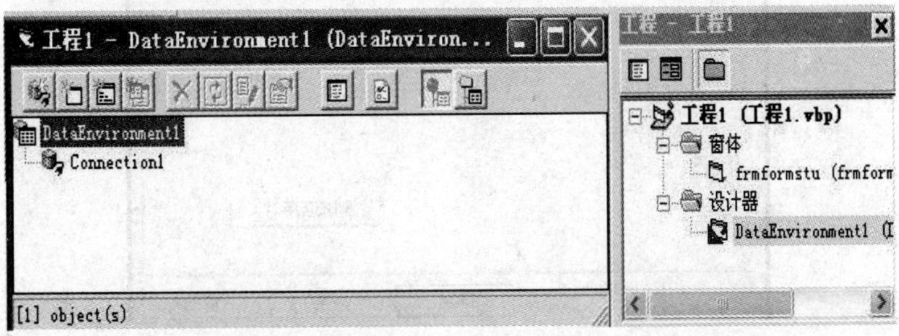

图 10-35　数据环境窗口

（2）在数据环境窗口中 Data Environment1 下的 Connection1 上右击，选择“属性”，出现数据连接属性“提供程序”选项卡，如图 10-36 所示。在“提供程序”选项卡中选择 Microsoft Jet 3.51 OLE DB Provider，单击“下一步”按钮，出现“连接”选项卡，如图 10-37 所示。给出数据库所在路径及名称，如图 10-38 所示。单击“测试连接”按钮，出现“测试连接成功”提示，即表示连接数据库成功。

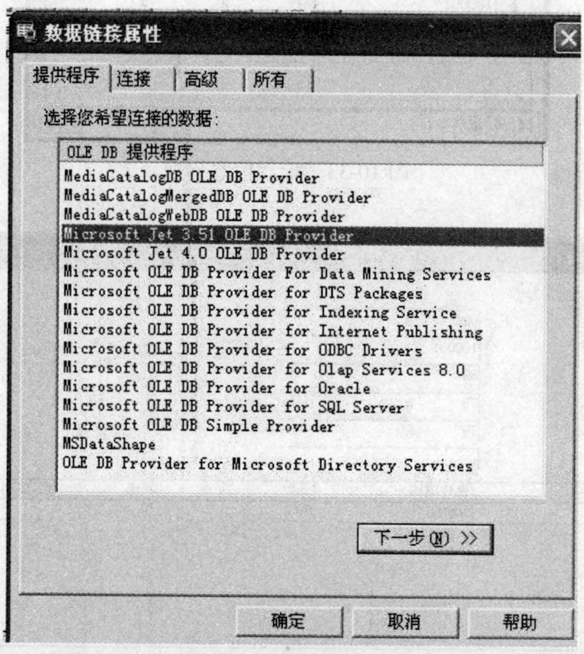

图 10-36　数据连接属性“提供程序”选项卡

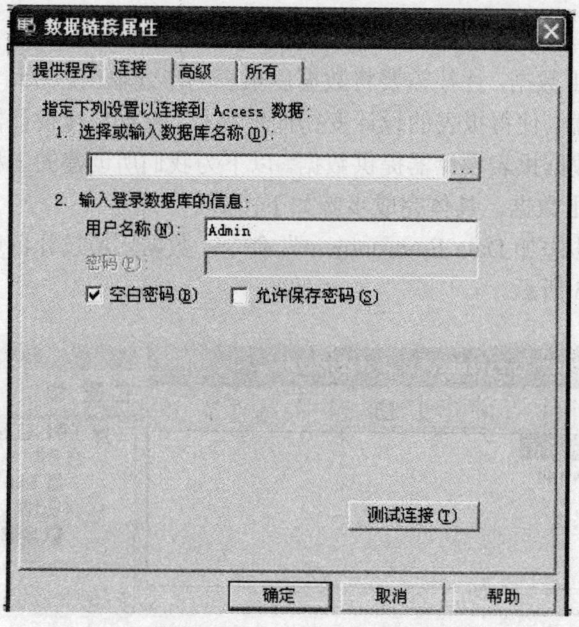

图 10-37　“连接”选项卡

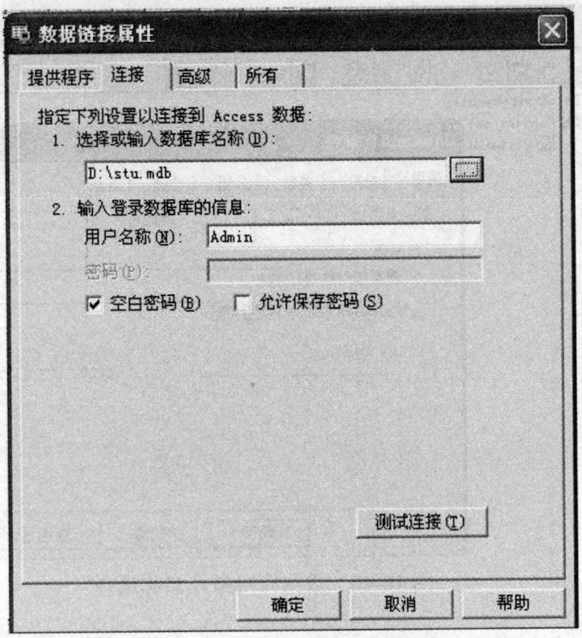

图 10-38　测试连接数据库

（3）在数据环境窗口中 Connection1 处右击，选择“添加”命令，即在其下方出现 Command1 对象。在此处右击，选择“属性”命令，出现 Command 属性对话框，如图 10-39 所示。设置数据库对象为表，对象名称为前面已完成的表 stutable，如图 10-40 所示。单击“确定”按钮，出现 stutable 的表结构，如图 10-41 所示。另外也可以使用 SQL 语句，从表中选取需要打印输出的字段。在上述数据环境创设完成之后，使用报表设计器输出报表。

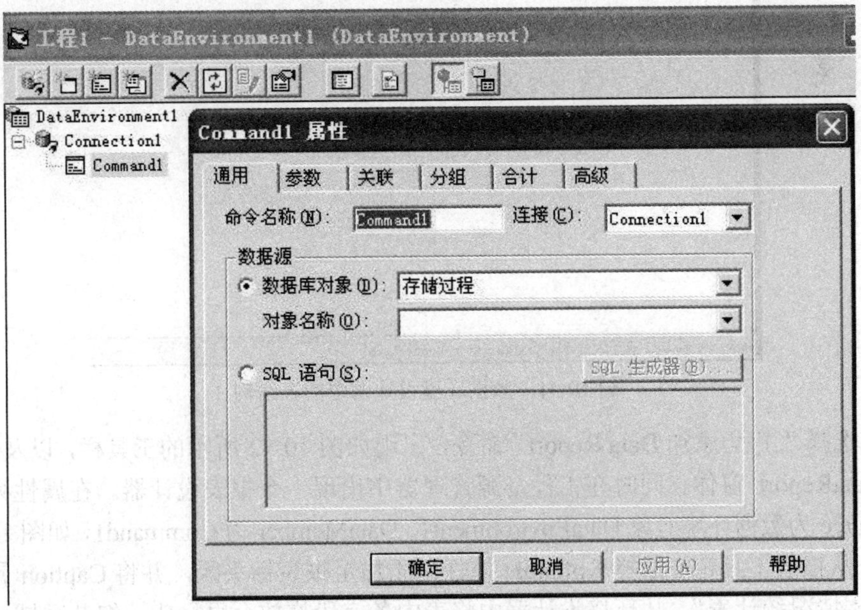

图 10-39　Command 属性选项卡

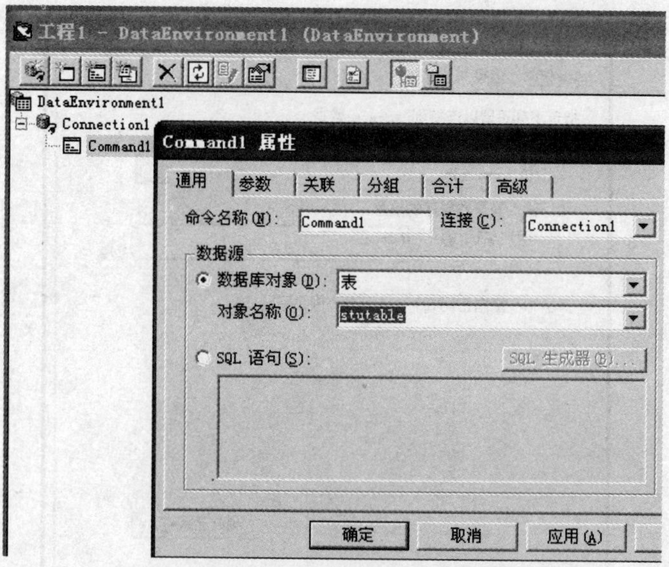

图 10-40　数据库对象及名称选择

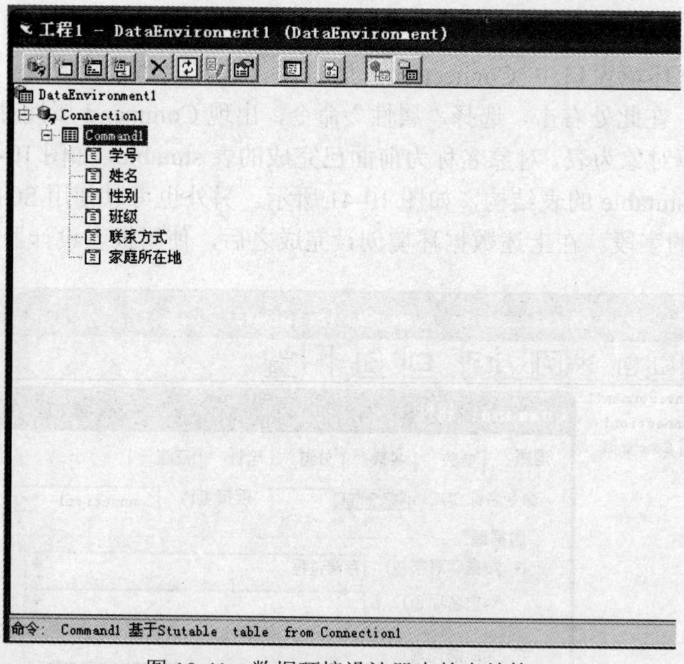

图 10-41　数据环境设计器中的表结构

（4）选择“工程/添加 Data Report”命令，出现如图 10-42 所示的工具栏，以及如图 10-43 所示的 DataReport 窗体。同时在工程资源管理器中出现一个报表设计器。在属性列表中，设置 DataSource 为数据环境对象 DataEnvironment1，DataMember 为 Command1，如图 10-44 所示。

（5）从报表工具箱中选择 RptLable 控件，添加至报表标头区，并将 Caption 属性设置为“学生基本情况统计表”。从环境设计器中将表中各字段拖放至页标头、细节区域，页标头区域内容表示最终所显示的报表每列名称，细节区域内容表示报表中每个记录的具体内容。对文本位置做适当的调整，如图 10-45 所示。

图 10-42　数据报表工具栏

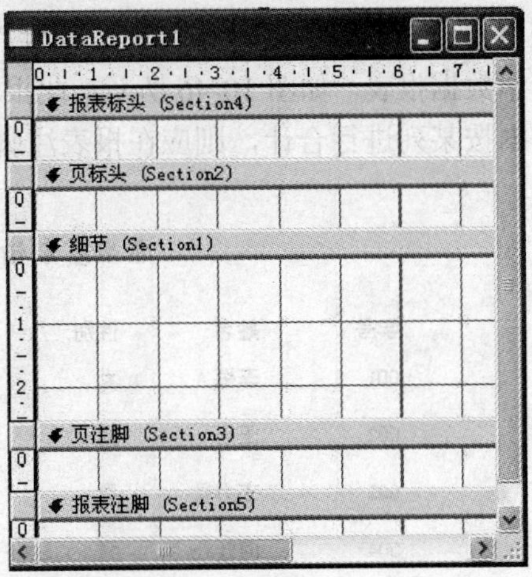

图 10-43　DataReport 窗体

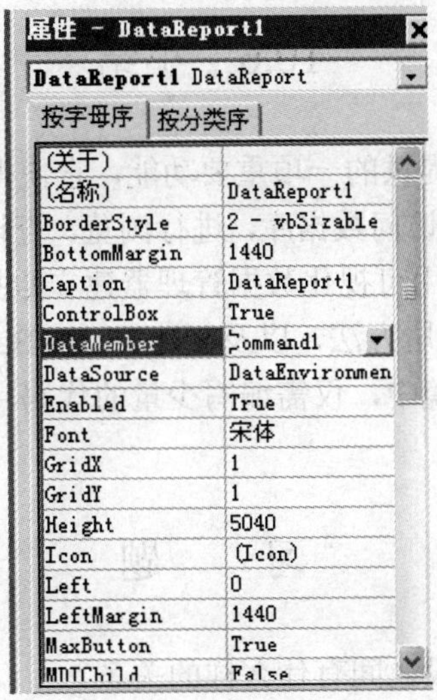

图 10-44　DataReport 属性列表

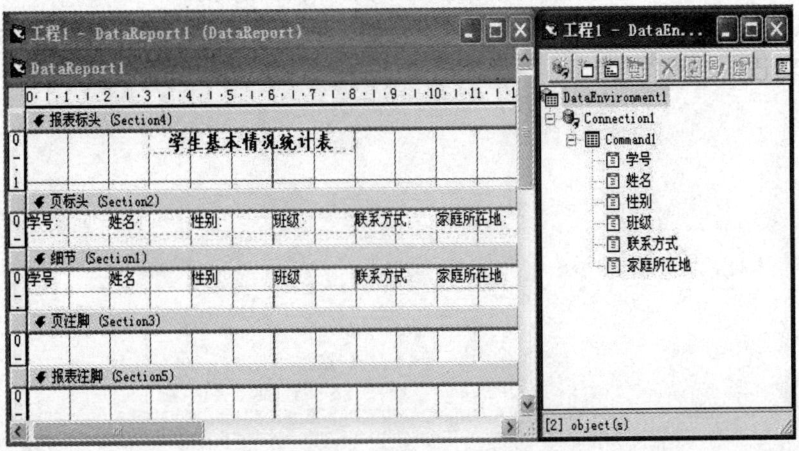

图 10-45　报表设计示意图

报表格式设置完成后，选择“工程/属性”命令，将“启动对象”设置为 DataReport1。运行即可显示数据报表，如图 10-46 所示。此报表可打印输出，也可导出以文件形式保存。如果需要对数据按某列进行合计，则应在报表注脚区域放置相应的 RptLable 与 RptFunction 控件。

学生基本情况统计表

学号:	姓名:	性别:	班级:	联系方式:	家庭所在地:
001	李梅	女	计算机1	13300000000	湖北十堰
002	王玉	女	材料	13200000001	湖北恩施
003	李力量	男	计算机1	15900000000	河北邢台
004	何壮壮	男	材料	13200000011	山东青岛

图 10-46　学生基本情况报表

10.6 小结

数据库管理是 Visual Basic 提供的一项重要功能，它使得程序员可以灵活运用多种方便而实用的技术，从而轻松地连接并访问数据库，进行浏览、查询等各种操作。本章主要介绍了数据库的一些基本知识，学习了使用可视化数据管理器建立数据库以及对数据库的操作方法。此外还学习了数据库基本控件的使用方法，以及创建 Visual Basic 数据库应用程序的方法。通过实例发现在 Visual Basic 6.0 环境中，仅需编写少量的代码，就可以得到较为满意的数据库应用程序。

习　题

1．数据库、表、记录、字段之间有什么样的关系？

2．Visual Basic 中的数据访问对象模型有哪些？

3．数据控件和数据识别/绑定对象有什么不同？有什么关系？

4．试以班级通讯录为例，编程实现以下功能：创建数据库、创建表、给表添加记录、插入记录、修改记录、删除记录。

附录 1 常用字符与 ASCII 码对照表

ASCII 值	字符	ASCII 值	字符	ASCII 值	字符	ASCII 值	字符
000	（空） [NUL]	032	（空格）	064	@	096	`
001	☺ [SOH]	033	!	065	A	097	a
002	● [STX]	034	"	066	B	098	b
003	♥ [ETX]	035	#	067	C	099	c
004	♦ [EOT]	036	$	068	D	100	d
005	♣ [ENQ]	037	%	069	E	101	e
006	♠ [ACK]	038	&	070	F	102	f
007	（嘟声） [BEL]	039	'	071	G	103	g
008	◘ [BS]	040	(	072	H	104	h
009	（tab） [HT]	041	)	073	I	105	i
010	（换行） [LF]	042	*	074	J	106	j
011	♂ [VT]	043	+	075	K	107	k
012	♀ [FF]	044	,	076	L	108	l
013	（回车） [CR]	045	-	077	M	109	m
014	♫ [SO]	046	.	078	N	110	n
015	☼ [SI]	047	/	079	O	111	o
016	► [DLE]	048	0	080	P	112	p
017	◄ [DC1]	049	1	081	Q	113	q
018	↕ [DC2]	050	2	082	R	114	r
019	‼ [DC3]	051	3	083	S	115	s
020	¶ [DC4]	052	4	084	T	116	t
021	§ [NAK]	053	5	085	U	117	u
022	▬ [SYN]	054	6	086	V	118	v
023	↨ [ETB]	055	7	087	W	119	w
024	↑ [CAN]	056	8	088	X	120	x
025	↓ [EM]	057	9	089	Y	121	y
026	→ [SUB]	058	:	090	Z	122	z
027	← [ESC]	059	;	091	[	123	{
028	∟ [FS]	060	<	092	\	124	|
029	↔ [GS]	061	=	093	]	125	}
030	▲ [RS]	062	>	094	∧	126	~
031	▼ [US]	063	?	095	_	127	⌂ [DEL]

注：表中字符的 ASCII 码值均为十进制，与相应的 Unicode 码值完全相等。前 32 个字符（ASCII 码值为 0～31）是控制字符，用“[ ]”列出，它们通常用于控制或者通信。

附录 2 常用的内部函数

由于篇幅所限，仅列举了一批常用的 VB 内部函数，它们可以在程序中直接调用。读者在编写 VB 程序的过程中，如果需要用到更多的内部函数，请查阅相关的函数手册。

1. 数学函数

函数	功能	示例	结果
Abs(x)	取 x 的绝对值	Abs(-3.2)	3.2
Atn(x)	计算 x 的反正切值	Atn(1)	0.785398
Cos(x)	计算 x 的余弦值	Cos(1)	0.540302
Exp(x)	计算 e^x 的值	Exp(1)	2.71828
Fix(x)	取 x 的整数部分	Fix(-4.8)	-4
Int(x)	计算不大于 x 的最大整数	Int(-4.8)	-5
Log(x)	计算自然对数 lnx	Log(2)	0.693147
Rnd([x])	产生一个[0,1)之间的随机数	Rnd(1)	0.705548
Round(x,[y])	以四舍五入方式保留 x 的 y 位小数	Round(2.718, 2)	2.72
Sgn(x)	以 1、0 和-1 表示 x 的符号	Sgn(-5)	-1
Sin(x)	计算 x 的正弦值	Sin(1)	0.841471
Sqr(x)	计算 $\sqrt{x}$	Sqr(4)	2
Tan(x)	计算 x 的正切值	Tan(1)	1.557408

2. 转换函数

函数	功能	示例	结果
Asc(s)	把字符串 s 的首字符转换为 ASCII 码	Asc("A")	65
Chr(n)	把数值 n 转换为 ASCII 码所对应的字符	Chr(65)	"A"
CCur(x)	把 x 转换为货币型值，最多保留 4 位小数	CCur(3.1415926)	3.1416
CDbl(x)	把 x 转换为双精度型值	CDbl(3.1415926)	3.1415926
CInt(x)	把 x 转换为整型值，小数部分四舍五入	CInt(4.8)	5
CLng(x)	把 x 转换为长整型值	CLng(300.743)	301
CSng(x)	把 x 转换为单精度型值	CSng(3.1415926)	3.141593
CVar(x)	把 x 转换为变体型值	CVar(3.1415926)	3.1415926
Hex(n)	把 n 转换为十六进制值	Hex(123)	7B
Oct(n)	把 n 转换为八进制值	Oct(123)	173

续表

函数	功能	示例	结果
LCase(s)	把字符串 s 中的大写字母转换为小写字母	LCase("AbC")	"abc"
UCase(s)	把字符串 s 中的小写字母转换为大写字母	UCase("aBc")	"ABC"
Str(n)	把数值 n 转换为字符串	Str(3.1415926)	"3.1415926"
Val(s)	把字符串 s 转换为一个数值	Val("123a4")	123

3. 字符串函数

函数	功能	示例	结果
Len(s)	计算字符串的长度	Len("北京 2008")	6
LTrim(s)	删除字符串 s 左边的空格	LTrim(" abcde")	"abcde"
RTrim(s)	删除字符串 s 右边的空格	RTrim("abcde ")	"abcde"
Trim(s)	删除字符串 s 左右两边的空格	Trim(" abcde ")	"abcde"
Left(s, n)	取出字符串 s 左边的 n 个字符	Left("abcde", 3)	"abc"
Right(s, n)	取出字符串 s 右边的 n 个字符	Right("abcde", 3)	"cde"
Mid(s, m [,n])	取出字符串 s 中从第 m 个字符开始的 n 个字符	Mid("abcde", 2, 3)	"bcd"
InStr([n,] s1,s2)	在字符串 s1 中从第 n 个字符开始，查找字符串 s2 首次出现的位置	InStr(2, "abcab", "ab")	4
Replace(s1,s2,s3[,m][,n][,…])	在字符串 s1 中从第 m 个字符开始，把子串 s2 替换为子串 s3。最大替换次数为 n 次，并删除位置 m 之前的字符	Replace("aabaabc", "ab", "AB", 2, 1)	"ABaabc"
Space(n)	产生一个由 n 个空格组成的字符串	Space(5)	" "
String(m,s|n)	产生一个由 m 个重复的字符组成的字符串。该字符是字符串 s 的首字符，或者是 ASCII 码为数值 n 的字符	String(5, "A")	"AAAAA"

4. 日期和时间函数

函数	功能	示例	结果
Date()	返回当前系统日期	Date( )	2008-08-25
Day(c)	返回日期 c 的日期号	Day(#8/25/2008#)	25
Hour(t)	返回时间 t 的小时数	Hour(#2:30:21 PM#)	14
Minute(t)	返回时间 t 的分钟数	Minute(#2:30:21 PM#)	30
Second(t)	返回时间 t 的秒数	Second(#2:30:21 PM#)	21
Month(c)	返回日期 c 的月份号	Month(#8/25/2008#)	8

续表

函数	功能	示例	结果
Now()	返回当前系统日期和时间	Now()	2008-08-25 14:48:31
Time()	返回当前系统时间	Time()	14:51:29
Weekday(c)	返回日期 c 的星期号，星期日是 1，星期一是 2，星期六是 7	Weekday(#8/25/2008#)	2
Year(c)	返回日期 c 的年号	Year(#8/25/2008#)	2008
DateDiff(s, c1, c2)	以 s 为时间单位，计算日期 c1 和 c2 之间的差值。s 的取值可以是 mwdh 和 s，分别表示月、星期、日、小时和秒	DateDiff("m", #8/25/2008#, #1/4/2009#)	5
DateAdd(s, n, c)	以 s 为时间单位，计算日期 c 加上 n 之后的日期。s 的取值可以是 mdh 和 s，n 可以是负数	DateAdd("d", 20, #8/25/2008#)	2008-09-14

参考文献

[1] 王晓东．C 程序设计简明教程．北京：中国水利水电出版社，2006.

[2] 龚沛曾等．Visual Basic 程序设计简明教程．北京：高等教育出版社，2003.

[3] 刘瑞新等．Visual Basic 程序设计教程．北京：机械工业出版社，2006.

[4] 刘炳文等．Visual Basic 程序设计教程．北京：清华大学出版社，2000.

[5] 潘地林．Visual Basic 程序设计．北京：高等教育出版社，2006.

[6] 柴欣等．Visual Basic 程序设计基础．北京：中国铁道出版社，2003.

[7] 陆汉权等．Visual Basic 程序设计教程．杭州：浙江大学出版社，2006.

[8] 张永强．Visual Basic 程序设计教程．北京：北京理工大学出版社，2006.

[9] 李雁翎等．Visual Basic 程序设计教程．北京：人民邮电出版社，2007.

[10] 赵连胜等．Visual Basic 程序设计．北京：中国计划出版社，2007.

[11] 杨秦建等．Visual Basic 大学基础教程（第 2 版）．北京：电子工业出版社，2007.

[12] 周国民．Visual Basic+Access 数据库项目开发实践．北京：中国铁道出版社，2005.